地理信息系统导论实验指导

（第2版）

余 明 主编

清华大学出版社
北京

内容简介

本书是《地理信息系统导论》的实验指导配套教材。根据《地理信息系统导论》本科教学实验大纲，本书编排了8个必做实验项目，其中实验一至实验七是基于ArcView和MapInfo完成的，即桌面GIS的功能与菜单操作、数据采集、数据处理、地形分析、缓冲区分析和网络分析、叠加分析和地图设计与输出，实验八是基于ArcGIS平台完成的实验操作指导以及一个选做实验项目，即GIS综合应用实验。所有实验项目都提供实验目的、实验内容和实验指导，并对每个实验的步骤、注意事项和具体应用给予指导。

本书中的实验项目都是配合《地理信息系统导论》教材课堂学习的内容所设置的，注重理论与实践相结合。同时，为了更好地帮助学生快速掌握GIS技术的基本操作，本书还配有实验指导光盘。该光盘提供视频指导实验，包括基于ArcView GIS和MapInfo GIS平台的基础实验和基于ArcGIS平台的拓展实验，同时还附有《地理信息系统导论》一书的课件、课后思考题及参考答案等。

本教材适用地学、测绘学、资源与环境、生态学等本科专业基础学习用书。对GIS入门的读者也是一本值得参考的教材。

图书在版编目(CIP)数据

地理信息系统导论实验指导/余明主编. --2版. --北京：清华大学出版社，2015（2019.7重印）
ISBN 978-7-302-41433-9

Ⅰ. ①地… Ⅱ. ①余… Ⅲ. ①地理信息系统－实验－高等学校－教学参考资料 Ⅳ. ①P208-33

中国版本图书馆CIP数据核字(2015)第209435号

责任编辑：张占奎
封面设计：陈国熙
责任校对：刘玉霞
责任印制：杨　艳

出版发行：清华大学出版社
　　网　　址：http://www.tup.com.cn，http://www.wqbook.com
　　地　　址：北京清华大学学研大厦A座　　**邮　　编**：100084
　　社 总 机：010-62770175　　**邮　　购**：010-62786544
　　投稿与读者服务：010-62776969，c-service@tup.tsinghua.edu.cn
　　质量反馈：010-62772015，zhiliang@tup.tsinghua.edu.cn
印 装 者：北京建宏印刷有限公司
经　　销：全国新华书店
开　　本：185mm×260mm　　**印　　张**：14.75　　**字　　数**：354千字
　　（附光盘1张）
版　　次：2009年7月第1版　　2015年11月第2版　　**印　　次**：2019年7月第3次印刷
定　　价：39.80元

产品编号：062933-02

FOREWORD 前言

21 世纪是信息时代，信息技术和空间技术不仅推动了地球科学的信息化和数字化，而且极大地推动了地理信息科学的发展。地理信息系统（GIS）是地理信息科学的重要组成部分，掌握 GIS 技术对地理及相关专业的本科生而言，既是时代的要求，也是学科的要求，本教材作为《地理信息系统导论》配套用书，通过上机实验操作安排，使学生能够加深理解《地理信息系统导论》中所学的基本理论与方法，增强对各类常用 GIS 软件功能的了解，掌握常用的 GIS 软件操作方法与 GIS 空间分析技巧，为初学者今后进一步从事 GIS 深入应用打好基础，也是编写本实验指导的目的。根据《地理信息系统导论》教学实验大纲要求，本书编排了 9 个实验项目，其中实验一至实验七是基于 ArcView 和 MapInfo 平台完成的，即桌面 GIS 的功能与菜单操作、数据采集、数据处理、地形分析、缓冲区分析和网络分析、叠加分析、地图设计与输出。实验八是基于 ArcGIS 平台的实验操作指导。实验九是结合相关专业以小组形式完成的综合应用实验。实验一至实验八都提供了实验目的、实验内容和实验指导，循序渐进地指导学生掌握 GIS 的基本操作方法和注意事项，以及在实际中的应用。

本实验教材以项目带实验，要求学生通过数据的采集、成果地图表达与设计、输出等，掌握数字化仪、扫描仪、绘图仪等 GIS 专业设备的操作技能；基于 GIS 数据库，要求学生独立完成 GIS 数据处理、分析、输出，并能掌握一些重要的 GIS 应用，如 DEM 分析、缓冲分析、网络分析与空间叠加分析等。为方便学生在有限课时（一般 40～70 学时）内能迅速掌握 GIS 基本操作，第 2 版也制作了实验指导光盘，并增加了对实验进行配音实况指导，并为学习者提供基础版和拓展版。本实验教材不仅对学生今后进一步学习 GIS 及深入应用提供了有益的帮助，而且对教师指导学生 GIS 方法实验也具有一定的参考价值。

本实验指导书的组织编写工作主要由福建师范大学地理科学学院 GIS 系的余明完成。其他参加人员还包括福建师范大学地理科学学院的叶金玉以及 GIS 系“瑾苐工作室”的所有成员。特别感谢孙朝锋、王鹤融、黄瑶同学为本实验操作、核对及录制所做的工作。

由于编者水平有限，书中难免存在错误之处，敬请专家和同行不吝指正。

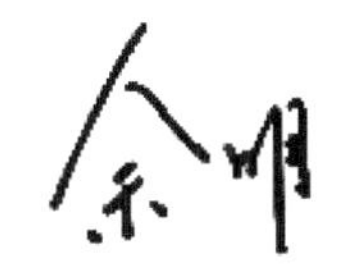

2015 年 6 月于福州

FOREWORD 第1版 前言

自20世纪70年代以来，计算机技术及应用迅速发展，人类全面进入信息时代。信息技术和空间技术不仅推动了地球科学的信息化和数字化，而且极大地推动了地理信息科学的发展。地理信息系统（简称GIS）是地球信息科学的重要组成部分，掌握GIS技术对地理及相关专业的本科生而言，既是时代的要求，也是学科的需求。因此，我们组织编写了《地理信息系统导论实验指导》一书，作为《地理信息系统导论》教材的配套用书。通过上机实验操作安排，使学生能够加深在《地理信息系统导论》中所学的基本理论与方法的理解，增强对各类常用GIS软件功能的了解，掌握常用的GIS软件操作方法与GIS空间分析技巧，为初学者今后进一步从事GIS的深入应用打好基础，这也是编写本实验指导的目的。根据《地理信息系统导论》教学实验大纲的要求，本书编排了7个必做实验项目，即桌面GIS的功能与菜单操作、数据采集、数据处理、地形分析、缓冲区分析和网络分析、叠加分析、地图设计与输出以及1个选做实验项目，即"GIS综合应用实验"。每个实验项目都提供"实验目的"、"实验内容"和"实验指导"，循序渐进地指导学生掌握GIS的基本操作方法和注意事项，以及在实际中的应用。

本书以项目带实验，要求学生通过数据的采集、成果地图表达与设计、输出等，掌握数字化仪、扫描仪、绘图仪等GIS专业设备的操作技能；基于GIS数据库，要求学生独立完成GIS数据处理、分析、表达，并能掌握一些重要的GIS应用，如DEM分析、缓冲区分析、网络分析与空间叠加分析等。

本实验指导书的组织及编写工作主要由福建师范大学地理科学学院GIS系的余明完成。其他参编人员还有福建师范大学地理科学学院的叶金玉以及GIS系"瑾苐工作室"的所有成员。为方便学生在有限课时（一般40～70学时）内能迅速掌握GIS的基本操作，工作室的人员还制作了《地理信息系统导论实验指导光盘》供参考。该光盘以网页链接、动态演示的方式辅助指导学生完成7个必做的实验项目。编者认为，本套教材不仅为学生今后进一步学习GIS及深入应用提供了有益的帮助，而且对教师指导学生进行GIS方法实验也有一定的参考价值。

在本书出版之际，感谢福建师范大学教务处、地理科学学院领导们的大力支持。感谢清华大学出版社编辑为本书出版所作的辛勤工作。

由于编者水平有限，书中难免存在错误之处，恳请专家和同行不吝指正。

编　者

CONTENTS 目录

实验一

桌面GIS的功能与菜单操作

一、实验内容

了解 ArcView、ArcGIS、MapInfo 等 GIS 软件的界面、功能及菜单操作等。

二、实验目的

通过 GIS 软件（如 MapInfo、ArcView、ArcGIS 等）的实例演示与操作，初步掌握主要菜单、工具栏、按钮等的使用；加深对课堂学习的 GIS 基本概念和基本功能的理解。

三、实验指导

（一）了解主流 GIS 软件平台基础

GIS 从 20 世纪 60 年代开始至今，已有长足的发展。经归纳整理，国内外主要的 GIS 软件产品的名称、发行商（或开发单位）、运行平台及相关产品等见表 1.1 和表 1.2。本教材主要介绍 ArcView、MapInfo、ArcGIS 软件的基本操作和应用。

表 1.1　国内主要 GIS 软件产品

名　　称	开发单位	运行平台
中地数码（MapGIS）	武汉中地信息工程公司、武汉中地数码科技有限公司	Windows 95/98/NT
武大吉奥（GeoStar）	武大吉奥信息技术有限公司	Windows 95/98/NT
城市之星（CityStar）	北京大学城市与环境学系和遥感所	Windows 95/98/NT
天维 GIS（TWGIS）	天津天威科技开发有限公司	Windows 95/98/NT
超图 GIS（SuperMap）	中科院地理信息产业中心、北京超图地理信息技术有限公司	Windows 95/98/NT
吉威 GIS（GEOWAY）	北京吉威数源信息技术有限公司	Windows 95/98/NT
地信之窗（ViewGIS）	北京资信电子技术开发公司	Windows 95/98/NT

续表

名　称	开发单位	运行平台
朝夕 GIS(MapEngineer)	北京朝夕科技有限责任公司	Windows 95/98/NT
方正智绘(EzMap2003)	北大方正电子公司	Windows 95/98/NT
GeoMap	石油地质制图系统	Windows 95/98/NT

表 1.2　国外主要 GIS 软件产品

名称	发行商	运行平台	较新版本	主要相关产品
ArcGIS	ESRI	Windows 2000/NT/XP	8.0	ArcCatalog，ArcMap，ArcGlobe，ArcToolbox，ModelBuilder
Arc/Info	ESRI	Windows 2000/NT/UNIX	8.0	MapObject
ArcView	ESRI	Windows 95/98/NT/UNIX	3.3	MapObject
MapInfo	MapInfo Cor.	Windows 95/98/NT	9.5	MapX，MapXtreame
GeoMedia	Intergraph	Windows 95/98/NT	5.0	Digital Cartographic Studio，G/Technology，GeoMedia Desktop，GeoMedia Web
GRASS	Baylor University	Linux，Sun Solaris，Silicon Graphics Irix，HP-UX，DEC-Alpha，Windows 95/98/NT	5.0	GRASS
MGE	Intergraph	Windows 95/98/NT/UNIX		MGE
IDRISI GIS	Clark University	Windows 98/Me/NT/2000/XP/.Net	5.0	IDRIS Andes
Genamap	Genasys Ⅱ	Windows 95/98/NT/UNIX	7.2	Genamap
Maptitude	Caliper Corp.	Windows 95/98/NT	4.1	Maptitude
PAMAP GIS	PCI Pacific GeoSolutions Inc	Windows 95/98/NT		PAMAP GIS
System	TYDAC	UNIX	9.0	System
TITAN GIS	ApolloTG（加拿大阿波罗科技集团）	Windows 95/98/NT	3.0	TITAN GIS
ERDAS IMAGINE	Erdas	Windows 95/98/NT/UNIX	8.4	Imagine OrthoBASE
AutoCAD	AutoDesk	Windows 95/98/NT	Map 2000	AutoCAD 2000，MapGuide，GISWorld
WinGIS	ProGIS	Windows 95/98/NT	3.4	AXWinGIS（开发工具）

（二）ArcView 软件简介和基本操作

1. ArcView 简介

ArcView 是常用的桌面制图与 GIS 应用系统之一，它为普通的计算机用户提供了强大的地理分析功能。ArcView 既是一款独特的 GIS 桌面软件，也是 ArcGIS 桌面软件的核心产品之一。可以认为 ArcView 给用户提供了一个使用地理数据的便利方法。对一般用户而言，可利用一定的界面、菜单、表等操作 ArcView；对经验丰富的用户而言，可利用复杂的工具进行高级的地图设计、数据整合及空间分析；对程序开发者而言，可利用行业编程语言（宏语言）定制 ArcView。ArcView 软件的安装与一般计算机软件的安装基本相同，只要运行系统盘上的 setup. exe 安装程序，并按照安装程序的有关提问作出回答即可。但需要注意几点：①ArcView 系统下的安装程序，只对系统主模块进行安装，对于其他外挂模块（或称扩展模块），还必须运行该外挂模块相应的安装程序；②3.1 版以前的 ArcView 外挂模块并不完全是独立的，有些存在依赖关系，有些还有安装的先后问题；③在有多个外挂模块的系统中，其相应功能的调用需要在菜单 File（文件）下的子菜单 Extensions（扩展）中设定。ArcView 的主要特点可概括如下。

1）面向对象

ArcView 是由应用、视图、表格、图表和图版等对象组成，甚至进行二次开发的每个脚本（Script）都可以当作对象来操作。

2）开放性

包括系统用户界面的开放性、程序运行环境的开放性和数据管理的开放性。

（1）系统用户界面的开放性。ArcView 的菜单、按钮、工具条、窗口等都可以很容易地实现用户定制。同时 ArcView 内置了面向对象的程序设计脚本语言（Avenue），可以藉此进行更彻底的用户化定制。

（2）程序运行环境的开放性。利用内置的脚本语言（Avenue），可以直接调用操作系统执行文件；在 Windows 环境下可以通过 DDE 和 DLL 与外部程序通信，在 UNIX 环境下可以通过 IAC 与外部程序通信。

（3）数据管理的开放性：空间数据可以直接接收 DXF、DWG、TIF、JPEG、BMP 及 Arc/Info 系列数据，通过宏（Avenue）编程可以接收其他空间数据；专题属性数据可以直接接收 DBF 文件数据，通过 ODBC 可以与 Oracle、Informix、Sybase 等相联系。

2. 基本概念

打开 ArcView GIS 系统，首先出现在用户面前的是一个项目管理器和一个模式对话框。用户或面临三种选择：①建立一个新的视图；②建立一个新的项目；③打开一个已有的项目。或关掉选定标记，直接到菜单栏中选取相应的菜单功能工作。ArcView 以项目（Project）作为基本的应用单元，具体操作涉及打开一个项目，打开一个视图，打开一个询问对话框以及为输入操作准备好相应的菜单、图标资源和空间数据。为了掌握 ArcView 的操作和应用，需要了解一些基本概念。

1）工作界面

工作界面主要包括工作界面、视图界面、表格界面、统计图界面、布局（或图版）界面、脚本（Scripts）界面等，如图 1.1 和图 1.2 所示。ArcView 中工作界面的一个项目，对应着一个工程（或项目）窗口，工程窗口管理的文档包括视图（Views）、表格（Tables）、图表（Charts）、布局（Layouts）和脚本（Scripts）等。在视图窗口激活下的有关菜单项的图解说明，如图 1.3 所示，ArcView 按钮栏和工具栏如图 1.4 所示。

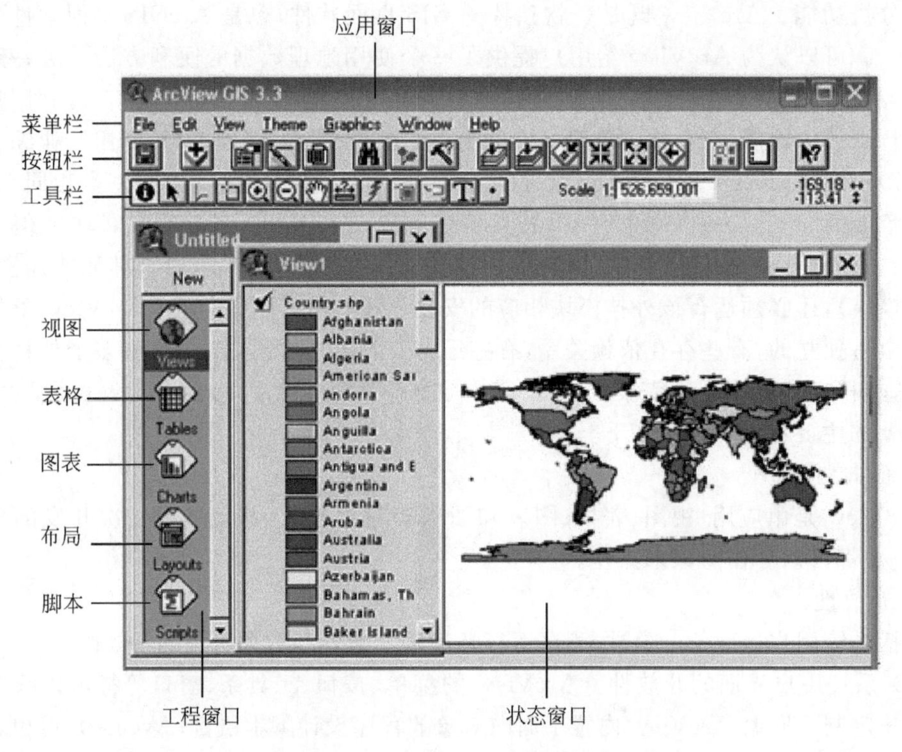

图 1.1　ArcView 的工作界面

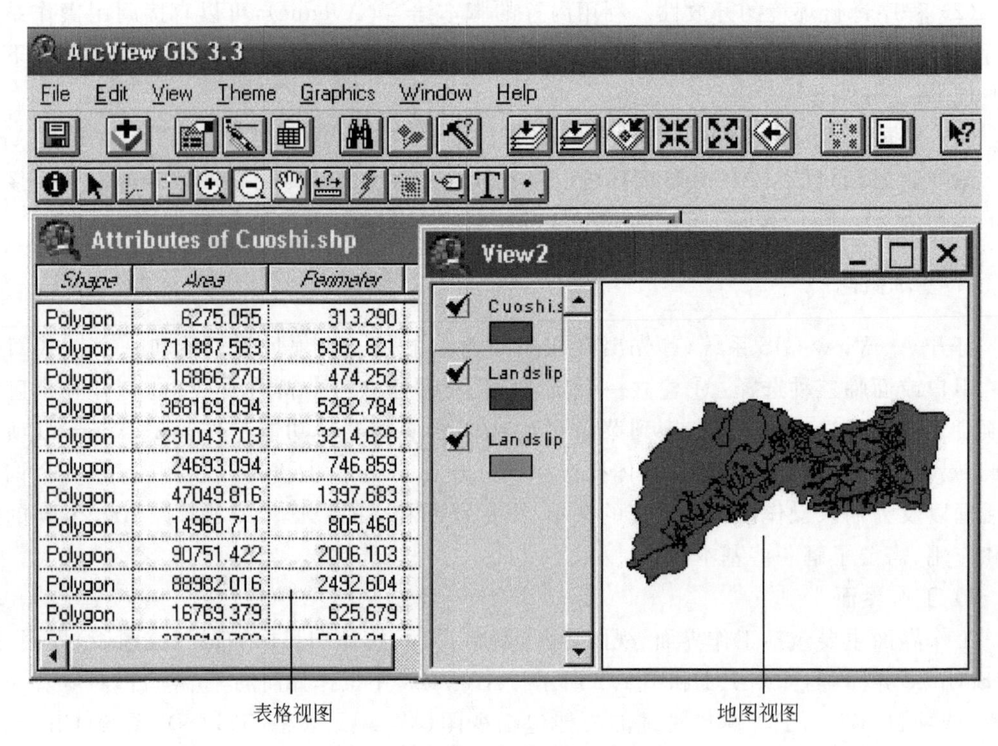

图 1.2　ArcView 地图和表格视图

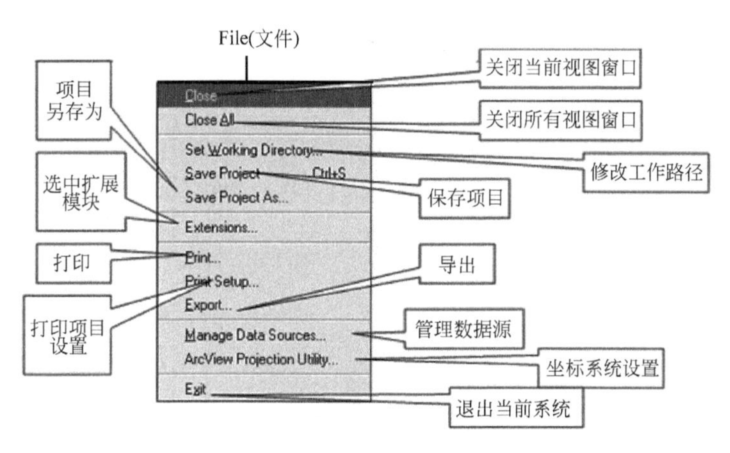

(a) File菜单栏

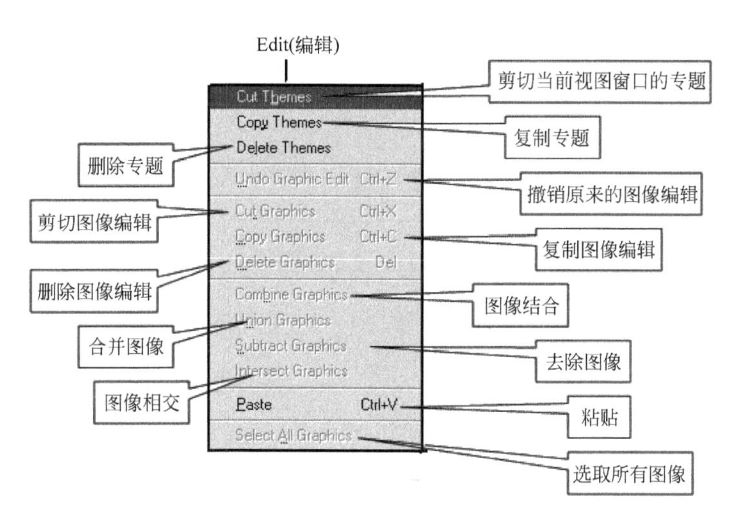

(b) Edit菜单栏

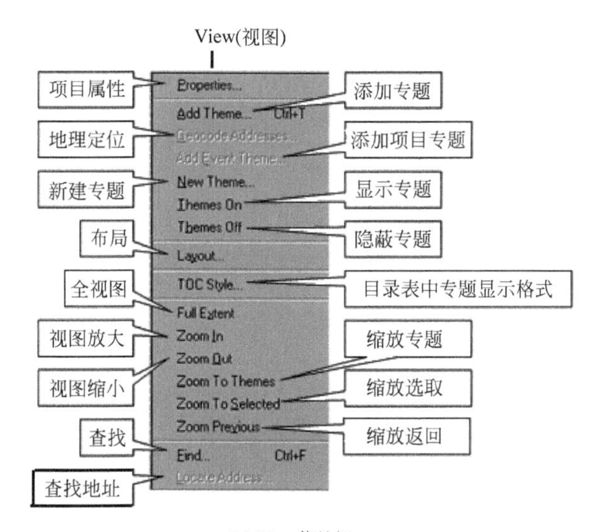

(c) View菜单栏

图 1.3　在视图窗口激活下菜单栏的注释图示

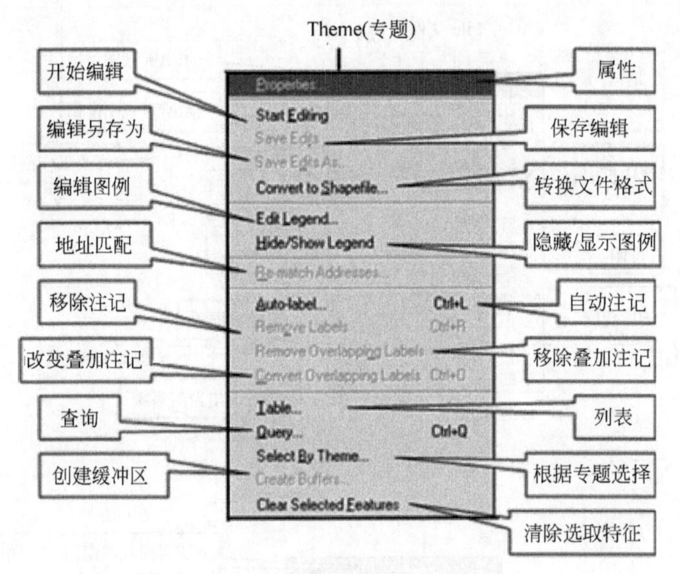

(d) Theme菜单栏

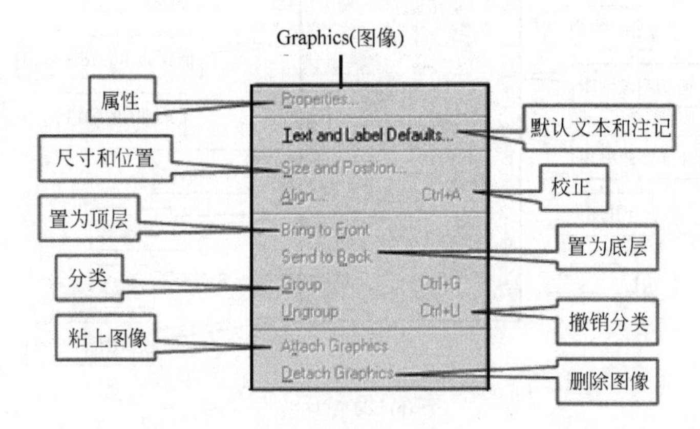

(e) Graphics菜单栏

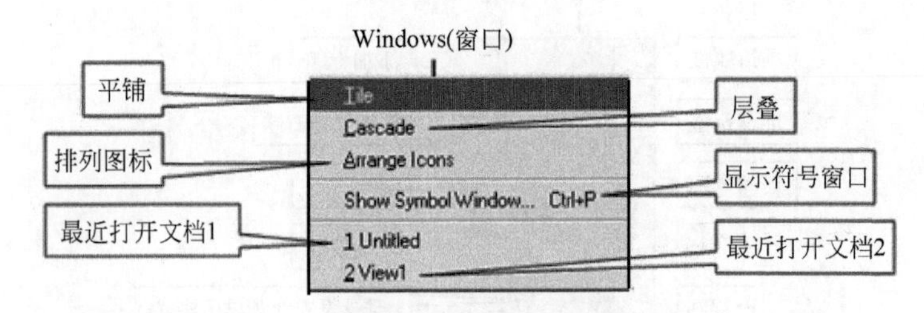

(f) Windows菜单栏

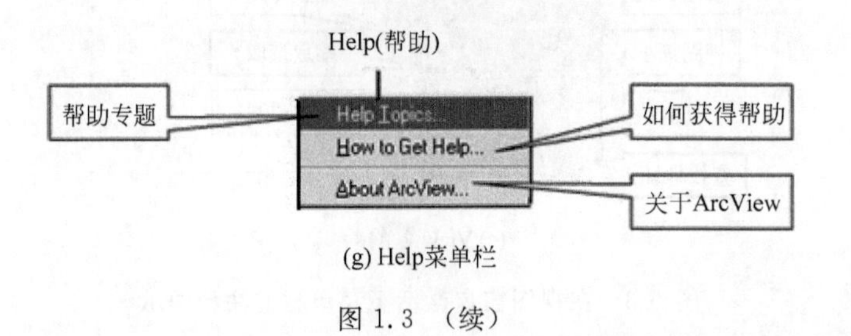

(g) Help菜单栏

图 1.3 （续）

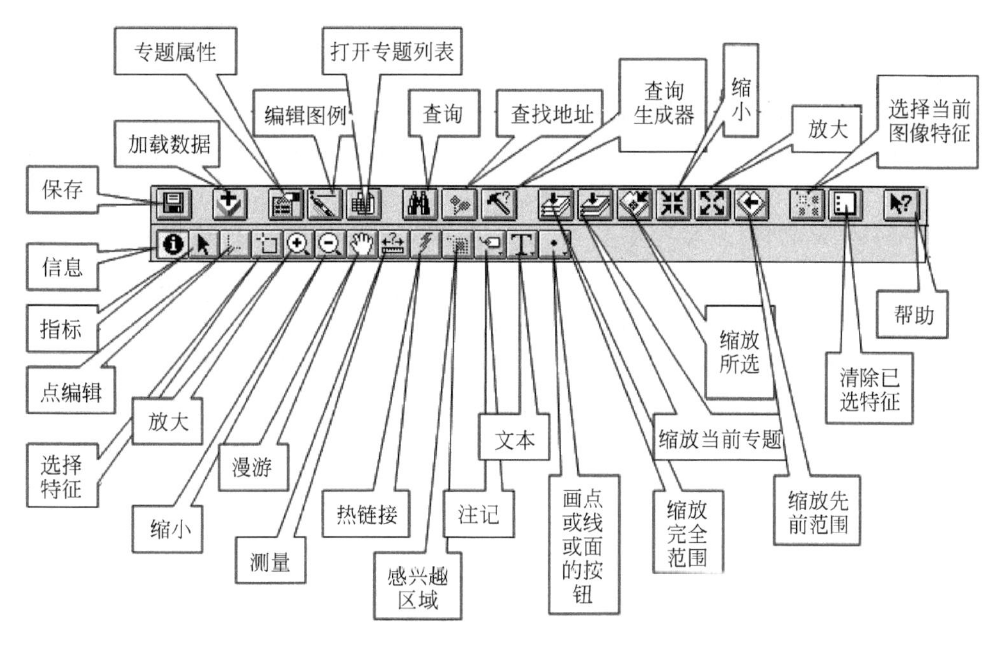

图 1.4 ArcView 按钮栏和工具栏图示

2）表的基本概念

ArcView 的“表格模块”主要用于对表格类数据进行输入、管理、分析、统计和查询等操作。同时系统采用“专题属性表”来表示地理要素的属性，通过 Shape 字段与专题要素建立一一对应关系。

ArcView 的表格文档(Table)按与专题的关系分为两类：一类是专题属性表，用来记录专题要素的属性；另一类是独立的表格。表格工具可以显示、查询、分析和统计数据。选择专题中的地理要素(点、线或面)就选择了专题属性表中相应的记录，反过来也一样。

本实验提示 1：ArcView 的表格是动态的，总是指向它代表的表格数据源，自己并不保存表格数据本身。但是表格总是反映数据源的当前状态。一旦数据源改变，下次打开相关工程时，系统自动更新以该数据源为基础的表格。ArcView 可以直接加载、编辑与保存 dBASE 和 INFO 数据源文件。如果数据不是 dBASE 和 INFO 格式，又需要在 ArcView 中编辑，则可以转换为 dBASE 格式文件后再加载编辑。表格能否在 ArcView 中编辑取决于表格的数据源格式。

3）地图图层和 Shape 文件

ArcView 中的 Theme(专题)，是项目下一组相关信息或数据的集合，在 ArcView 中称为“地图图层”，实际上就是一种“文件”。“Shape 文件”是 ArcView 数据的主要文件格式，是一种“非拓扑的矢量数据”文件。

本实验提示 2：在 GIS 中非拓扑关系的显示虽比拓扑数据快，但用拓扑可精确表达要素间的空间关系，对一些地图叠加操作和网络分析等很有用。所以，GIS 用户必须知道他们的数据是拓扑的还是非拓扑的。

本实验提示 3：ArcView Shape 数据虽是非拓扑结构，但它能直接用于不同的 GIS 软件包，共享性较强。

4）地图操作

许多GIS软件包在空间数据库中提供了操作和管理地图的工具。地图操作常常是数据分析的一部分，或为数据处理所需。

例如，ArcView中的“Geoprocessing(地学处理)”扩展模块具有“Dissolve(边界融合)”、“Clip(裁剪)”和“Merge(合并)”等地图操作工具。

打开ArcView软件，在菜单中选择“File(文件)|Extensions(扩展)”命令，对弹出的Extensions(扩展模块)对话框中选中Geoprocessing(地学处理)复选框，接着，打开所要编辑的地图图层，就可以进行地图操作了(具体的操作可见实验二～实验七)。

本实验提示4：边界融合是指“消除具有相同的选中属性数值的多边形边界”，它的主要目的是“简化”。边界融合最常用于属性数据分类，一般把选中数值归成类型，从而造成邻接多边形的荒废边界，邻接多边形原先具有不同数值而现在归成相同的类型。边界融合消除了这些不必要的边界，并生成一幅以属性值分类的、更简单的新地图。

本实验提示5：裁剪是指“生成一幅仅包括落入裁剪地图区域范围内的输入地图要素的新地图”。虽然输入地图可以是点、线或多边形地图，但是裁剪地图必须是多边形地图。

本实验提示6：合并是指“把两幅或两幅以上地图拼接在一起生成一幅新地图”。例如，合并可把四幅输入地图拼到一起，而后输出地图可呈单幅地图，用于数据查询或展示。但是输入地图边界仍然保留在输出地图上，如果要素跨越地图的边界，则一个要素被分成几个。

5）属性操作

属性数据的操作主要有：

(1) 属性数据的输入。包括字段定义、数据输入方法(键盘输入、从数据库导入属性数据(Oracle/Access/Sybase/Informix导入dBASE和ASCII文件))。

(2) 属性数据校核。包括两个部分，第一是确保属性数据与空间数据正确关联：标识码ID应该是唯一的，不含空值；第二是检查属性数据的准确性。检查数据的输入错误主要有两种方法：一种是把属性数据打印出来进行人工校对，这与用校核图来检查空间数据准确性相似；另一种是编写计算机程序来检查数据准确性。

(3) 属性数据分类：数据分类是根据属性值或属性把数据集减至较少类目。具体步骤为：第一，定义一个新字段来存储分类结果；第二，通过查询来选择数据子集；第三，给所选数据子集赋值。属性数据分类的主要好处是减少或简化了数据集，使得新的数据集更易于用在GIS分析或建模。

(4) 属性数据计算：可以通过计算结合专业知识生成解释数据；生成新的属性值，用于进一步分类和分析。

本实验提示7：GIS既涉及空间数据，也涉及属性数据。空间数据与地图要素的几何特征有关，而属性数据描述地图要素的特征。属性数据存储在表格中，表格的每一行代表一个地图要素，每一列代表一个特征。行与列交叉处显示特定地图要素的特定特征值。

3. 主要功能

ArcView GIS软件可提供地理数据显示、制图、管理和GIS分析。

1）用于制图

与传统纸质地图相比，GIS可以创建许多不同来源数据的、智能化的、动态的地图。

2) 数据可视化

利用 ArcView 很容易实现数据可视化。"以行列表格表示的数据"与"以地图形式显示的数据"存在巨大的差别,ArcView 提供了很完整的可用来创建产品标准级别地图的功能选项,包括直观的地图组合工具和向导,一系列诸如调色板、图标、字体、版面模板的地图功能,高级的标注和文本放置工具及全面的报告创建选项,而且在 ArcView 中用户也可以用图标、报告、3D 及时间来显示数据。

3) 数据管理

数据管理是所有 GIS 工程的一个关键方面。ArcView 包括许多可用于地理数据、表格数据和元数据的管理、创建和组织的工具,它也支持很多数据类型,如人口统计数据、CAD 数据、影像数据、网络数据及多媒体数据等。ArcView 3.3 能够直接读取或输入 70 多种不同格式的数据,用户也可以通过数据库和网络来查找存储在其他地方的数据。

4) 空间分析

地理空间处理功能是任何 GIS 软件的基本功能之一。例如,ArcView 3.3 带有数百种可进行空间分析和地理处理任务的工具,地理处理任务包括诸如图层叠加、缓冲区分析和数据转换等常规的 GIS 操作。通过运用向导或已有模型(ModelBuilder)连接数据集与数据处理过程的交互式建模方式,用户可以在 ArcView 地理处理模式下很容易地进行空间分析。

(三) MapInfo 软件简介和基本操作

MapInfo 是由美国 MapInfo Corporation 开发出来的 GIS 软件,是桌面 GIS 的标准。它操作较简单,容易入门;特别是友好的人机交互对话窗口,用户只要填入对话框内所要求的资料即可。目前最新版本 MapInfo Professional 9.5 提供了更多的数据编辑与创建工具,MapInfo 支持 Oracle 和 Microsoft SQL Server 2008 数据库,并为工作组级的功能提供更强大的 IT 支持。MapInfo 在精确地图化和地理分析方面功能较强。

MapInfo 安装过程比较简单,只要在 Windows 98/2000/NT 环境下,将 MapInfo Professional 常用版本(V6.0、V6.5、V7.0 等)的光盘放入 CD-ROM 的驱动器,在计算机显示器上完成对话框的操作,确定后即可。在 MapInfo 中,数据库是按表组织的,表是 MapInfo 的数据与地图有机联系的枢纽。为便于用户从不同的需求来观察表,MapInfo 提供了查看地理信息(数据)的不同格式,如地图窗口、浏览窗口和统计窗口等。

实验内容:了解 MapInfo 软件主要工具、菜单命令的使用等;实现"地理数据可视化",制作电子地图等。

实验目的:掌握 MapInfo 6.5(汉化版)的基本操作。

所需数据:GIS_data\Data1 目录下的中国省区图 PROVINCE.TAB、中国省级行政中心 CHINCAPS.TAB、区级行政中心 CHCKY_2K.TAB 和县城 CHCTY_5K.TAB 等图层。

实验过程:本实验的过程如下所述。

1. 熟悉 MapInfo 软件工作界面

MapInfo 主窗口包括菜单栏、主工具栏(条)、常用工具栏(条)、绘图工具栏(条)、工作区、比例尺等,如图 1.5～图 1.8 所示。

本实验提示 8:通过工具栏选项设置对话框,用户可以自己控制需要显示哪些工具栏以及显示方式。在桌面上,用户还可以根据需要任意改变工具栏的位置。

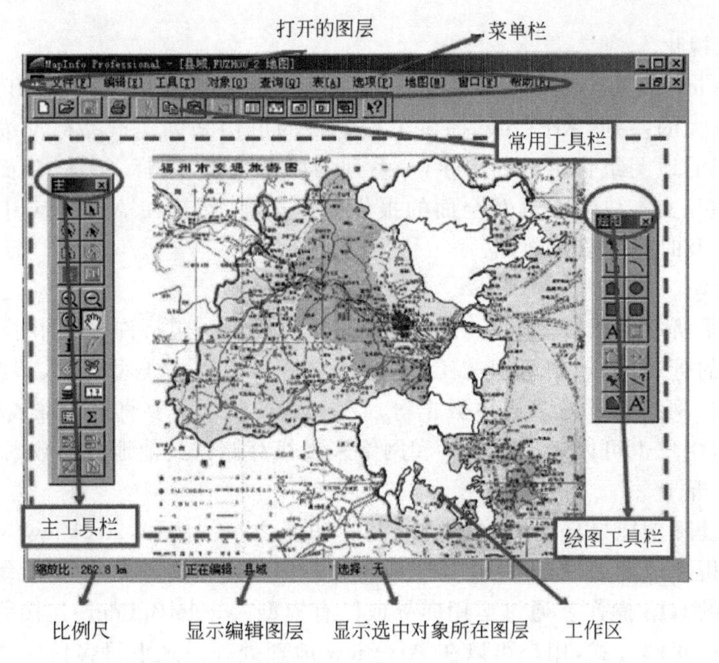

图 1.5 MapInfo 软件汉化版的工作界面

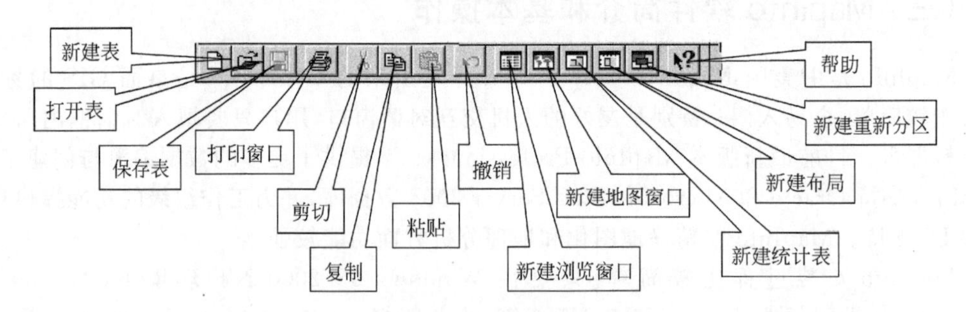

图 1.6 MapInfo 常用工具栏注释图示

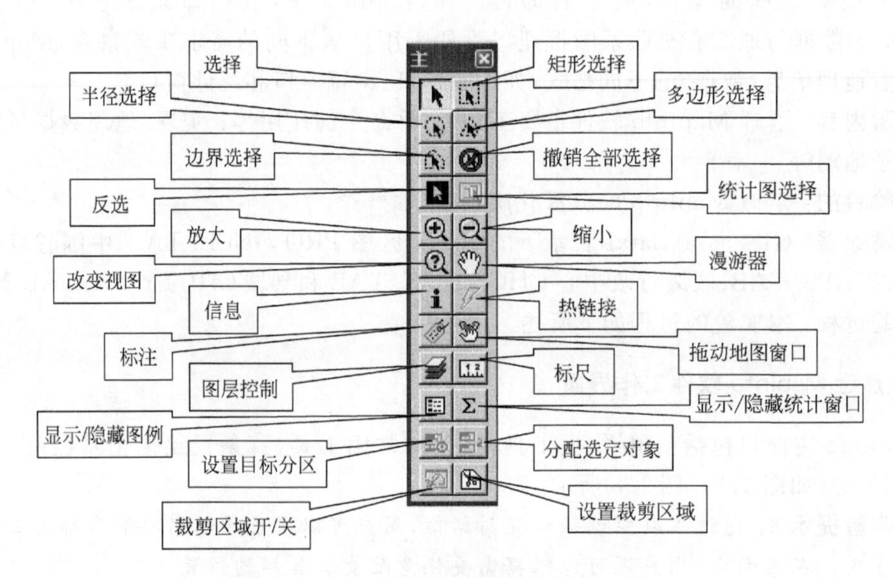

图 1.7 MapInfo 主工具栏的图标注释图示

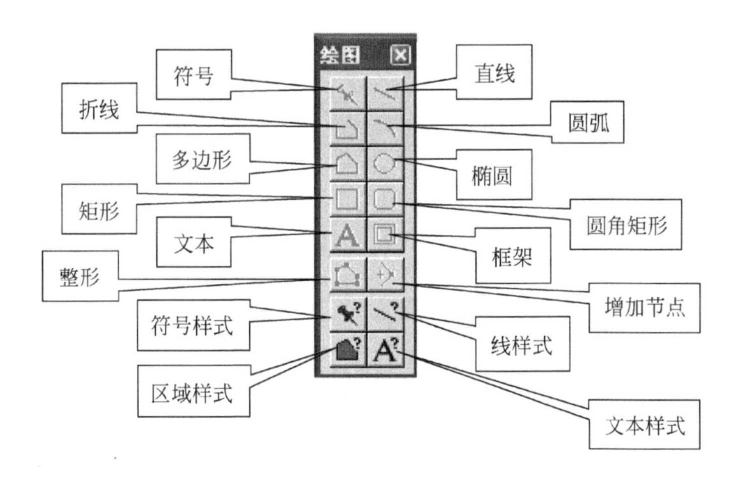

图 1.8　MapInfo 绘图工具栏图标注释图示

主菜单下有一级子菜单、二级子菜单等。常用工具栏包含文本、编辑和窗口菜单中常用的菜单功能工具。此外，还包含快速访问新建窗口和联机帮助的工具。主工具栏包含选择对象、改变地图窗口的视图、取得对象的信息和显示对象间距的工具以及一系列命令按钮，用于改变图层的属性和打开图例或统计窗口。绘图工具栏包含用于创建和编辑地图对象的工具和命令。

2. 地理数据可视化

1）打开文件

打开 MapInfo GIS 软件，在菜单栏中选择“文件(File)|打开表(Open Table)”命令，出现如图 1.9 所示的界面图。在其中选中所要的数据“PROVINCE. TAB”文件，单击“打开”按钮，即可显示中国省区图，如图 1.10 所示。

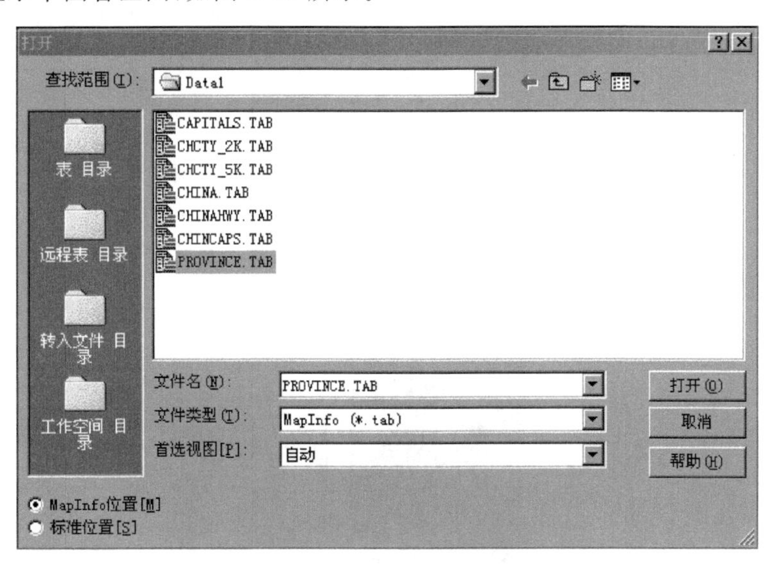

图 1.9　MapInfo 软件汉化版打开表文件图示

本实验提示 9：如图 1.10 所示的中国省区图与普通地图不同，该图中的每一个对象都有与之相联系的人口统计的属性数据。

2）使用表格浏览器查看数据

为了查看中图各省区的人口数据，可选择“窗口(Window)|新建浏览窗口(New Browser Window)”命令，如图 1.11 所示。在“表格浏览器”中显示了中国人口统计表格，如图 1.12 所示。

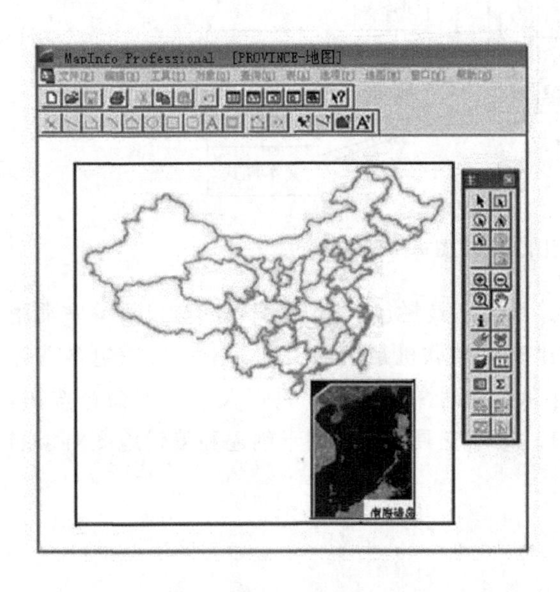

图 1.10　MapInfo 软件汉化版视图可视化显示

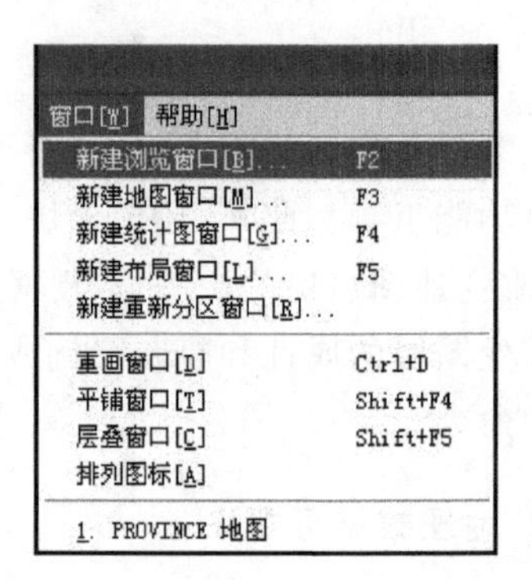

图 1.11　打开中国人口统计数据步骤显示

MapInfo Professional

文件[F] 编辑[E] 工具[T] 对象[O] 查询[Q] 表[A] 选项[P] 浏览[B] 窗口[W] 帮助[H]

PROVINCE-地图

南海诸岛

GB_Code	Character_Name	Pinyin_Name
110000	北京市	Beijing Shi
120000	天津市	Tianjin Shi
130000	河北省	Hebei Sheng
140000	山西省	Shanxi Shen
150000	内蒙古自治区	Neimenggu Z
210000	辽宁省	Liaoning She
220000	吉林省	Jilin Sheng
230000	黑龙江省	Heilongjiang
310000	上海市	Shanghai Sh
320000	江苏省	Jiangsu She
330000	浙江省	Zhejiang She
340000	安徽省	Anhui Sheng
350000	福建省	Fujian Sheng
360000	江西省	Jiangxi Shen
370000	山东省	Shandong Sh
410000	河南省	He'nan Shen
420000	湖北省	Hubei Sheng
430000	湖南省	Hu'nan Shen
450000	广西壮族自治区	Guangxi Zhu
460000	海南省	Hainan Shen
520000	贵州省	Guizhou She
530000	云南省	Yunnan Shen
540000	西藏自治区	Xizang Zizhi
610000	陕西省	Shaanxi Shen
620000	甘肃省	Gansu Shen
630000	青海省	Qinghai Shen

图 1.12　中国省区图及人口统计数据显示

3）使用模板创建专题地图

在图 1.12 中，表格浏览器的数据是一种统计数据，可视性并不强。为了将其分布规律反映到地图上，以便更好地显示人口密度的分布，可进行如下的操作。

（1）选择饼状图模板创建专题图

① 选择"地图（Map）|创建专题地图（Create Thematic Map）"命令，如图 1.13 所示。在随后弹出的"创建专题地图——步骤 1/3"对话框中，模板类型，单击"饼图"按钮，选中模板名为"饼图，黑白"，如图 1.14 所示。

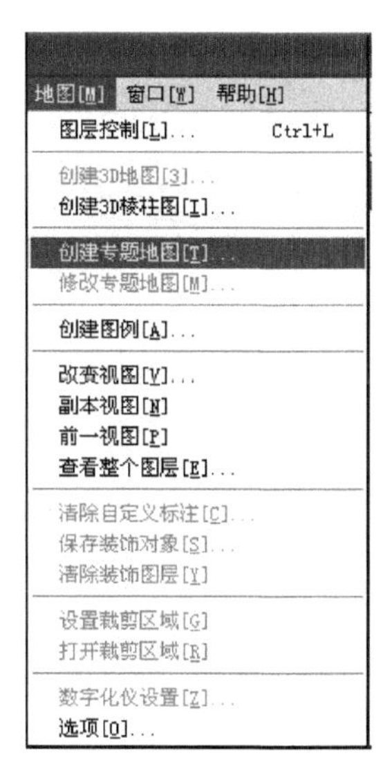

图 1.13　打开命令界面

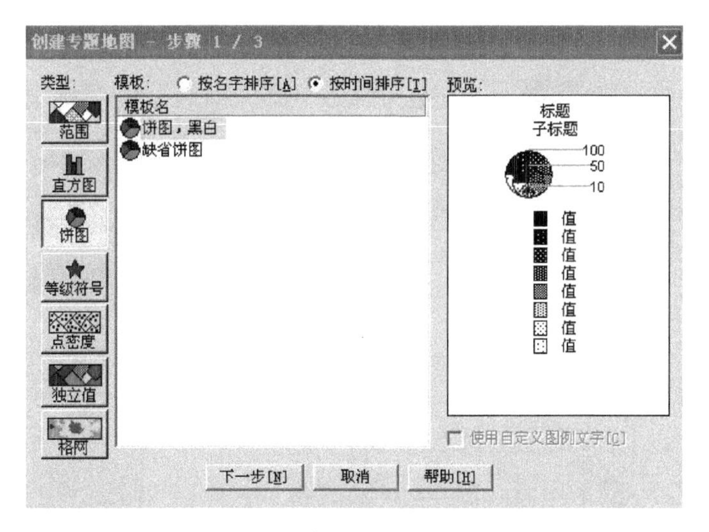

图 1.14　创建专题地图——步骤 1/3

② 在图 1.14 中单击"下一步"按钮，在弹出的"创建专题地图——步骤 2/3"对话框中选择字段为"Total_pop_1990"，并在表格浏览器中单击该字段名，再单击"增加"按钮，字段"Total_pop_1990"进入饼图/直方图数据处理栏中，如图 1.15 所示。

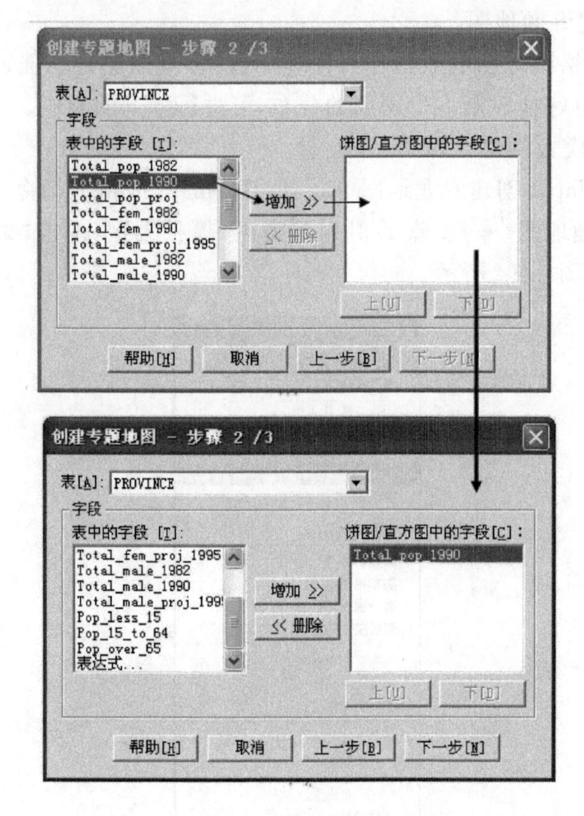

图 1.15 创建专题地图——步骤 2/3

③ 在图 1.15 中单击“下一步”按钮，弹出如图 1.16 所示的“创建专题地图——步骤 3/3”对话框，单击“确定”按钮后，MapInfo 将给出默认的创建好的专题地图的图例。实验者

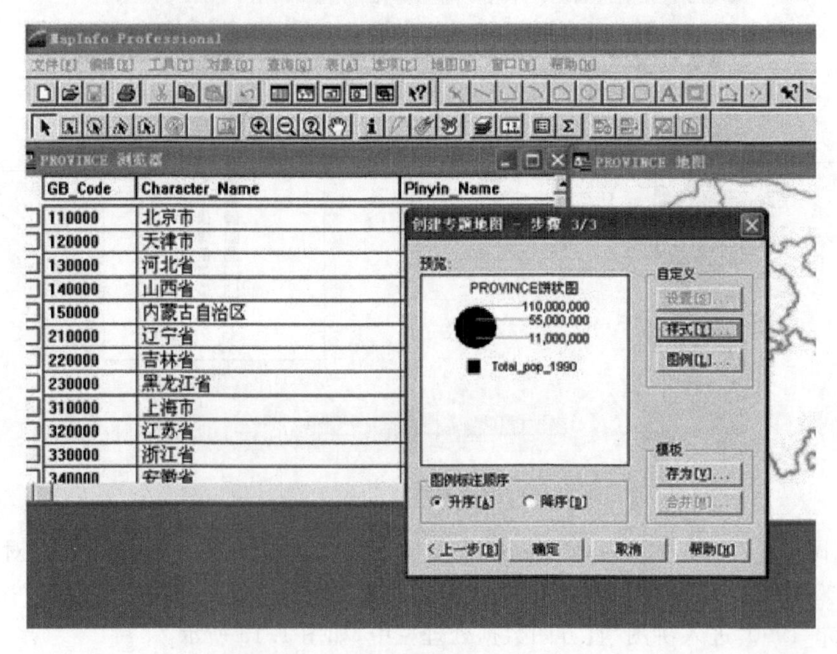

图 1.16 创建专题地图——步骤 3/3

可以在“自定义”框中对样式、图例进行修改，以符合自己的需要。最后单击“确定”按钮，就可以得到以省区为单位的1990年中国人口数量的分级符号专题图，如图1.17所示。

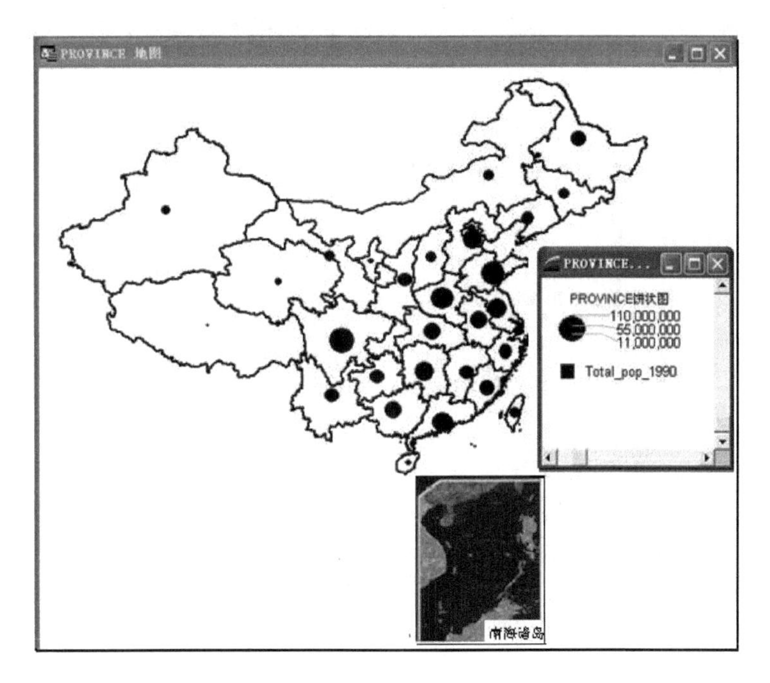

图1.17　1990年中国人口分布图

④ 按照上述步骤，可以创建表格中1990年人口在15岁以下、15～64岁、65岁以上三个年龄段的人口结构分布图，如图1.18所示。

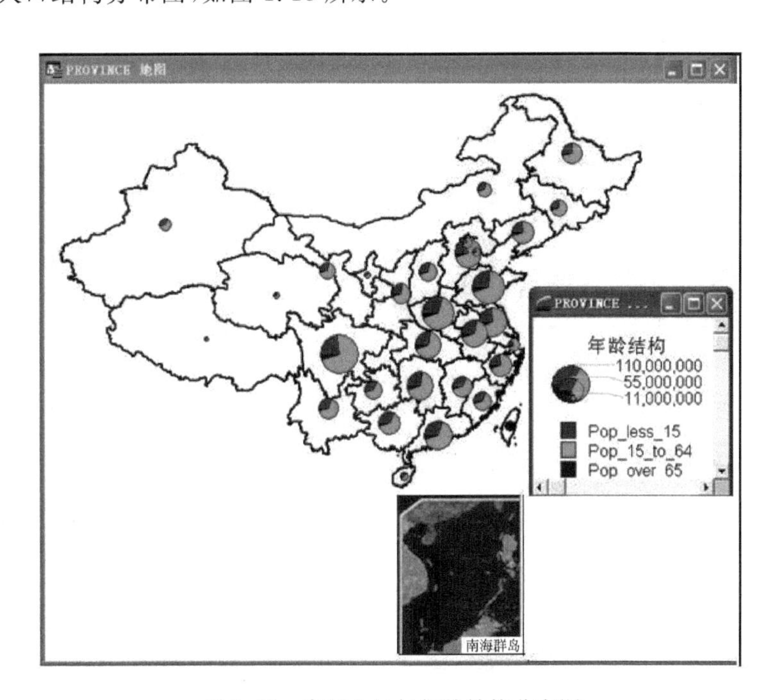

图1.18　中国人口与年龄结构分布图

(2) 选择范围模板创建专题地图

① 选择“地图(Map)|创建专题地图(Create Thematic Map)”命令,如图 1.13 所示。在随后出现的“创建专题地图——步骤 1/3”对话框中,选择模板类型,单击“范围”按钮,选中模板名为“区域范围,红-黄-绿,亮”,如图 1.19 所示。

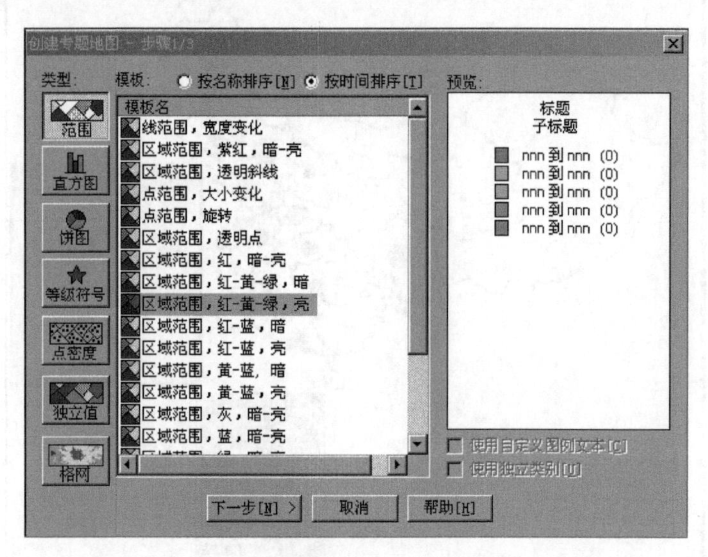

图 1.19 创建专题地图——步骤 1/3

② 在图 1.19 中,单击“下一步”按钮,在弹出的“创建专题地图——步骤 2/3”对话框中,可选择表和字段。在“表”下拉列表框中选中“PROVINCE”;在“字段”下拉列表框中选中“表达式…”,如图 1.20(a)所示。在弹出的“表达式”对话框中,输入表达式“Total_pop_1990/Area(Object,"sq mi")”(亦可通过“列”、“操作数”、“函数”下拉框选择相应数据以完成表达式),表示 1990 年各省区人口密度,单击“确定”按钮返回。

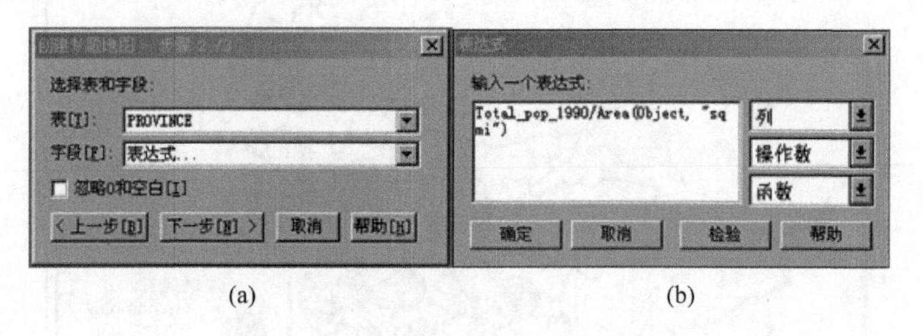

(a) (b)

图 1.20 创建专题地图——步骤 2/3

③ 在图 1.20(a)中单击“下一步”按钮,弹出如图 1.21 所示的“创建专题图——步骤 3/3”对话框中,此时,MapInfo 给出默认的创建好的专题地图的图例。

④ 实验者若对此不满意,可以根据需要对图例进行修改,以符合需要。修改完毕后,单击“确定”按钮,可显示如图 1.22 所示的视图,即得到以省区为单位的 1990 年中国人口密度分布图。

⑤ 同理,可以创建 1990 年中国人口密度及男女比例分布专题图,如图 1.23 所示。

图 1.21　创建专题地图——步骤 3/3

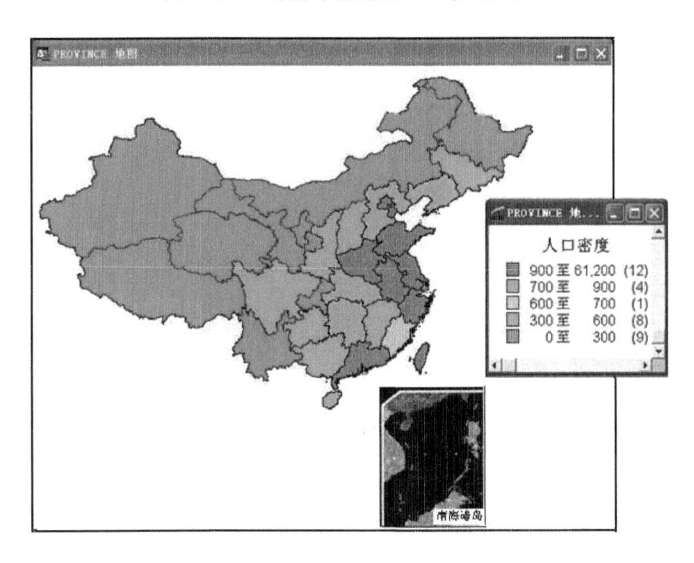

图 1.22　1990 年中国人口密度分布图

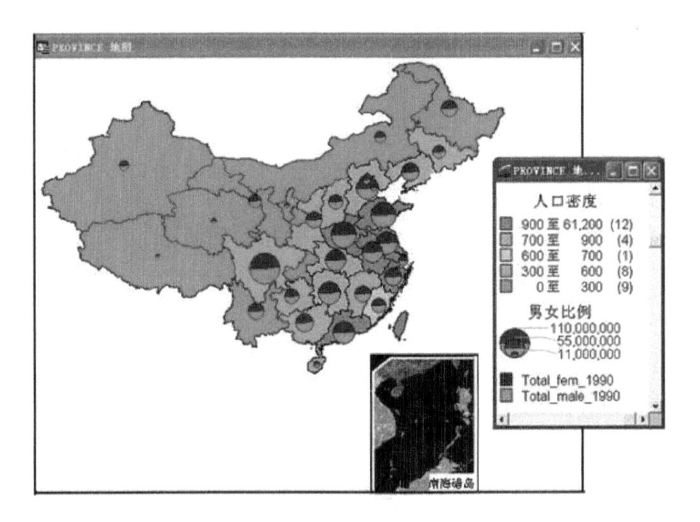

图 1.23　1990 年中国人口密度及男女比例分布图

本实验提示10：计算机地图的显示，可以由1个或多个图层的集合组成，而这些图层是由含有图形对象的数据库表提供的，每个含有图形对象的数据库表都可以显示为一个图层。MapInfo对数据可视化效果较好。

4）制作电子地图

（1）使用“漫游器工具”

打开MapInfo软件，选择“文件(File)|打开表(Open Table)”命令，打开“PROVINCE.TAB”表，在主工具栏上单击“漫游器工具”按钮。把光标移到地图窗口中的任一位置，按住鼠标左键不放，向任一方向移动光标。观察地图的移动，若你感兴趣的位置是福建，就可在“福建”位置释放鼠标按钮，如图1.24所示。

图1.24 使用漫游器工具

（2）使用“放大和缩小工具”

有时为了看清地图的某些细节或了解某一局部在整体中的位置，需要使用放大“+”或缩小“-”工具。在主工具栏上单击“放大”按钮，在你想要放大的区域按下并拖动鼠标。释放鼠标按钮后，MapInfo就将创建的矩形框放大至整个地图窗口。同理可仿照使用缩小工具。

（3）使用“控制图层在缩放范围内显示”

在MapInfo中打开所提供的数据文件“中国省级行政中心(CHINCAPS)、区级行政中心(CHCKY_2K)和县城(CHCTY_5K)”等图层，通常看到的界面非常复杂，可如图1.25所示，通过选择“地图(Map)|图层控制(Layer Control)”等命令以及“图层”控制框来操作，可以控制图层在缩放范围内显示。

具体操作如下：

① 选择“地图(Map)|图层控制(Layer Control)”命令，如图1.26所示。

② 进入“图层控制”对话框后，在图层对话框中显示了多个图层，如图1.27所示。

③ 选中国省区图“PROVINCE.TAB”和中国省级行政中心“CHINCAPS.TAB”两图层，并单击“确定”按钮，如图1.28所示。

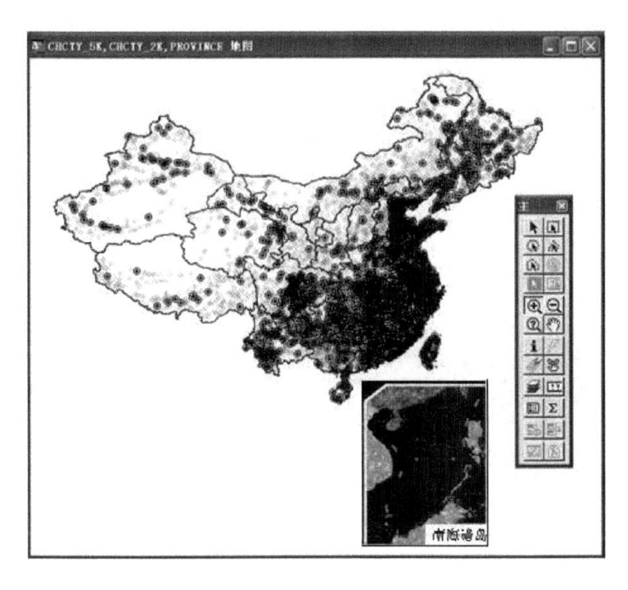

图 1.25　同时打开多层的地图显示

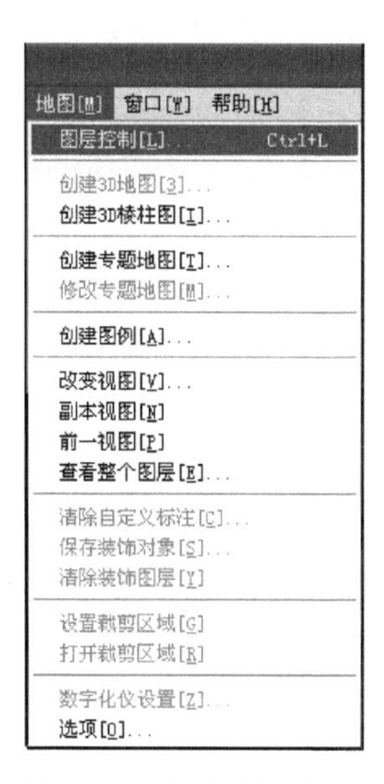

图 1.26　图层控制操作(1)

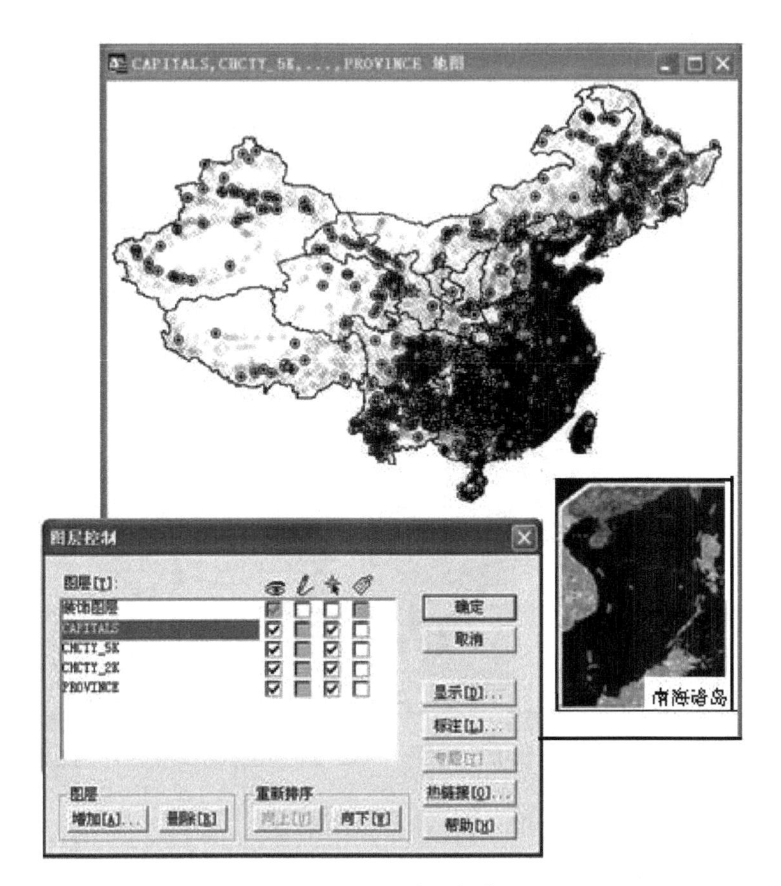

图 1.27　图层控制操作(2)

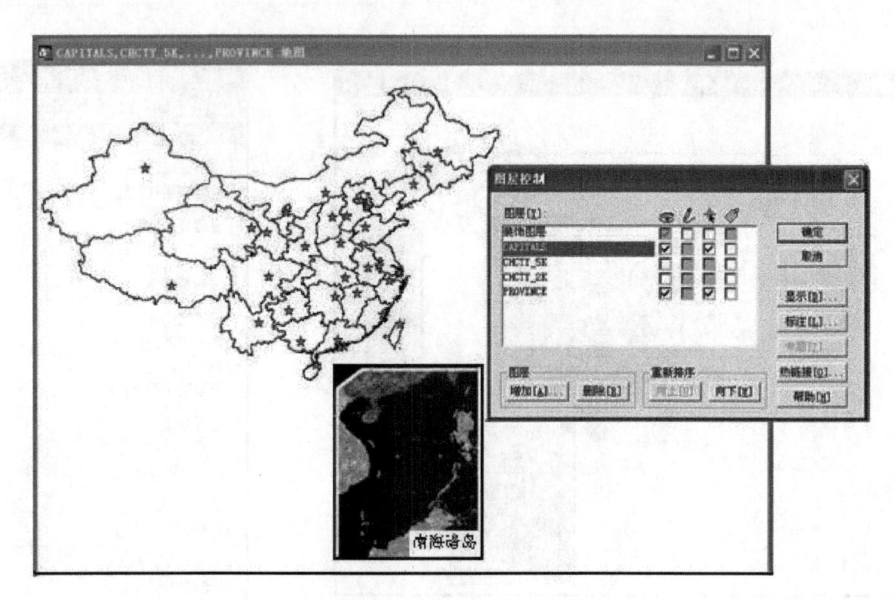

图 1.28　图层控制操作(3)

④ 在“图层控制”对话框中,选中“CHCTY_5K”图层,然后单击“显示”按钮,弹出“CHCTY_5K 图层显示”对话框,选中“在缩放范围内显示”复选框,然后在“最大视野”文本框内填上 1000(单位: km),表示地图窗口显示的宽度小于 1000km,单击“确定”按钮,如图 1.29 所示。

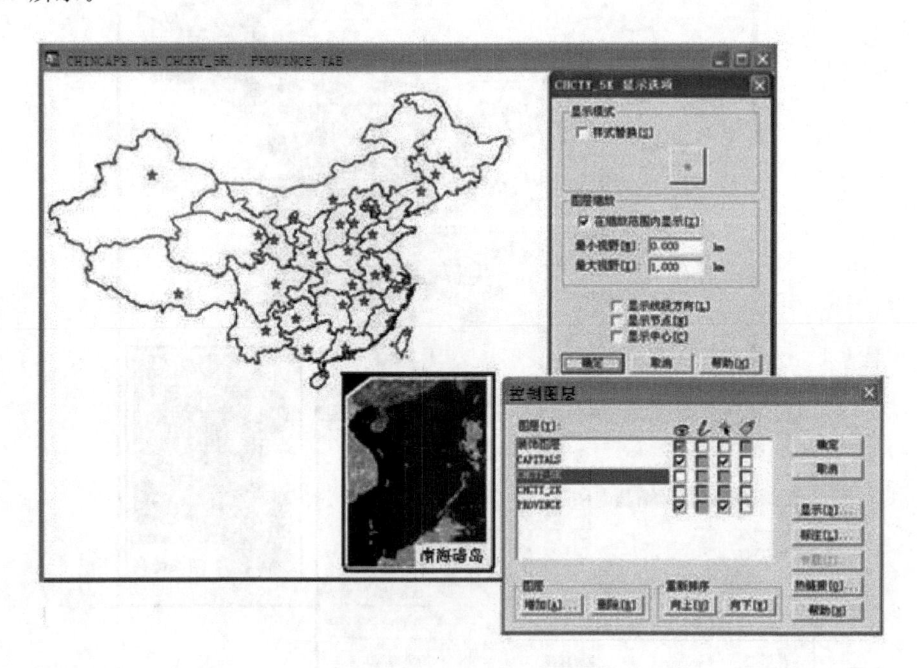

图 1.29　图层控制操作(4)

⑤ 返回如图 1.29 所示的“图层控制”对话框,依上述方法将图层“CHCKY_2K”的最大显示范围定在 2000km,将图层“CHINCAPS”的最大显示范围定在 6500km,单击“确定”按

钮,退出对话框。

⑥ 使用放大和缩小工具在不同宽度的窗口视野范围内显示地图,这样就可以根据图层要素的繁、简动态控制各图层的显示,如图 1.30 所示。

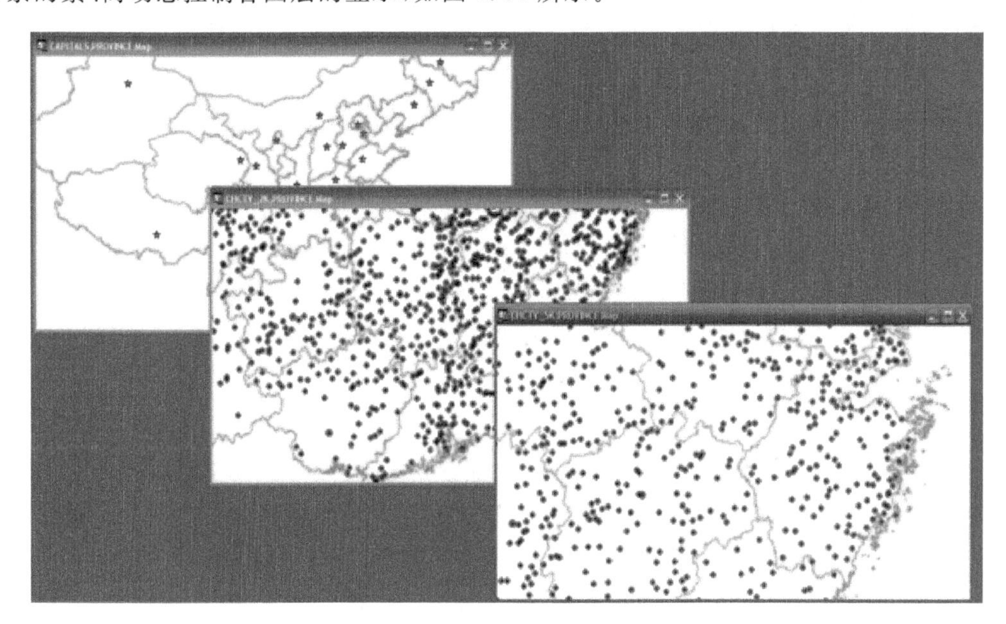

图 1.30　根据窗口视野范围的大小动态控制图层显示

5）使用“信息工具”查询地图信息

可以通过“信息(Info)工具”查询每个地理对象的相关信息。在主工具栏上单击“信息”按钮,弹出“信息工具”文本框,可查询相关信息。只要实验者在地图窗口内单击地理对象,MapInfo 查询显示框内就会显示该地理对象的所有相关信息。如果选取的是多个对象,查询显示框还可显示对象列表信息,如图 1.31 所示。

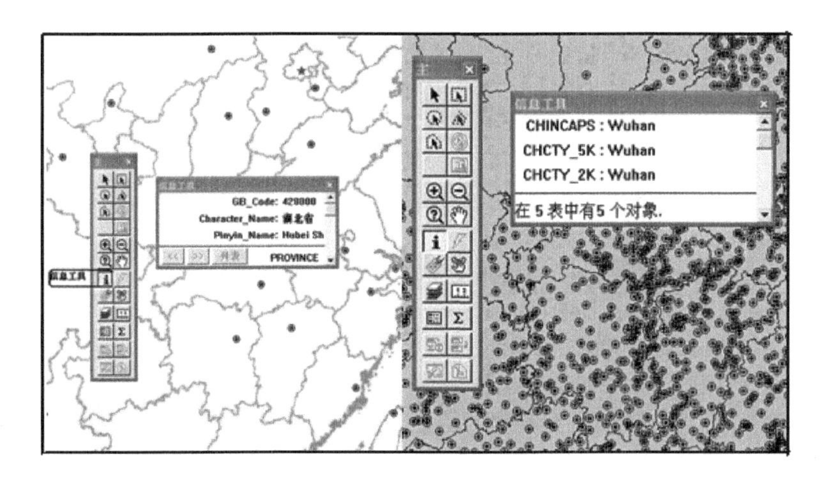

图 1.31　使用主工具栏“信息工具”查询结果视图

本实验提示 11：用户一旦创建了地图图层,就可以把图层自定义成多种形式,如选择适当图层组成所需的地图,使用图层对话框对图层进行增加、删除或重新排序等操作。也可以对地图图层进行放大、缩小、移动等操作。

本实验提示12：MapInfo图层中有着特殊作用的装饰图层和无缝图层，注意它们的应用。①装饰图层是位于地图窗口最上层的一个特殊层，它存在于MapInfo的每个地图窗口上，可以被想象为一个位于其他图层之上的空白透明体。装饰图层的作用是存储地图的标题和在工作会话期间创建的其他地图对象，它具有不能被删除也不能被重新排序等特点。②无缝图层是由可以如同一张表一样处理的一组基表构成的图层，注意不能是已配准或未配准的栅格图像。

6）使用MapInfo进行查询和缓冲分析

使用MapInfo进行查询和缓冲的分析详见实验五中的(二)。

7）利用MapInfo进行地图设计和输出

利用MapInfo进行地图设计和输出的分析详见实验七中的(二)。

（四）ArcGIS软件简介和基本操作

ArcGIS是美国环境系统研究所(Environmental System Research Institute，ESRI)开发的地理信息系统软件，为GIS专业人士提供了信息制作和使用的工具。它有几个独立的软件产品，如表1.3所示，而且每个产品(如ArcReader、ArcView、ArcEditor和Arc/Info)除了提供不同层次的功能外，它们的结构都是统一的，所以地图、数据、符号、地图图层、自定义的工具和接口、报表以及元数据等，都可以在这些独立产品间共享和交换使用。ArcView是ArcGIS的入门软件，是可提供地理数据显示、制图、管理、分析、创建和编辑等功能的GIS桌面软件。Arc/Info 8.0是ESRI在2000年推出的，它继承了当时已有成熟技术的通用GIS软件，包括面向对象的程序设计思想、数据库及网络技术等。ArcGIS是一个综合的、可扩展的GIS软件产品系列。因此，可以满足不同用户的需求。ArcGIS桌面软件(ArcGIS Desktop)是一系列整合的应用程序的总称，包括ArcMap、ArcCatalog、ArcToolbox和ModelBuilder、ArcScene和ArcGlobe；在ArcGIS 10.3 for Desktop中，还推出了一个全新的应用程序ArcGIS Pro。

表1.3 ESRI开发的主要独立软件产品和功能

软件产品	主要功能
ArcReader	是一个免费的地图浏览器，可以查看其他ArcGIS桌面软件生成的所有地图和数据格式，还具有简单的浏览和查询功能
ArcView	可应用于复杂的制图、数据使用和分析，并拥有简单的数据编辑和空间处理功能
ArcEditor	除了包括ArcView中的所有功能之外，还包括对Shapefile和Geodatabase的高级编辑功能
Arc/Info	是一个全功能的旗舰式GIS桌面软件。它扩展了ArcView和ArcEditor的高级空间处理功能，还包括传统的Arc/Info Workstation应用程序(Arc，ArcPlot，ArcEdit，AML等)
ArcGIS	ArcGIS是一个综合的、可扩展的GIS软件，是一系列整合的应用程序的总称，包括ArcCatalog、ArcMap、ArcGlobe、ArcToolbox和ModelBuilder。ArcGIS支持ArcView和Arc/Info格式的数据

通过协调一致地调用应用ArcGIS Desktop，用户可以实现从简单到复杂的GIS任务，包括制图、地理分析、数据编辑、数据管理、可视化和空间处理、空间信息整合、发布与共享的

能力。ArcGIS 支持 ArcView 和 Arc/Info 格式的数据，在当前众多的 GIS 软件中，ArcGIS 功能强大、市场占有率和影响程度都较高，对 GIS 技术的发展影响也较大。

ArcGIS 体系结构如图 1.32 所示。

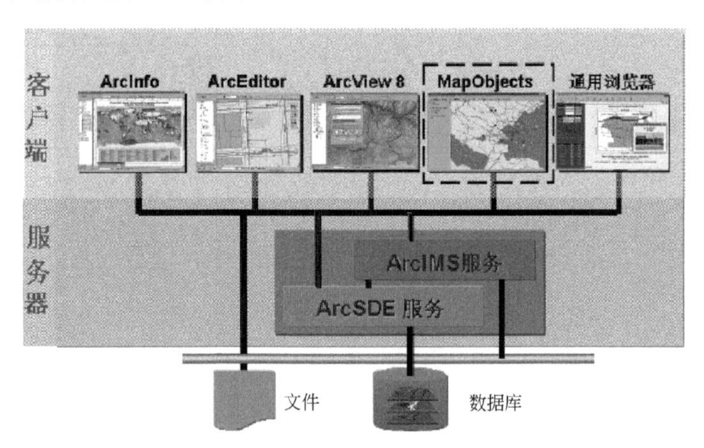

图 1.32 ArcGIS 体系结构图

ArcGIS for Desktop 根据用户的伸缩性需求，每个产品可提供不同层次的功能水平，如表 1.4 所示。

表 1.4 ArcGIS for Desktop 不同层次特点

层次	特 点
基础版	提供了综合性的数据使用、制图、分析，以及简单的数据编辑和空间处理工具
标准版	在 ArcGIS for Desktop 基础版的功能基础上，增加了对 Shapefile 和 Geodatabase 的高级编辑和管理功能
高级版	是一个旗舰式的 GIS 桌面产品，在 ArcGIS for Desktop 标准版的基础上，扩展了复杂的 GIS 分析功能和丰富的空间处理工具

实验内容：利用 data1 数据在 ArcGIS 平台上进行数据浏览、查询等操作。

实验二

数 据 采 集

一、实验内容

(1) 数字化操作。

(2) 投影与坐标系设置。

二、实验目的

(1) 通过实践,掌握采集数据的主要过程。

(2) 通过操作,掌握如何通过其自身的实用工具创建 ArcView 的 Shape 文件格式,以及投影、坐标等设置。

三、实验指导

(一) 构建数据库实验

实验内容:利用 ArcView 构建 GIS 数据库。

实验目的:通过实验,进一步了解 GIS 与一般数据库和图形软件的区别与联系。

实验数据:①使用现有的数据(包括电子数据和非电子数据)。②创建新的数据(可以由卫星影像、GPS 数据或纸质地图创建新的 GIS 数据)。

实验过程:构建数据库的步骤如下。

1. ArcView GIS 建库

(1) 打开 ArcView GIS 软件,选择“View(视图)|New Theme(新专题)”命令,弹出“New Themw(新专题)”对话框,对专题特征“点、线和面”进行选择。如在图 2.1 中,选择“point(点)”为特征创建专题,单击“OK(确认)”按钮。保存“Shape 格式”的文件名(File Name)后,就可利用工具栏中的“Draw Point(画点)”作图,如图 2.2 所示,在图 2.2 中的点与属性表信息通过 ID 关联。若需要记录更多有关“点”的属性信息,可通过添加表格字段完成。

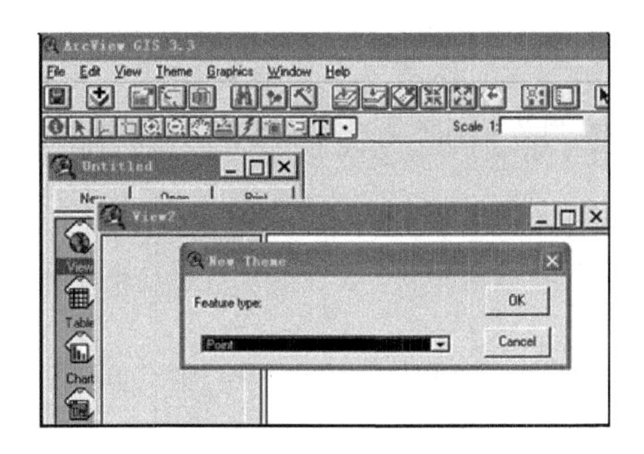

图 2.1 选择特征创建专题

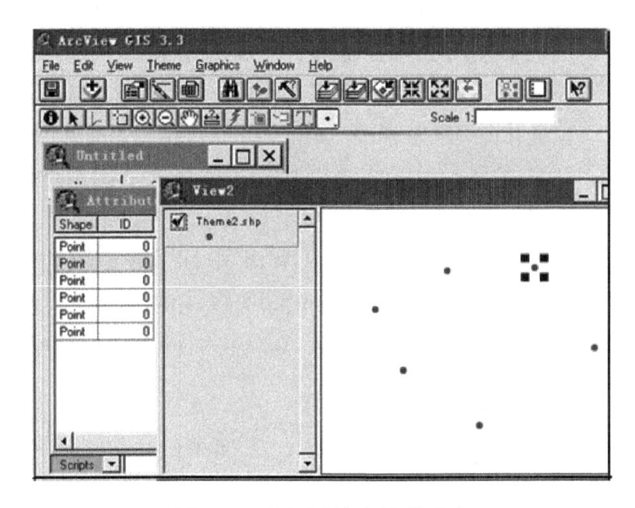

图 2.2 点与属性表关联示意

(2) 选择菜单中“Edit(编辑)|Add Field (加字段)”命令,进入“Field Definition(字段定义)”对话框,如图 2.3 所示,字段定义通常包括数据宽度、类型、小数位数。宽度指为每一字段预留的位数,应满足数据中最大的或最长的字符串,符号与小数点所占位数也应包括在内。数据类型必须是 GIS 软件包所允许的类型,可以是数值型或字符型。小数的位数是实数数据类型定义的一部分。

本实验提示 1:属性数据输入主要有键盘输入或从其他数据库系统导入属性数据(多数 GIS 软件包可以从数据库服务器,如 Oracle/Access/Sybase/Informix 导入 dBASE 和 ASCII 文件)。具体操作可见实验三数据格式转换等。

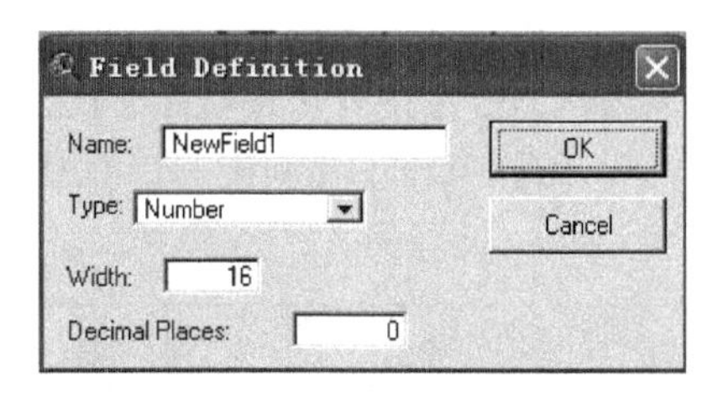

图 2.3 “Field Definition(字段定义)”对话框

本实验提示 2:属性数据的输入与编辑,一般在属性数据处理模块中进行。但为了建立属性描述数据与几何图形的联系,通常需要在图形编辑系统中设计属性数据的编辑功能,主要是将一个实体的属性数据连接到相应的几何目标上,亦可在数字化及建立图形拓扑关系的同时或之后,对照一个几何目标直接输入属性数据。

本实验提示 3：属性数据校核包括两个部分。第一部分是确保属性数据与空间数据正确关联(注意：标识码 ID 应该是唯一的，不含空值)；第二部分是检查属性数据的准确性(注意：数据校核是很难的，因为数据不准确可能归结于很多因素，如观察错误、数据过时和数据输入错误)。

检查数据的输入错误主要有两种方法：第一种是把属性数据打印出来进行人工校对，这与用校核图来检查空间数据准确性相似；第二种是编写计算机程序来检查数据准确性，请读者自行验证。

本实验提示 4：凡是功能较强的图形编辑软件都可提供删除、修改、复制属性等功能。

2. 数字化

对于空间数据输入或编辑或更新现有地图等的数字化主要有：屏幕数字化、手扶跟踪数字化和扫描数字化等。数字化的主要步骤为：①确定几个控制点；②记录要素的位置。

若用扫描件，需要先矢量化，才能完成数字化过程，即对已扫描的文件需要跟踪描绘再把它转回到矢量格式。矢量化是将“栅格线”转化为“矢量线”的过程，这个过程称为“跟踪描绘”。主要有三个步骤：①线的细化；②线的提取；③拓扑关系的重建。

数字化产生的错误，如图 2.4 所示，主要有定位和拓扑错误两种。基于拓扑的 GIS 软件包(如 ArcGIS、Arc/Info、AutoCAD、MGE、ILWIS 和 SPANS 等)，能发现和显示拓扑错误，并具有轻松消除拓扑错误的功能。非拓扑的 GIS 软件包虽不能发现拓扑错误和建立拓扑关系，但可用于地图要素的数字化和编辑(如 ArcView 和 MapInfo)，请读者自行实验。

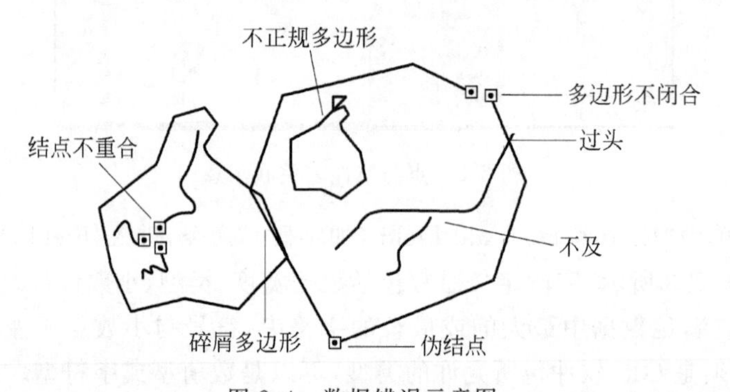

图 2.4 数据错误示意图

对图形数据的编辑是通过向系统发布编辑命令(多数是窗口菜单)，用光标激活来完成的。编辑命令主要有增加数据、删除数据和修改数据 3 类。编辑的对象是点元、线元、面元及目标，编辑工作主要利用 GIS 的图形编辑功能(见表 2.1)来完成。

表 2.1 GIS 的图形编辑功能

点编辑	线编辑	面编辑	目标编辑
删除	删除	弧段加点	删除目标
移动	移动	弧段删点	旋转目标
复制	复制	弧段移动	复制目标
旋转	追加	删除弧段	移动目标
追加	旋转(改向)	移动弧段	放大目标

续表

点 编 辑	线 编 辑	面 编 辑	目标编辑
水平对齐	剪断	插入弧段	缩小目标
垂直对齐	光滑	剪断弧段	开窗口
—	求平行线	—	—

本实验提示5：数字化是将数据由模拟格式转化成数字格式的过程，需要数字化仪来完成。使用数字化仪进行的数字化通常也称为手扶跟踪数字化。数字化仪有一个内置的电子网，用来感知游标的位置。操作者只要将游标的十字丝对准测量点后点击游标的按钮，即可将点的 x，y 坐标传送到与之相连的计算机。大尺寸的数字化仪的绝对精度通常可达0.001in(1in=2.54cm)。GIS软件包通常含有内置的用于手扶跟踪数字化的数字化模块。基于拓扑的GIS软件包具有使数字化的地图建立拓扑关系的功能，具体参阅相关软件说明。

本实验提示6：点要素的数字化使每个点只需单击一下便可记录它的位置，线和面要素的数字化可以分点模式或流模式。在点模式中，操作者选择点进行数字化；在流模式中，按预设的时间间隔或距离间隔进行线的数字化，例如以每隔0.01in的间隔进行线的自动数字化。大多数GIS用户更喜欢用点模式，因为用点模式比用流模式建立的数据文件小，并且以直线分段来数字化简单的线要素效率更高。线或多边形要素的数字化可以分为分离模式或连续模式。在分离模式中，操作者要注意遵循弧段——节点的拓扑关系。线段会合或相交处的点作为节点数字化。在连续模式又称为未结构化数字化中，操作者在对长且连续线条数字化时，GIS软件包在数字化过程中会自动建立弧段——节点关系。

本实验提示7：扫描是将模拟地图转化为扫描文件的数字化方法，扫描仪是将模拟地图转换为栅格格式的扫描图像文件。地图通常被扫描为黑白地图：黑线代表地图要素，白色区域表示背景。源地图可以是纸质地图或聚酯薄膜地图，墨绘的或铅笔绘的。扫描将地图转换成栅格格式的二值扫描文件，每个像元值为1(地图要素)或为0(背景)。地图要素在扫描文件上表现为一系列像元相连成的栅格线。像元的大小取决于扫描的分辨率，一般设为每英寸300或400个点(dpi)，代表源地图上一条细墨线的栅格线可能有5～7个像元宽。

本实验提示8：ArcView的Shape文件格式可以通过其自身的实用工具创建或由其他数据转换。

本实验提示9：多数情况下扫描比手扶跟踪数字化更好，因为扫描通过机器和计算机运算来做大部分工作，这样避免了由于疲劳或粗心引起的人为错误。但在实际应用时多用屏幕跟踪矢量化。

3. 数据编辑

(1) 对扫描得到的图像需要进行纠正。主要是建立要纠正的图像与标准的地形图或地形图的理论数值或纠正过的正射影像之间的变换关系，消除各类图形的变形误差。

本实验提示10：目前，主要的变换函数包括仿射变换、双线性变换、平方变换、双平方变换、立方变换、四阶多项式变换等，具体采用哪一种，则要根据纠正图像的变形情况、所在区域的地理特征及所选点数来决定。

(2) 对地形图的纠正，一般采用四点纠正法或逐网格纠正法。四点纠正法，一般是根据选定的数学变换函数,输入需纠正地形图的图幅行、列号,地形图的比例尺,图幅名称等,生成标准图廓,分别采集四个图廓控制点坐标来完成。

逐网格纠正法,是在四点纠正法不能满足精度要求的情况下采用的。这种方法和四点纠正法的不同就在于采样点数目的不同,它是按方里网进行的,即对每一个方里网,都要采点。

本实验提示 11:经纬网(Graticule)是代表地图上经度和纬度的线型或定位点(Tic Mark)集合;方里网(Measured Grid)是显示地图上线性距离单位的线型或定位点集合,方里网是由平行于投影坐标轴的两组平行线所构成的方格网,其中每隔整公里绘出坐标纵线和坐标横线,所以称之为方里网。具体采点时,一般要先采源点(需纠正的地形图),后采目标点(标准图廓),先采图廓点和控制点,后采方里网点。

(3) 对遥感影像的纠正,一般选用和遥感影像比例尺相近的地形图或正射影像图作为变换标准,然后,选用合适的变换函数,分别在要纠正的遥感影像和标准地形图或正射影像图上采集同名地物点。

本实验提示 12:具体采点时,要先采源点(影像),后采目标点(地形图)。选点时,要注意选点的均匀分布,点不能太多。如果在选点时没有注意点位的分布或点太多,不但不能保证精度,反而会使影像产生变形。另外,选点时,点位应选由人工建筑构成的并且不会移动的地物点,如河流或道路交叉点、桥梁等,尽量不要选河床易变动的河流交叉点,以免点的移位影响配准精度。

(4) 属性数据的更正,一般在属性数据库编辑中进行。

(二) 屏幕跟踪矢量化

实验内容:屏幕跟踪矢量化。

实验目的:通过实验,了解数字化的含义和操作步骤。

所需数据:GIS_data\Data2 目录下的 FUZHOU.jpg 图像,一幅扫描的福州市旅游图,作为矢量化的底图。

实验过程:屏幕跟踪矢量化的步骤如下。

1. 准备扫描图像

(1) 选择要数字化的地图,识别该图的投影和坐标系统,在图上至少选取四个控制点,并获取其实际地理坐标。

(2) 将地图扫描成 MapInfo 可识别的栅格图像格式保存。

本实验提示 13:如果没有现成的坐标系统,也可以在图上建立自己的坐标系统(一般用笛卡儿坐标系),并读取相应的控制点的坐标。

2. 栅格图像配准

(1) 事先准备好图像(如 FUZHOU.jpg)。在 MapInfo 中打开图像文件。选择“文件(File)|打开表(Open Table)”,以表的方式打开栅格图像文件,单击“打开”按钮,如图 2.5 所示。

如果是第一次打开该图像,MapInfo 会提示是否配准(Register),如图 2.6(a)所示。请单击“配准”按钮,然后进入“图像配准”对话框,如图 2.6(b)所示。

图 2.5　以表的方式打开栅格图像

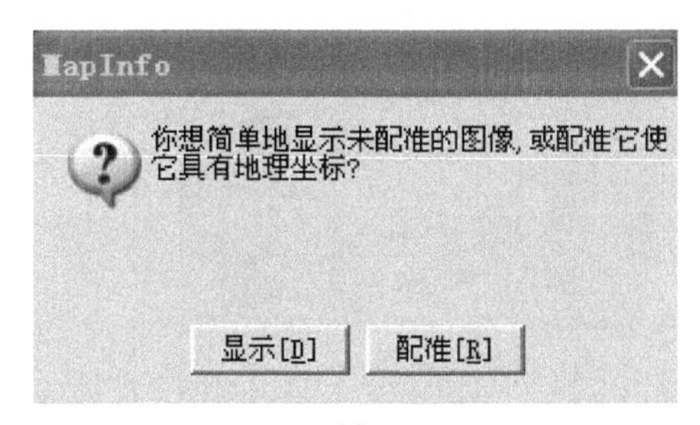

(a)

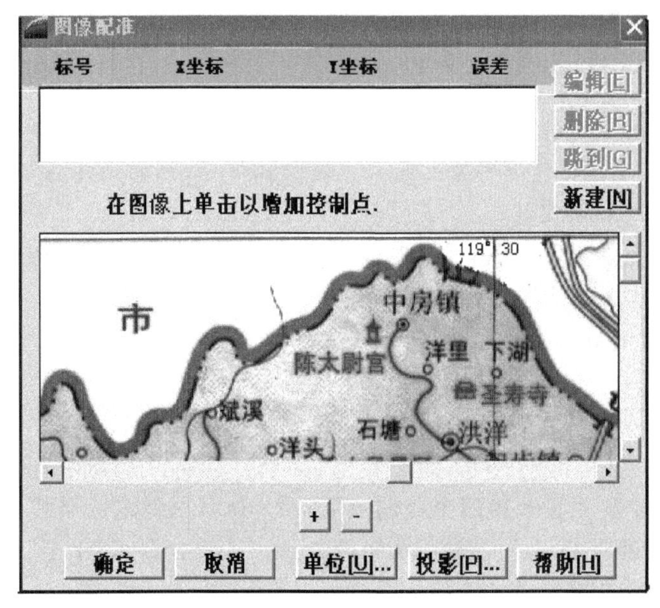

(b)

图 2.6　图像配准

本实验提示 14：用 MapInfo 数字化地图时，首先必须设定投影方式，这样才能考虑到该地图的变形，并保持地图要素之间正确的空间关系。需要注意的是，在数字化开始之后不能再改变投影方式，因此要确保正确地设置投影。在图像配准时就要注意。

(2) 选择投影类型。在“图像配准”对话框中，单击“投影(Projection)”按钮。通常选择纸张地图图例中指定的地图投影，本案例采用的是以地理坐标经、纬度投影的福州市交通旅游图，图中网格交点坐标可根据经、纬度值获取，如图 2.7 所示。在“选择投影”对话框中，单击“确定”按钮，完成投影选择。

(3) 设定坐标系使用的地图单位。例如，经、纬度投影中的地图将以“度”为单位显示地图坐标。在“图像配准”对话框中，单击“单位”按钮，出现如图 2.8 所示的“单位”对话框，地图单位选择“度”，再单击“确定”按钮。

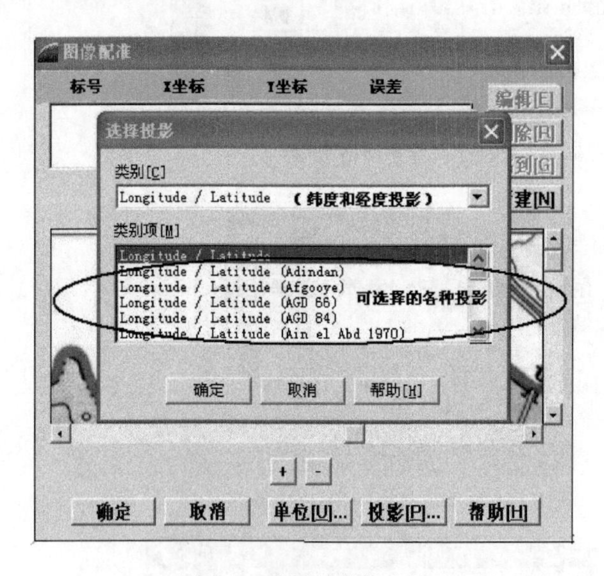

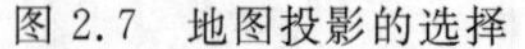
图 2.7 地图投影的选择

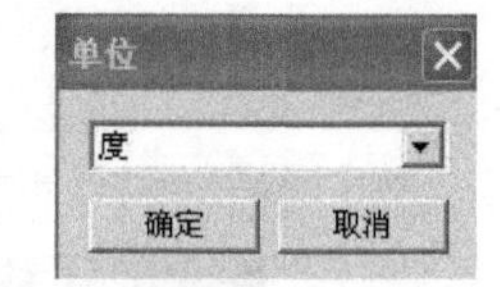

图 2.8 地图单位的选择

本实验提示 15：如果没有该地图的坐标系统，那么需要把该地图数字化为非地球地图(Non_earth Map)，这意味着该图像上的点只是彼此有关，而与地球上的点无关，这时可以使用其他地图单位(米、英里等)。

(4) 输入控制点。具体操作是在“图像配准”对话框的图像上选择一点并单击鼠标左键，然后在弹出的“增加控制点(Add Control Point)”对话框中输入该点对应的实际坐标值，如图 2.9 和图 2.10 所示。

本实验提示 16：在配准栅格图像对话框中可以增加控制点、修改控制点的坐标并且删除控制点。输入 4 个控制点(如 Pt 1,Pt 2,Pt 3 和 Pt 4)时应注意，其中任意 3 个点不能在一条直线上。

(5) 编辑控制点。当输入第四个控制点后，MapInfo 以像素为单位计算控制点的输入误差。若不符合精度要求，必须重做或编辑控制点。若符合要求，单击“确定”按钮，完成栅格图像的配准。图像出现在地图窗口。

若图像没有出现在地图窗口，可选择“地图(Map)|图层控制|(Layer Control)|显示(Display)”命令，取消选中“在缩放范围内显示”复选框，单击“确定”按钮，退出图层控制框，

即可看到配准好的图像,如图 2.11 所示。

图 2.9　为图像配准输入控制点 Pt 1

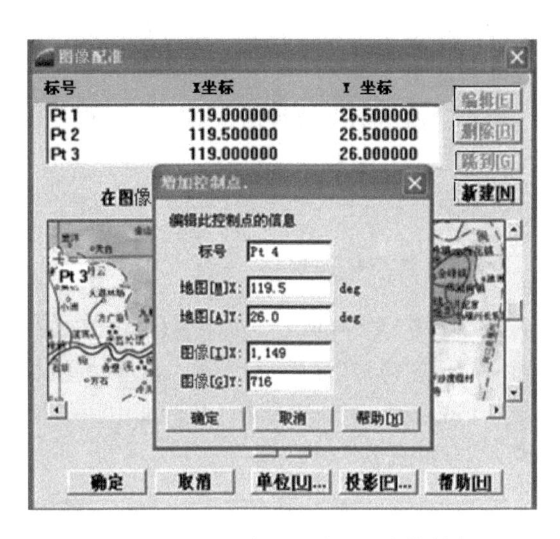

图 2.10　为图像配准输入 4 个控制点

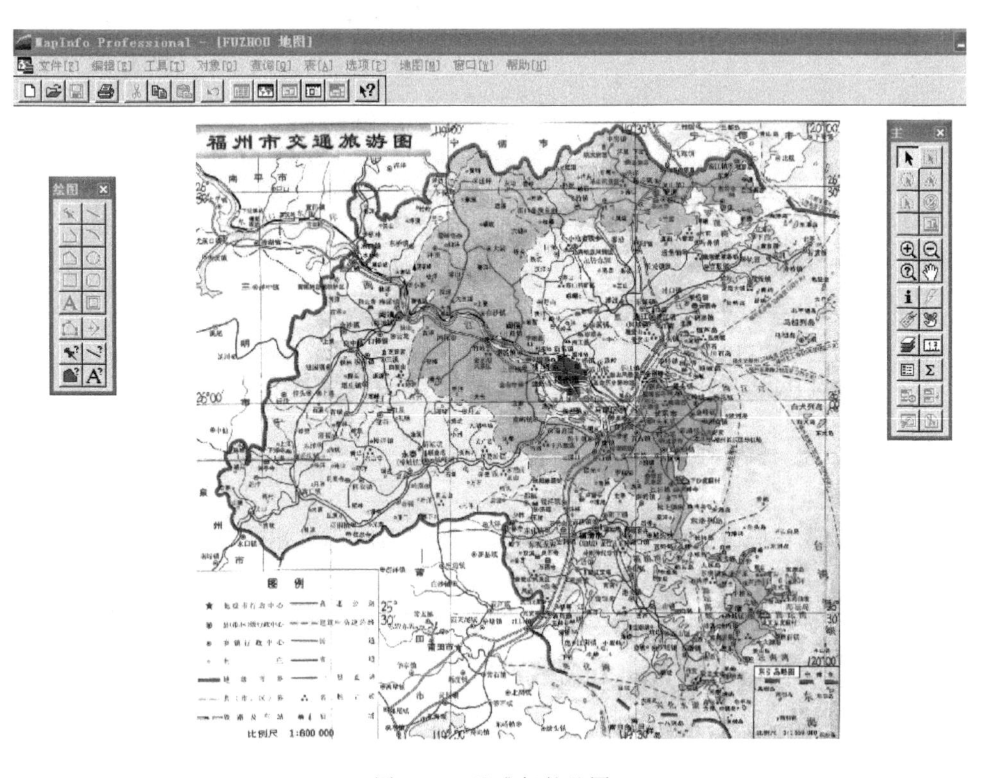

图 2.11　配准好的地图

本实验提示 17：MapInfo 利用控制点进行数值变换,是靠该变换来倾斜、移动和调整数字化对象,使之与控制点相符。MapInfo 按设定的坐标系确定控制点的相对位置,对比这些点在栅格图像中相应的坐标,随后算出一个误差,即点在栅格图像上的位置和单击位置的实际坐标之间的偏差。误差值应该与数字化仪的图形分辨率一致,大多数情况下误差不应超过图框宽度的千分之几或仅为几个像素。为减小误差估计偏高的可能性,可增加控制点数量并且为控制点设定坐标时要尽可能精确。同时,仔细检查在图像配准对话框中是否已设定正确的投影。

本实验提示18:栅格图像的配准过程实际上是利用最小二乘原理实现由栅格图像坐标到实际地理坐标的转换,然后就可以在屏幕上以实际地理坐标对栅格图像上的内容进行跟踪数字化。

3. 新建数字化图层

(1) 选择"文件(File)|新建表(New Table)"命令,在出现的"新建表"对话框中选择"添加到当前地图窗口"复选框,单击"创建"按钮,如图2.12所示。

(2) 在出现的"新表结构"对话框中用类似"构建关系数据库结构"的方法定义新建图层的表结构,如图2.13所示。

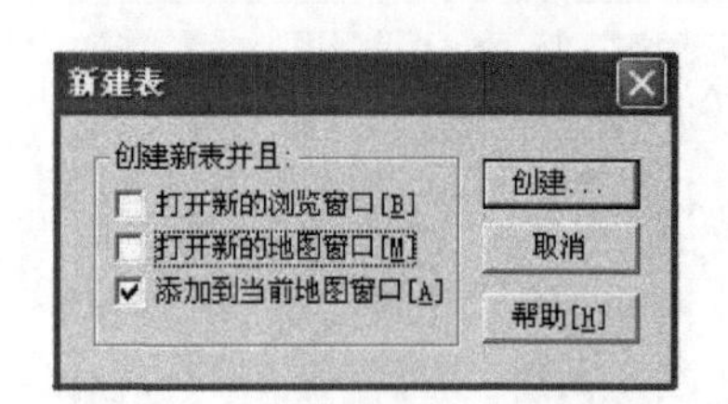

图2.12 创建新图层并添加到当前地图窗口

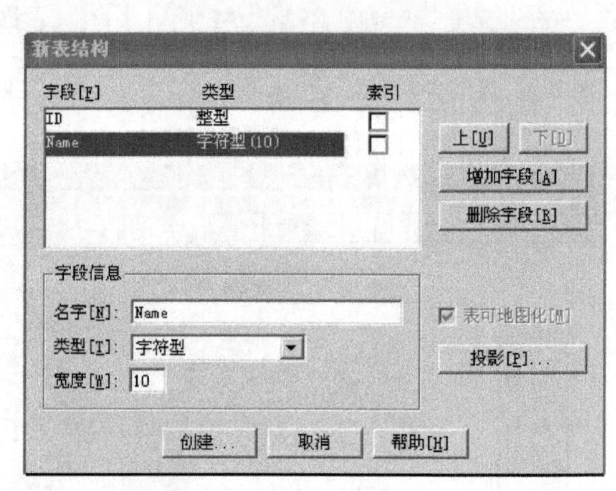

图2.13 定义新建图层的表结构

(3) 单击"创建"按钮,完成创建"一个与配准的栅格图像具有相同数学要素的空白图层",另保存为"fz"。

(4) 选择"地图(Map)|图层控制(Layer Control)"命令,在出现的"图层控制"对话框中能看到新建的空白图层"fz",可设置为编辑状态,如图2.14所示。

本实验提示19:利用MapInfo工具栏内的点、线、面等绘图工具进行数字化和编辑,数字化的内容保存在新建图层中。如果不能一次性完成数字化工作,在退出时请保存工作空间,以便下次可以直接打开工作空间继续数字化工作。

4. 屏幕跟踪矢量化地图

屏幕跟踪矢量化地图的基本步骤如下。

(1) 激活地图窗口并确保有一个图层可编辑,如图2.14所示。

(2) 在菜单栏中,选择"地图(Map)|改变视图(Change View)"命令,并在出现的"改变视图"对话框中放大地图窗口,使地图窗口的视野满足适合于屏幕跟踪的宽度,如图2.15所示,设置完毕后,单击"确认"按钮。

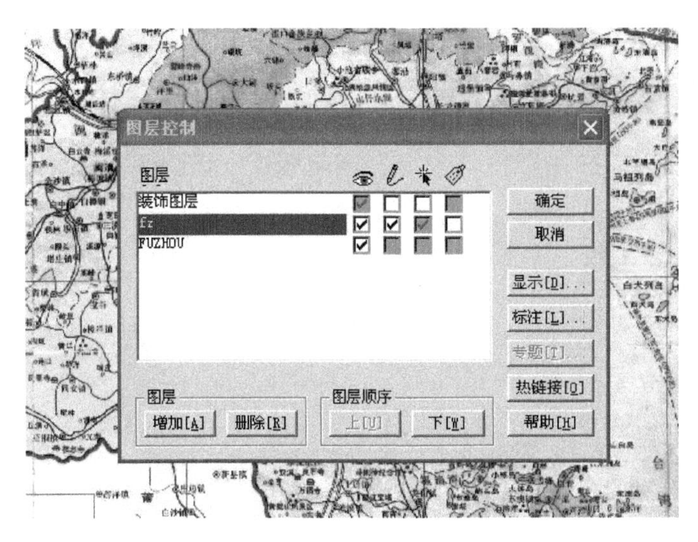

图 2.14　创建好的新图层设为可编辑状态

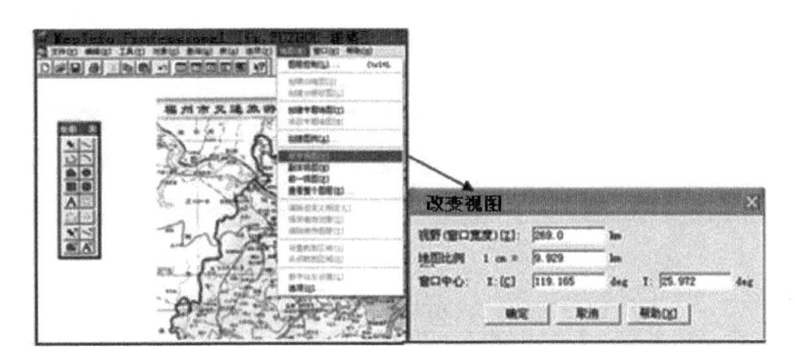

图 2.15　地图窗口设置

(3) 选择合适的绘图工具(点、线或面),开始跟踪地图。用鼠标在新图层(如“fz”)上添加图形,如图 2.16 所示。

本实验提示 20:当使用“折线或多边形”工具时,MapInfo 的自动跟踪特性允许方便地跟踪对象的结点。这种特性允许不必要重新数字化该对象的共享边界,使数字化具有共享边界的对象更加容易,当打开“对齐方式(SNAP)”时,自动跟踪就可用了。

本实验提示 21:只能对现有折线和多边形使用自动跟踪,不能自动跟踪矩形、椭圆、圆弧或其他由绘图工具制作的形状。

要在数字化时自动跟踪折线或多边形,如图 2.17 所示,可执行如下操作。

步骤 1:激活“对齐方式”(或按键盘上的 S 键),并单击“自动跟踪的折线或多边形”上的节点。

步骤 2:把光标移到同一对象的另一个节点。

步骤 3:执行以下操作之一,对于折线按住 Shift 键并单击,对于多边形按住 Shift 键或 Ctrl 键并单击。一旦按住 Shift 键或 Ctrl 键,MapInfo 就突出显示要自动跟踪的路径。单击时,MapInfo 在两节点间自动跟踪所有段,并把它们增加到正在绘制的折线或多边形中。

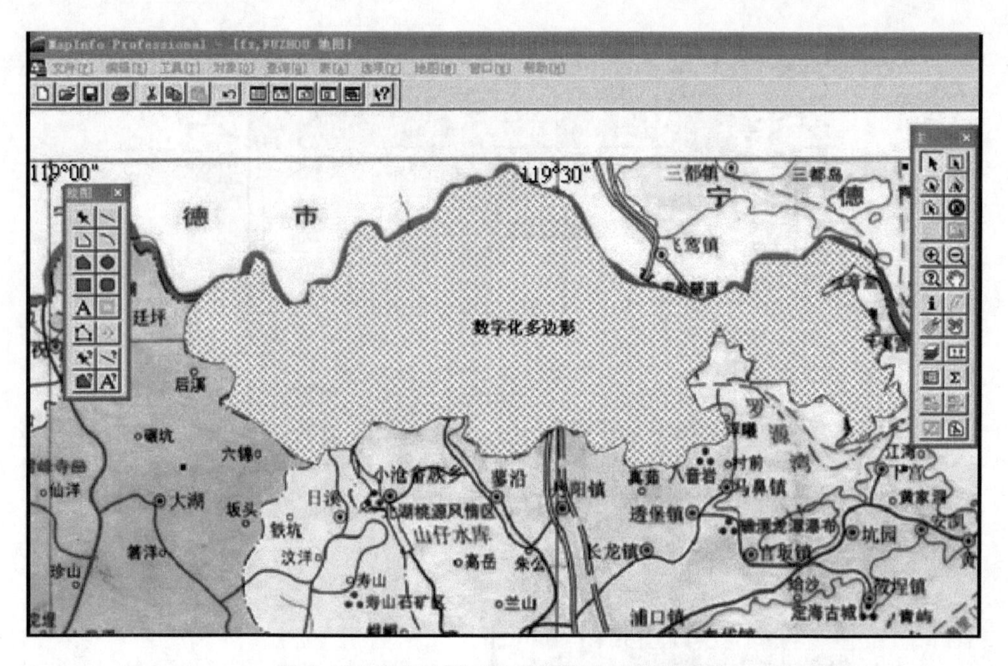

图 2.16　用多边形工具绘制部分福州市政区

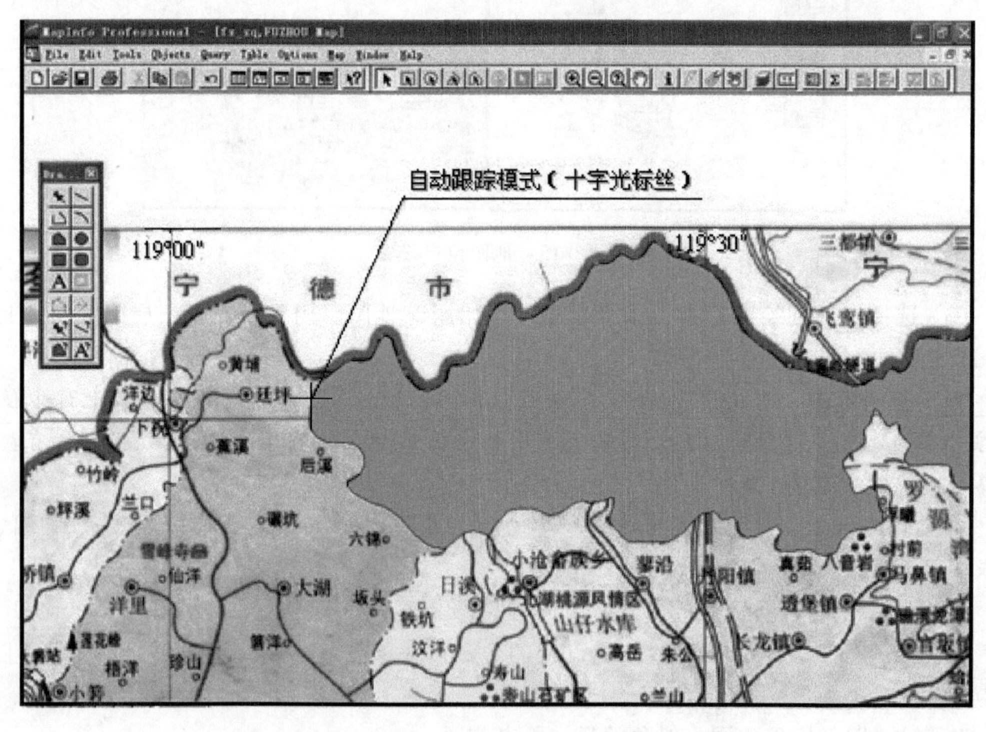

图 2.17　自动跟踪方式数字化多边形对象的共享边界

本实验提示 22：Shift 键自动跟踪两节点间较短的路径(节点个数较少的路径)，而 Ctrl 键自动跟踪较长的路径(节点个数较多的路径)。

5. **输入属性值**

当整个图层数字化完后，打开属性表，输入属性。具体操作：

(1) 在菜单栏中选择“窗口(Windows)|新建浏览窗口(New Windows)”命令，在工具栏中打开“属性表”。

(2) 对照地图窗口选中的图形，在浏览窗口交互输入属性值，如图 2.18 所示。

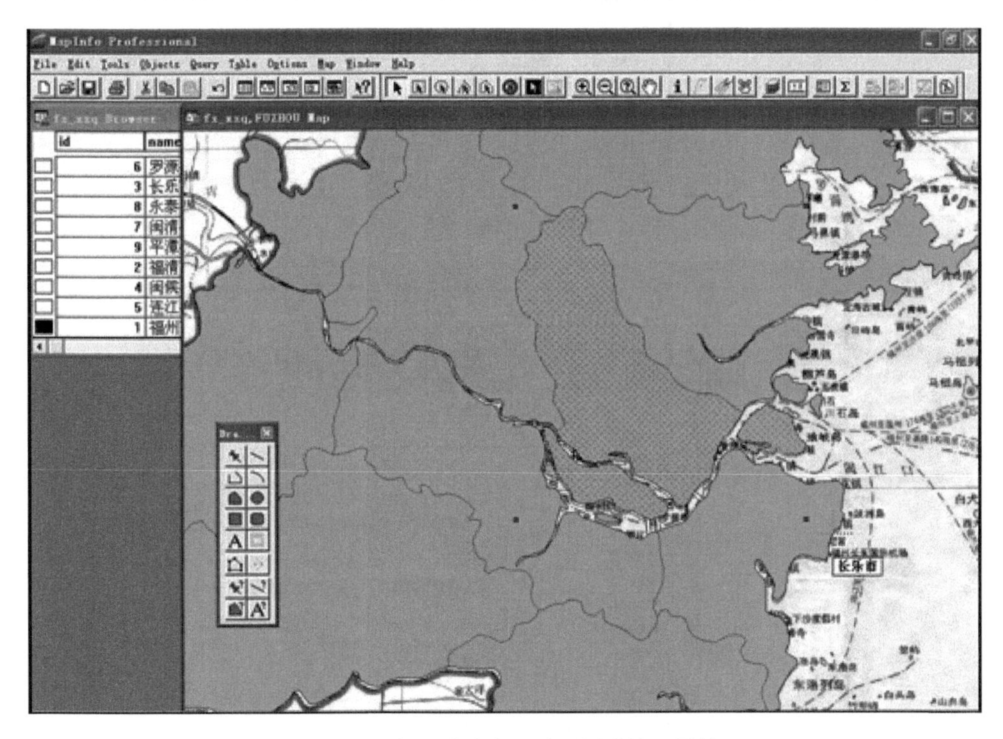

图 2.18 打开浏览窗口对照图形输入属性

本实验提示 23：如果想修改表的结构(添加或删除字段等操作)，可通过表结构的维护功能来完成。

(3) 选择“表(Table)|维护(Maintenance)|表结构(Table Structure)”命令，如图 2.19(a)所示。对打开的表结构可查看或修改，如图 2.19(b)所示。保存后若再查看或修改，可再回到图 2.19(a)的界面，直至满意。

对于每一图层，重复上述(3)中的各步操作，直到所需的所有图层输入完成后，根据提示保存内容，最后，选择“文件(File)|全部关闭(All Close)”命令。

本实验提示 24：当矢量化时，地图的分层要按图形和对象来划分，输入属性数据时要与地图对象相对应。

(三) 投影、坐标系设置

实验内容：利用 ArcView GIS 进行地图投影、坐标系设置。

实验目的：掌握地图投影、坐标系设置方法。

所需数据：GIS_data\Data2 目录下的 Stationsll.shp 和 Idll.shp，两个以十进制表示

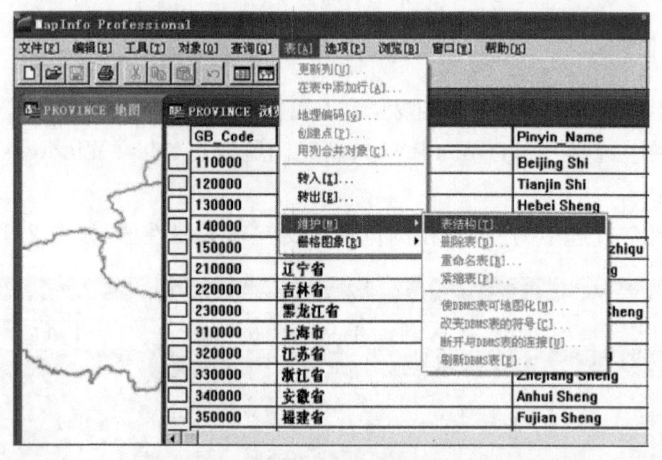

(a) 选择表结构命令

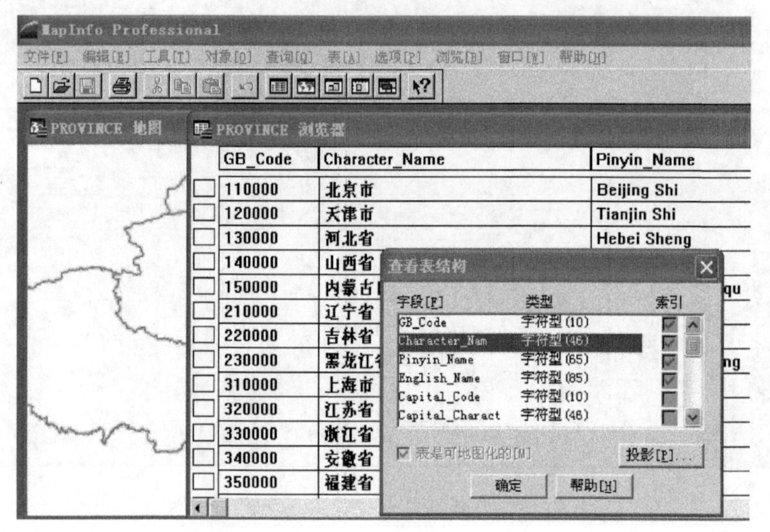

(b) 查看表结构

图 2.19 “表|维护|表结构”命令操作界面和查看表结构

经、纬度数值的 Shape 文件。

实验过程：投影、坐标系设置的步骤如下。

(1) 打开 ArcView GIS 软件，在工具栏中单击“加载数据”按钮，打开所需数据(Stationsll. shp 和 Idll. shp 文件)，如图 2.20 所示。

本实验提示 25：Stationsll. shp 和 Idll. shp 是以经、纬度坐标值显示的数据文件，需要改变单位。

(2) 选择“View(视图)|Properties(属性)”命令，进入“View Properties(视图属性)”对话框中，改地图单位(Map Units)为“meters”，并单击“Projection(投影)”按钮，如图 2.21 所示。

(3) 在出现的“Projection Properties(投影属性)”对话框中。选中“Custom(自定义)”单选按钮，并根据 IDTM 的参数来设置投影性质，如图 2.22 所示。

本实验提示 26：地球的模型有正球体、椭球体、扁球体以及不规则椭球体等，在图 2.22 选中的 Clarke 1866 是地球椭球体的一种模型(可参考《地理信息系统导论》一书)。在

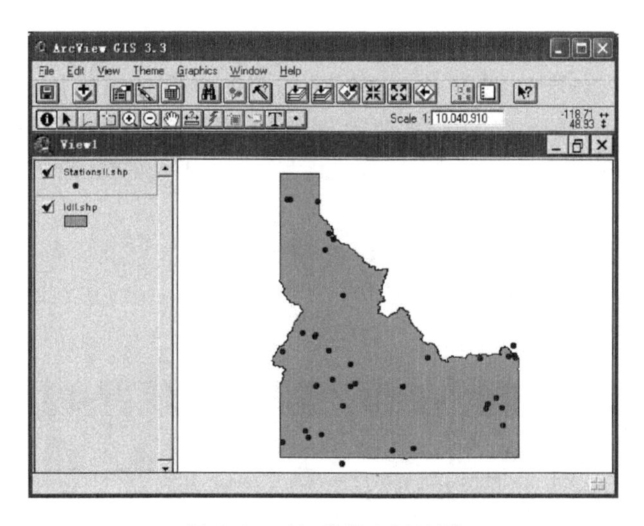

图 2.20 经、纬度坐标地图

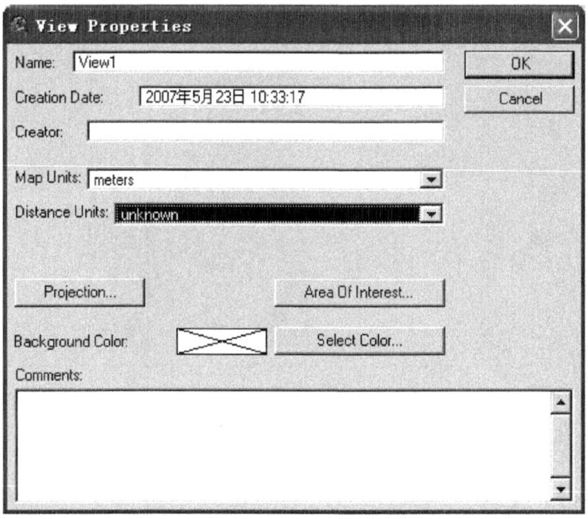

图 2.21 设置地图单位为“米”

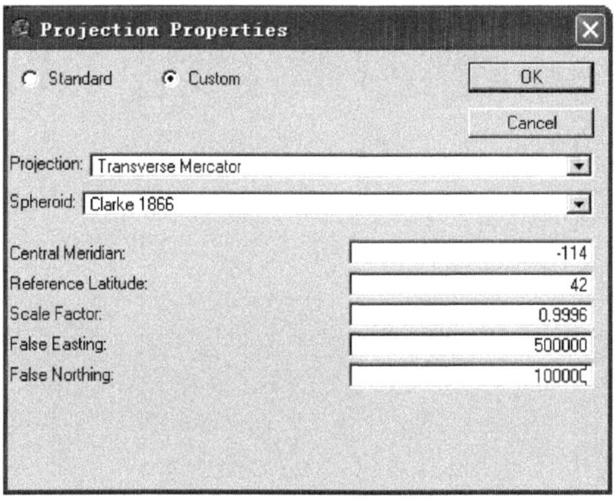

图 2.22 设置投影参数

ArcView 中，当进入一种投影的时候，如图 2.22 中 Transverse Mercator(横轴墨卡托)，用户需要填写投影参数，如图 2.22 中的 IDTM 参数。投影参数能够控制用户所感兴趣的地表部分投影到平面上的变形。主要的投影参数有 Central Meridian(中央子午线)、Reference Latitude(参考纬度)、Scale Factor(比例因子)、False Easting(假东，指 x 坐标偏移投影原点的尺寸)、False Northing(假北，指 y 坐标偏移投影原点的尺寸)、Standard Parallel 1(标准纬圈 1)、Standard Parallel 2(标准纬圈 2)等。

(4) 在"Projection Properties(投影属性)"对话框中，单击"OK(确认)"按钮，即可实现投影的设置，如图 2.23 所示。

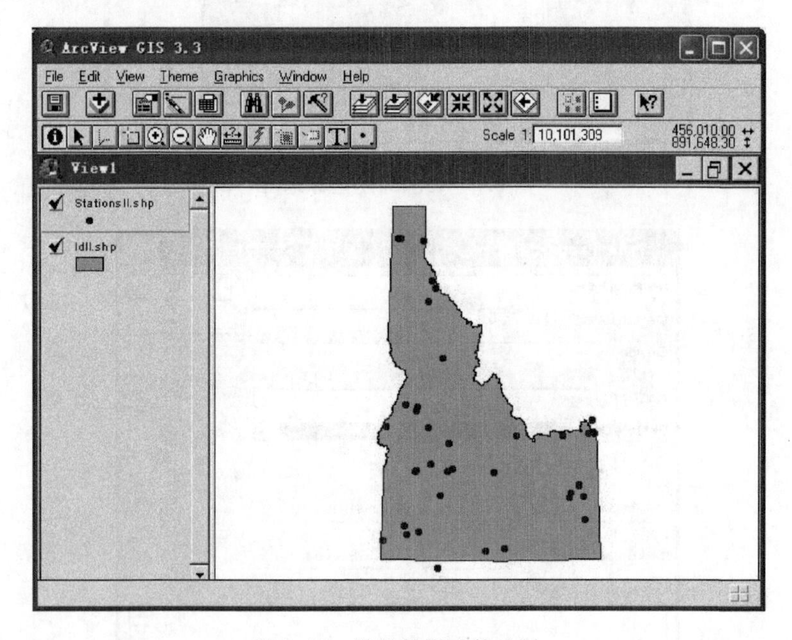

图 2.23　设置投影后的地图

本实验提示 27：地图投影是从球形的地球表面到平面的转换。转换的结果是用平面上的线构成的体系来代表地理格网。但是从地球表面到平面的转换总是带有变形，没有一种地图投影是完美的，每种地图投影都保留了某些空间性质，而牺牲了另外一些性质。通常根据地图投影所保留的性质将其分为四类：等角、等积、等距、等方向或真方位。地图投影为小比例尺地图制图提供了工作底图，如 1∶1 000 000 或更小比例尺的世界和大洲地图。

实验三

数 据 处 理

一、实验内容

(1) 错误查找与改正。
(2) 属性数据核对。
(3) 投影坐标转换。
(4) 数据格式转换。
(5) 数据内插。

二、实验目的

(1) 通过 GIS 软件,了解 GIS 数据处理的主要方法,掌握数据格式转换、投影变换和空间数据插值。

(2) 通过实验,了解地图投影和坐标系的转换,尤其要熟悉在 ArcView 中进行地图投影和坐标系的转换。

(3) 掌握常见的空间数据内插方法。

三、实验指导

(一) 数据格式转换

实验内容:数据格式转换。

实验目的:通过实验掌握数据转换方法。

所需数据:建议实验者用前面屏幕跟踪矢量化后的实验结果数据,以 GIS_data\Data3 目录下的 Fz_xzq.tab 为例进行实验。

实验过程:数据格式转换的步骤如下。

把 MapInfo 的表文件转成 ArcView 的 Shape 文件,有两种方法可实现。一种是利用 MapInfo 的数据输入输出功能,先把表文件输出为 MapInfo 的交换文件格式 MIF,然后利用 ArcView 的转换器把 MIF 文件转为 Shape 文件(MIF to Shape);另一种是直接利用 MapInfo 的通用转换器把 MapInfo 表文件转换成 ArcView 的 Shape 文件。以下分别介绍这两种方法的具体操作步骤。

1. 方法一的具体操作步骤

(1) 生成 MapInfo 的转换格式文件。在 MapInfo 中转换实验二所完成的“屏幕跟踪矢量化”图层。

首先,选择“表|转出”命令;其次,在“转出表到文件”对话框中,选择要转出的表文件(fz),如图 3.1 所示;再次,选择文件保存类型是“MapInfo 交换格式(*.mif)”,且需保存在相应目录下,完毕后,单击“保存”按钮。

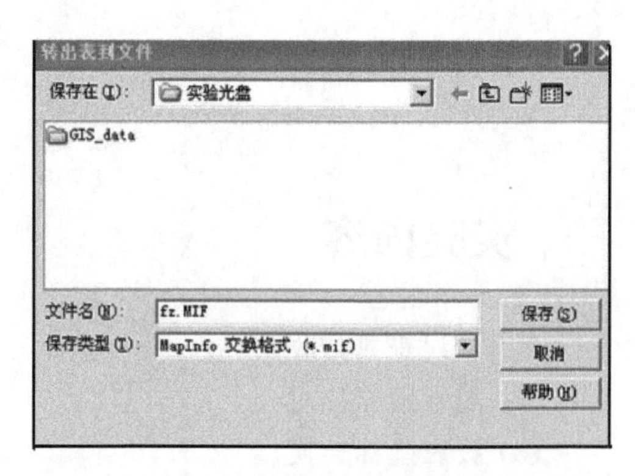

图 3.1 转出文件格式界面

(2) 把 MIF 文件转成 ArcView 的 Shape 文件。

首先,打开 ArcView 的 MIF To Shape 程序,如图 3.2 所示;其次,在 MIF to Shapefile 对话框中打开要转换的 MIF 文件,在下拉列表框中选择要素(点、线或面)类型,完毕后,输入转出文件的保存路径及文件名,单击“OK(确认)”按钮,如图 3.3 所示。在出现的处理进度条消失后,说明转换成功。

图 3.2 打开 MIF To Shape 程序界面

对于其他图层重复(1)和(2)的步骤,直到所有图层都转换完毕。

本实验提示 1:这里的要素类型是指输入图层是点(Point)或线(Line)或是面(Polygon)。

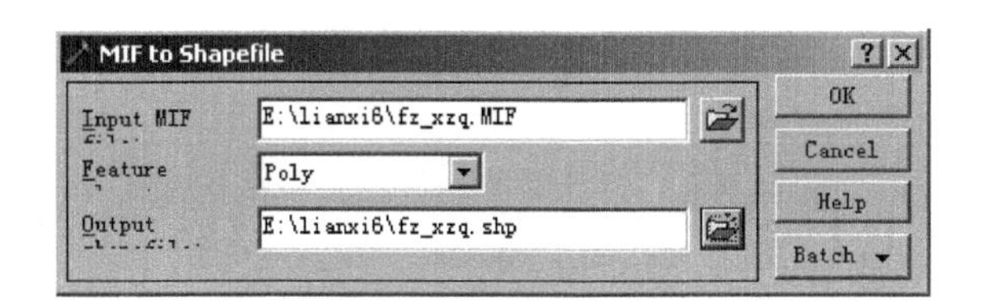

图 3.3　MIF 文件转成 ArcView 的 Shape 文件对话框

在数据采集和数字化时要注意要素类型的划分。

2. 方法二的基本操作步骤

(1) 打开 MapInfo 软件，在菜单栏中，选择“工具(Tool)|通用转换器(Universal Translator)”命令。

(2) 在打开的“通用转换器(Universal Translator)”对话框中进行设置。首先，应指明源文件类型是 MapInfo 表格式，并输入要转换的源文件；其次，需设置目标文件格式为 ESRI Shape，并指明目标文件(转换后的文件)的保存路径，如图 3.4 所示。完毕后，单击“确定”按钮。如果转换成功会出现转换成功的信息框，如图 3.5 所示。用同样方法可转换其他文件。

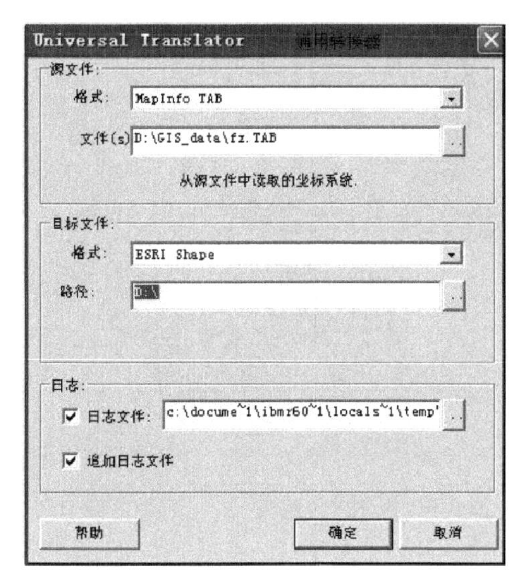

图 3.4　通用转换器对话框界面

图 3.5　转换成功信息框

(3) 查看格式转换结果。

① 在 ArcView 中打开转换后文件，并查看其属性。具体步骤如下。

打开 ArcView GIS 程序，选中“with a new View(新视窗)”单选按钮，单击“OK(确认)”按钮，如图 3.6 所示。在“Add Data(添加数据)”对话框中，单击“Yes(是)”按钮。找到存放文件的目录，打开相应文件。在视图窗口可显示转换后的地图，如图 3.7 所示。

② 打开属性表，查看相关属性。具体步骤如下。

激活要查看属性的专题栏，选择“Theme(专题)|Table(表格)”命令，如图 3.8(a)所示，或单击工具栏上的“Open Theme Table(打开专题表格)”，如图 3.8(b)所示，即可打开相应

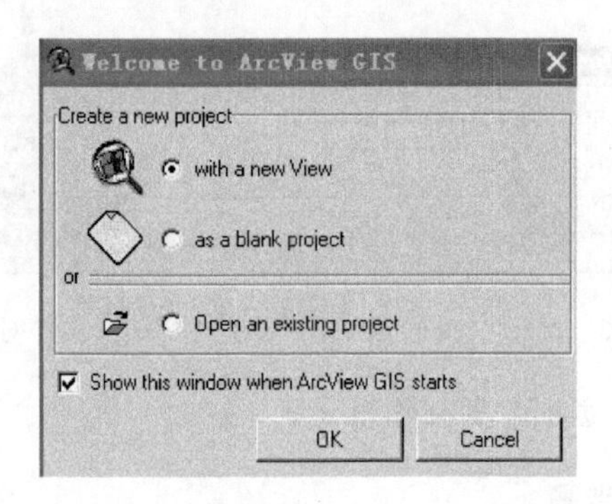

图 3.6 添加图层后未显示图形的视窗

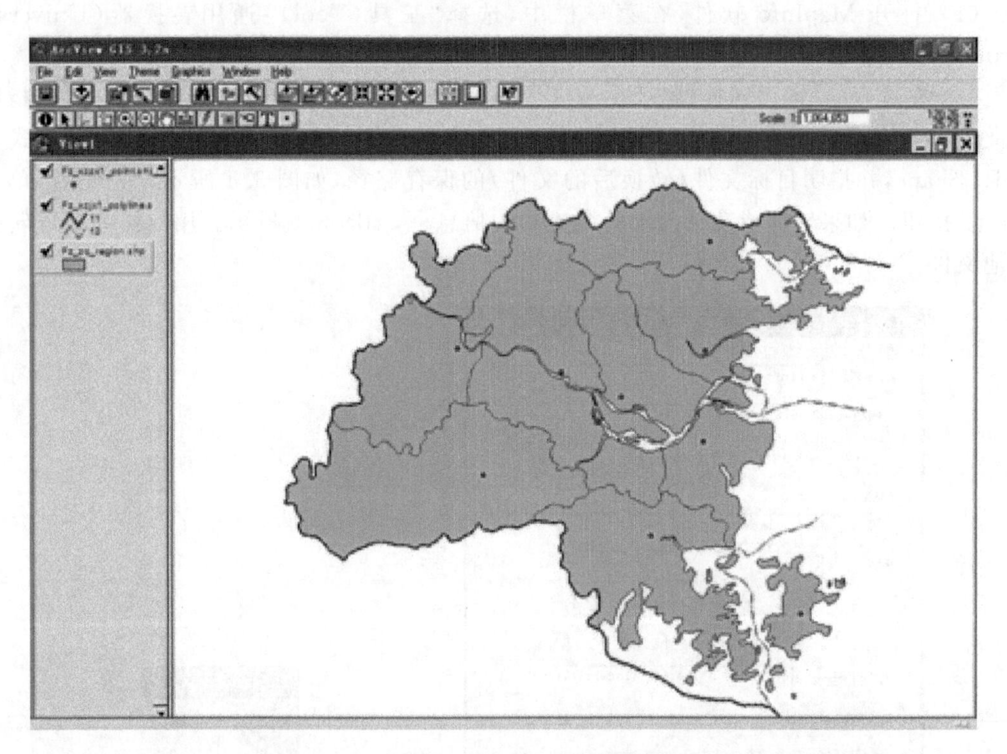

图 3.7 转换成 Shapefile 格式后的地图

专题的属性表(Attributes of fx_polyline. shp)查看,如图 3.9 所示。

本实验提示 2:数据转换可直接利用软件商提供的交换文件(如 DXF、MIF、E00 等),也可以采用中介文件转换方式,即在数据加工平台软件支持下,把空间数据连同属性数据按自定义的格式输出为一个文本文件。作为中介文件,该数据文件的要素和结构符合相应的数据转换标准,然后在 GIS 平台下开发数据接口程序,读入该文件,自动生成基础地理信息系统支持的数据格式。

本实验提示 3:通过使用空间数据转换工具,可以将非矢量的数据转换为矢量数据。空间数据转换工具可以将 ESRI 的 E00 格式(*.e00)、MapInfo 的 MIF 格式(*.mif)、MGE ASCII Loader 的 txt 格式(*.txt)、Auto CAD 的 DXF 格式(*.dxf)、地球数据标准格式 VCT 格式(*.vct)、NREDIS(信息共享元数据)的 NSI 格式(*.nsi)、GML(地理要素标记

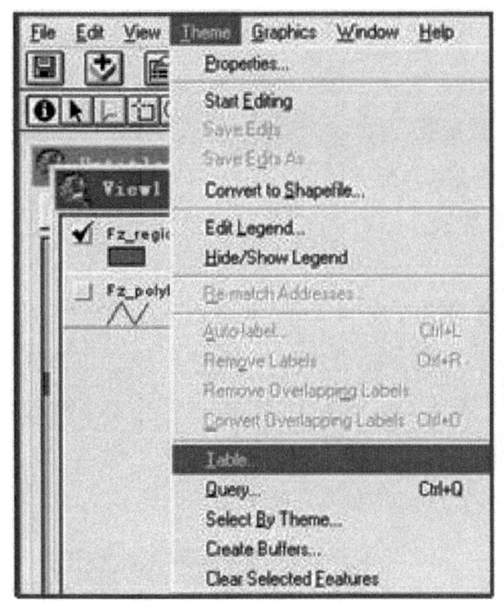

(a) 菜单栏打开

(b) 工具栏打开

图 3.8　菜单栏打开或工具栏打开“属性表”

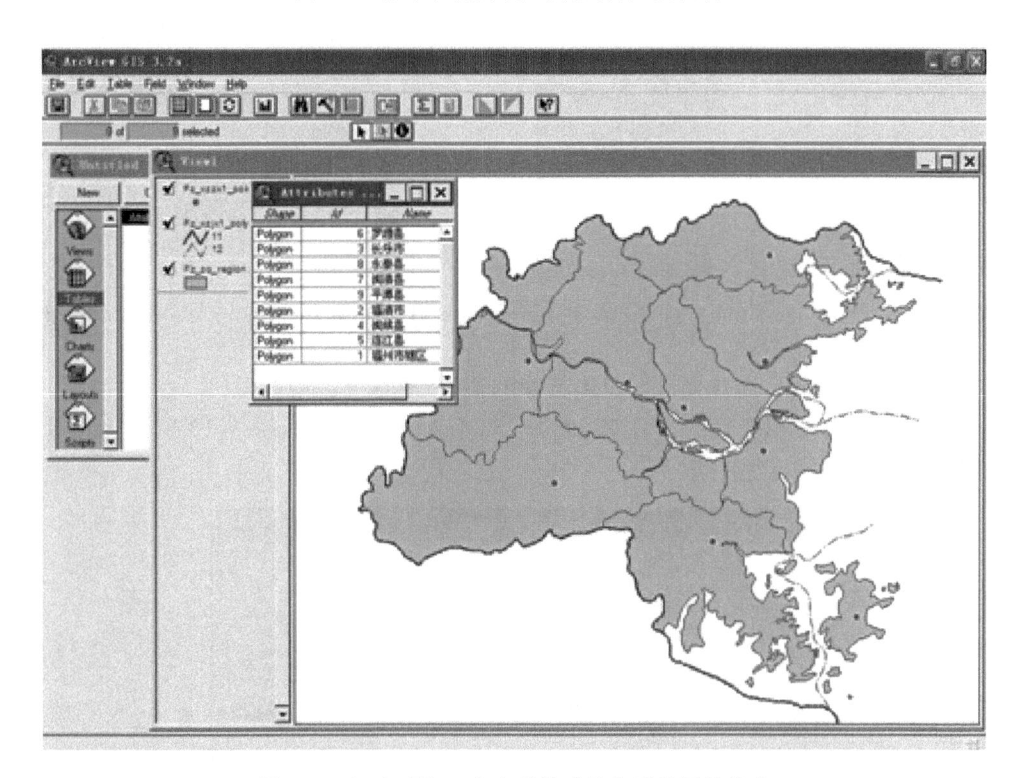

图 3.9　在 ArcView 中查看格式转换后的属性信息

语言)的格式,都转换为 ESRI 的 Shape 格式(*.shp),并实现它们之间的相互转换(请读者用 MapInfo GIS 软件实验)。

本实验提示 4:为了避免数据格式变换失败,待转换的数据不要放在计算机桌面上,建议放在除 C 盘外的其他盘目录下,而且目录命名最好用英文,不要出现中文或空格。

（二）投影变换

实验内容：坐标变换的主要内容之一"投影变换"。

实验目的：通过实验，掌握投影变换的原理和方法。

所需数据：前面数据格式转换实验的结果数据。

实验过程：投影变换步骤如下。

(1) 打开 ArcView 程序，在菜单栏中，选择"File(文件)|Extensions(扩展)"命令，在出现的"Extensions(扩展模块)"对话框的"Available Extensions(可用扩展模块)"框中选中列表"Projection Utility Wizard(有效投影向导)"选项，如图 3.10 所示。完毕后，单击"OK(确认)"按钮退出。

(2) 选择"File(文件)|ArcView Projection Utility"菜单，如图 3.11 所示。

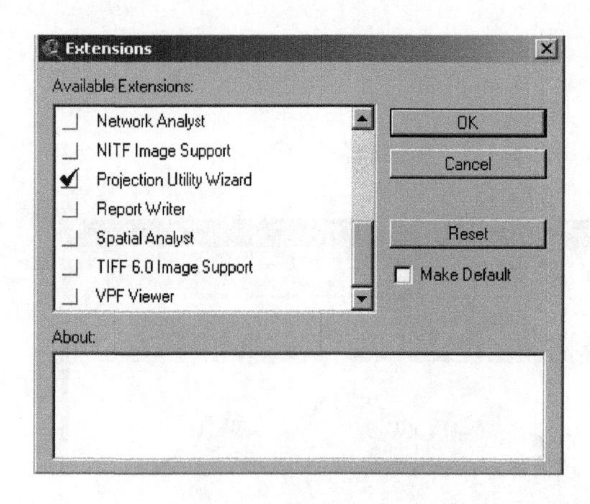

图 3.10　添加 ArcView Projection Utility 模块

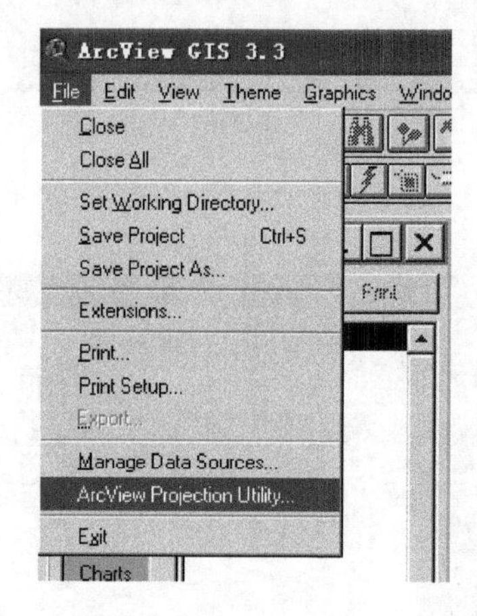

图 3.11　选择 ArcView Projection Utility 菜单

(3) 利用 ArcView，选择要进行投影变换的文件，有以下 5 个步骤。

① 指定要进行投影变换的文件名(如 fz_zq_region.shp)，如图 3.12 所示。设置完毕后，单击"Next(下一步)"按钮。

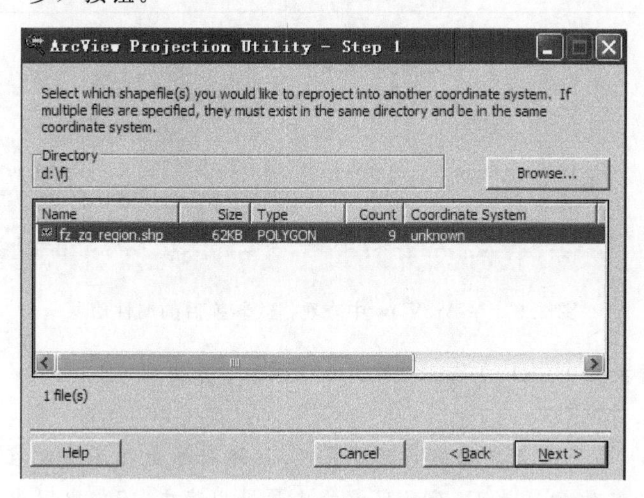

图 3.12　选择要进行投影变换的文件

② 指定当前文件的坐标系信息，如图 3.13 所示。本实验的地理坐标系选为“GCS_Beijing_1954[4214]”，单位(Units)选“度(Degree[9102])”，设置完毕后，单击“Next(下一步)”按钮，出现的信息框询问是否保存坐标信息，单击“OK(确认)”按钮。

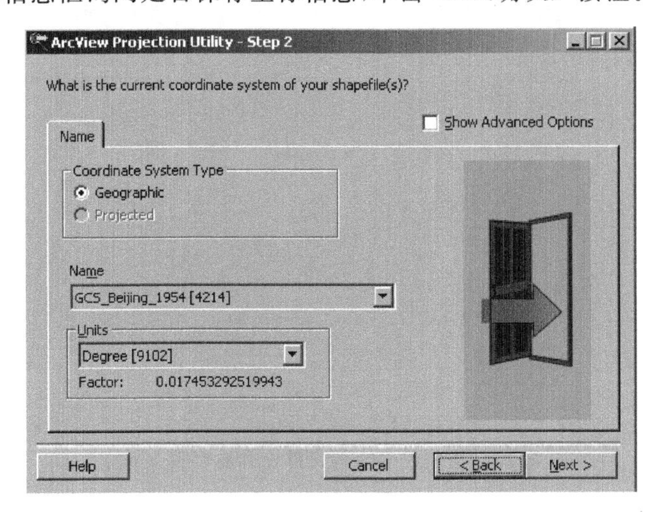

图 3.13 指定当前文件的坐标系信息

③ 为转换后的坐标系设置参数，如图 3.14 所示。在新坐标系为新 Shape 文件选择类型(Select the new coordinate system for your new shapefile(s))的对话框中，选择坐标系类型名“Projected(投影)”，投影名称选“Beijing_1954_GK_Zone_20N[21480]”，坐标单位选“Meter[9001](米)”，设置完毕后，单击“Next(下一步)”按钮。

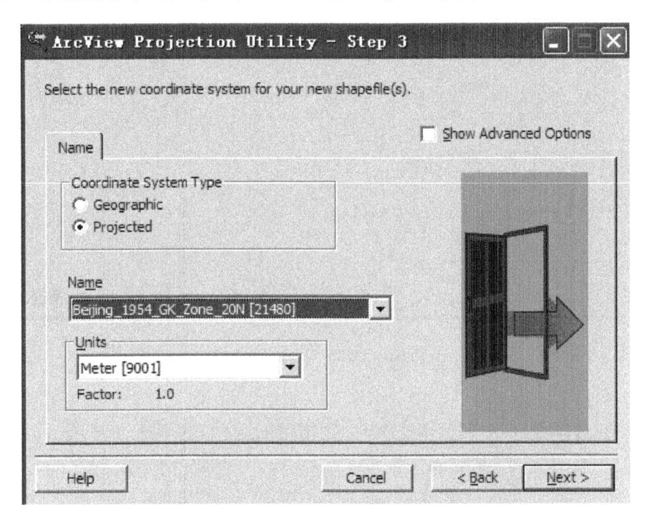

图 3.14 设置变换后的投影参数

④ 为投影变换后的新文件设置保存路径和文件名，如图 3.15 所示，设置完毕后，再单击“Next(下一步)”按钮。

⑤ Summary，也就是最后一步。验证所设置的参数是否正确，即查看前面步骤中所设置的投影变换信息是否有误，如图 3.16 所示。检查完毕后，单击“Finish(完成)”按钮，出现投影变换完成的信息框，如图 3.17 所示，说明投影变换完成。

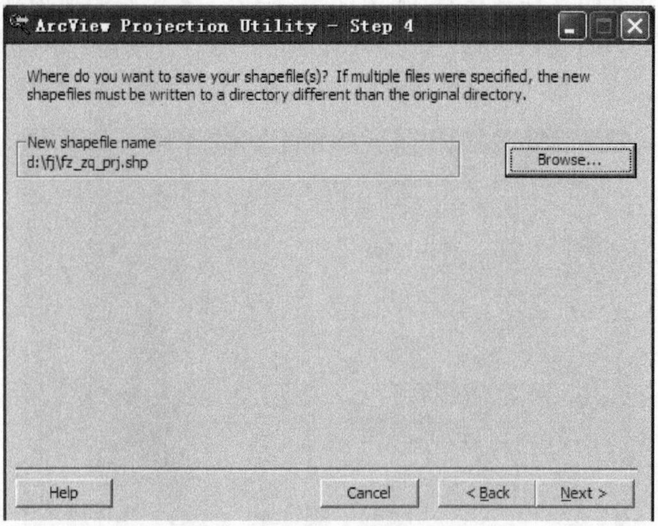

图 3.15　指定投影后的文件保存路径及文件名

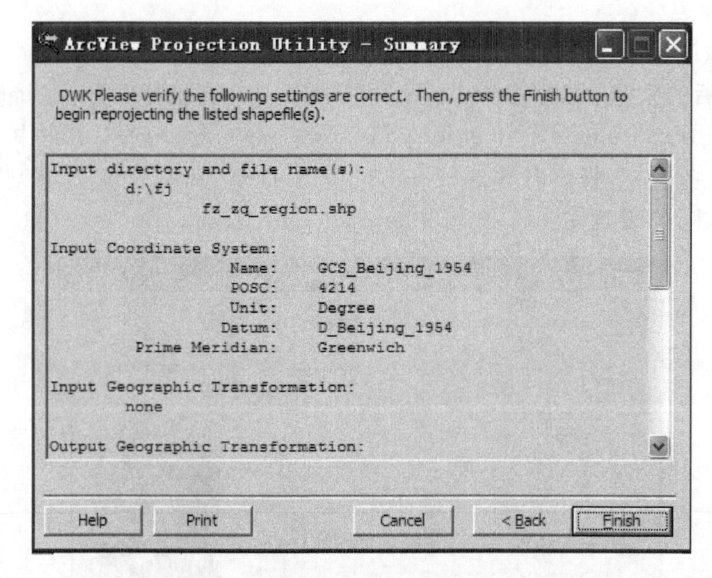

图 3.16　验证所设置的参数是否正确

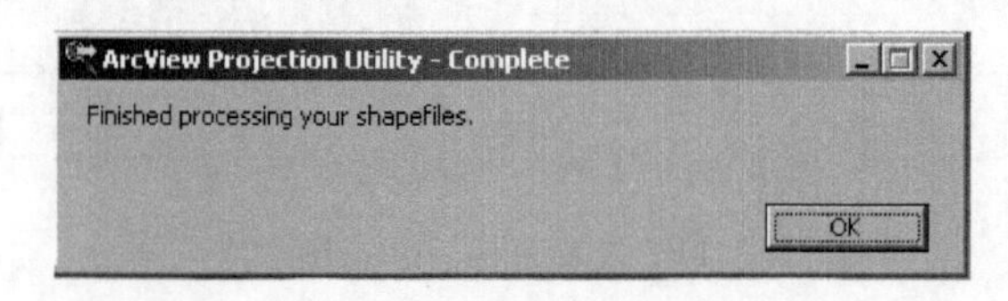

图 3.17　投影变换完成信息框

(4) 在新视图中打开投影变换后的地图。对比投影变换前后的地图及有关投影参数设置的变化，如图 3.18 所示，在不同视图中移动光标，可查看投影前后的坐标及形状变化。

本实验提示 5：数据采集完毕后，由于原始数据来自不同的空间参考系统，或者数据输

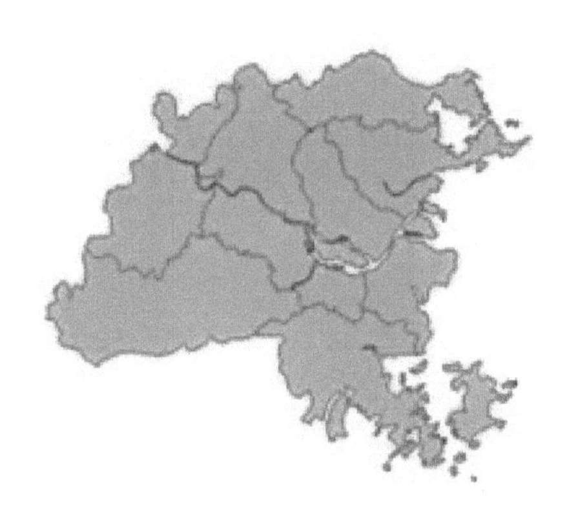
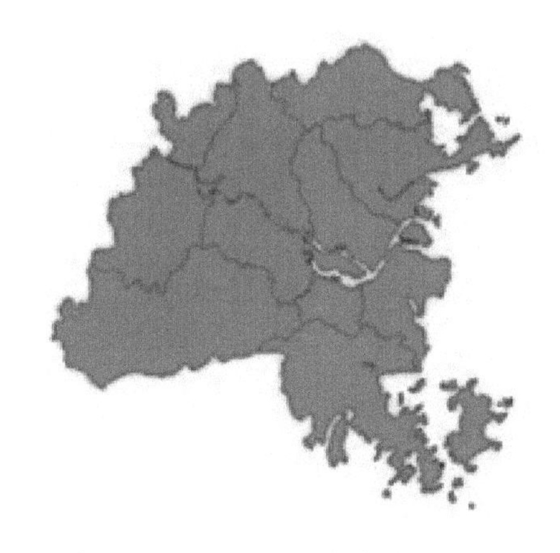

图 3.18 在不同视图中比较投影变换前(左)和后(右)地图的变化

入时是一种投影,输出时是另外一种投影,造成同一空间区域的不同数据,它们的空间参考有时并不相同。为了空间分析和数据管理,经常需要进行坐标变换,统一到同一空间参考系下。常用的坐标变换方法有投影变换、仿射投影、相似变换和橡皮拉伸等。

本实验提示6:空间数据坐标变换的实质是建立两个平面点之间的一一对应关系,包括几何纠正和投影转换,它们是空间数据处理的基本内容之一。对于数字化地图数据,由于设备坐标系与用户确定的坐标系不一致,以及由于数字化原图图纸发生变形等原因,需要对数字化原图的数据进行坐标系转换和变形误差的消除。有时,不同来源的地图还存在地图投影与地图比例尺的差异,因此还需要进行地图投影的转换和地图比例尺的统一。

几何纠正是为了实现对数字化数据的坐标系转换和图纸变形误差的改正。现有的几种商业 GIS 软件一般都有仿射变换、相似变换、二次变换等几何纠正功能。

设 x、y 为数字化仪坐标,X、Y 为理论坐标,m_1、m_2 为地图横向和纵向的实际比例尺,两坐标系夹角为 α,数字化仪原点 O' 相对于理论坐标系原点平移了 a_0、b_0,则根据图形变换原理得出坐标变换公式

$$X = a_0 + (m_1\cos\alpha)x + (m_2\sin\alpha)y$$
$$Y = b_0 + (m_1\sin\alpha)x + (m_2\cos\alpha)y$$

仿射变换是 GIS 数据处理中使用最多的一种几何纠正方法。它的主要特性为:同时考虑到 x 和 y 方向上的变形,因此纠正后的坐标数据在不同方向上的长度比将发生变化。其他方法还有相似变换和二次变换等。

经过仿射变换的空间数据,其精度可用点位中误差表示,即

$$M_p = \pm\sqrt{\frac{V_x^2 + V_y^2}{n}}$$
$$V_x = X_{理论值} - X_{统计值}$$
$$V_y = Y_{理论值} - Y_{统计值}$$

式中:n 为数字化已知控制点的个数。

本实验提示7:投影变换是坐标变换中精度最高的变换方法。但是,有时在一些特殊情况下,即便知道变换前后的两个空间参考的投影参数、投影方式,投影变换的正解和反解也很难直接推求,此时往往采用投影变换的综合算法。目前,大多数 GIS 软件是采用正解变

换法来完成不同投影之间的转换,并直接在GIS软件中提供常见投影之间的转换。例如,把实验数据“Stationsll. shp和Idll. shp”投影成爱达荷通用横轴墨卡托投影(IDTM)。因为IDTM不是一个预定义系统,用户必须选择自定义(Custom)选项,ArcView GIS中的自定义选项列出了18个系统和12个椭球体。每个Custom系统要求用户输入一系列参数。IDTM参数如表3.1所示。

表3.1 IDTM参数

项　目	参　数
投影	横轴墨卡托
基准面	NAD27(基于克拉克1866椭球面)
单位	米(m)
比例系数	0.9996
中央经线	−114.0
参考纬度	42.0
横坐标东移假定值	500 000
纵坐标北移假定值	100 000

(三) 空间内插

空间插值或逼近或内插外延,既可以作为数据加密处理的一种手段,又可以是GIS邻域分析的手段。这里主要提及趋势面分析、核密度估算、样条法空间插值和克里金内插法等。

1. 趋势面分析

实验内容:利用数据内插方法,实现趋势面分析(熟悉在ArcView中用脚本进行趋势面分析),空间插值中的核密度估算法分析,规则样条法和薄板张力样条法空间插值分析。

实验目的:通过实验,掌握趋势面分析方法及应用,加深理解课堂上所学到的基础理论(详见配套理论教材《地理信息系统导论》第5章)。

所需数据:GIS_data\Data3目录下的Stations. shp,包含爱达荷州105个气象站数据Shapefile文件;Idout1. shp,一个显示爱达荷州外轮廓Shapefile文件;tend. ave,进行趋势面分析的Avenue Script(宏语言程序脚本)。

实验过程:趋势面分析的步骤如下。

(1) 打开ArcView GIS,选择“Files(文件)|Extensions(扩展)”命令,在出现的Extensions(扩展模块)对话框的“Available Extensions(可选的扩展模块)”列表框中,选中“Spatial Analyst(空间分析)”复选框,如图3.19所示,单

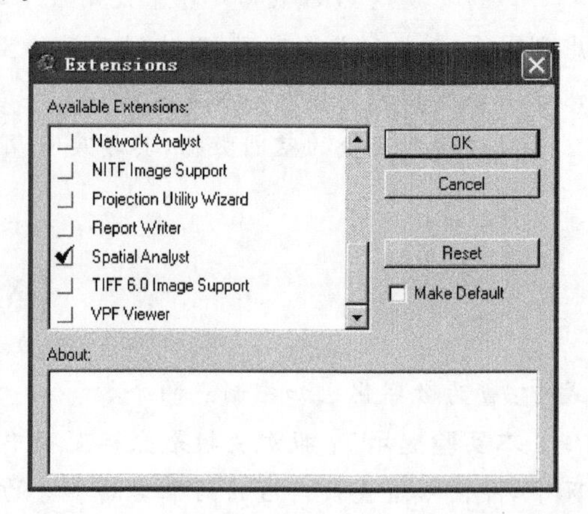

图3.19 加载Spatial Analyst扩展模块

击“OK(确认)”按钮。

(2) 在工具栏中单击“加载数据”按钮，打开所需数据 Stationsll. shp 和 Idll. shp，如图 3.20 所示。

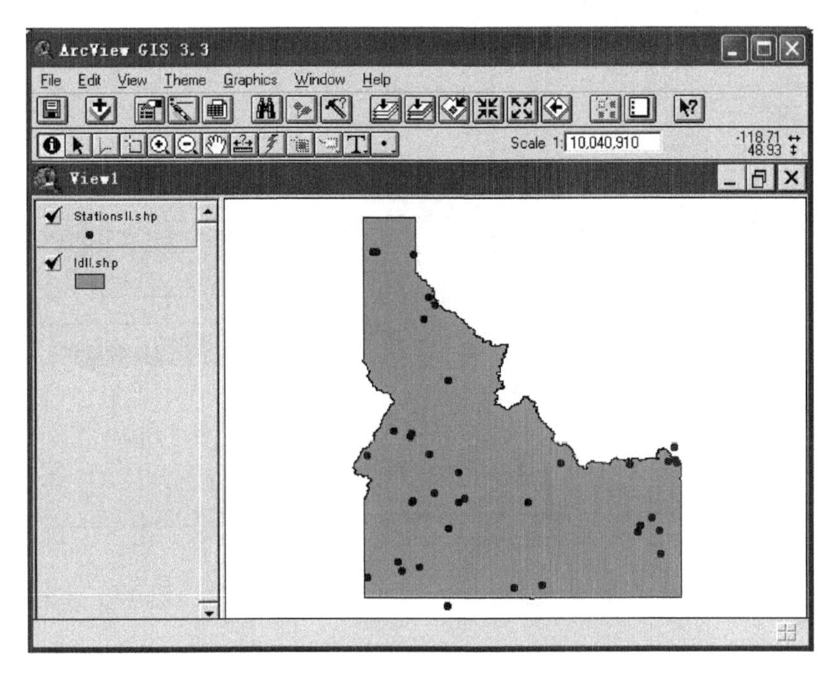

图 3.20　加载实验数据

(3) 选择“View(视图)|Properties(属性)”命令，在出现的“View Properties(视图属性)”对话框中选择地图单位为“meters(米)”，单击“OK(确认)”按钮，如图 3.21 所示。

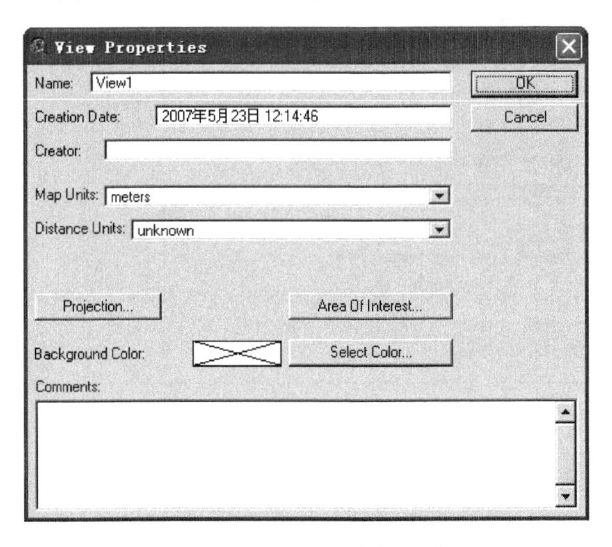

图 3.21　设置地图单位为“米”

(4) 单击工程窗口中的“Scripts(脚本)”按钮，再双击创建一个新脚本“Script1”。选择“Script(脚本)|Load Text File(调出文本文件)”命令，如图 3.22 所示。执行后，可浏览到文

件 trend. ave,如图 3. 23 所示,把 trend. ave 复制到 script1,如图 3. 24 所示。

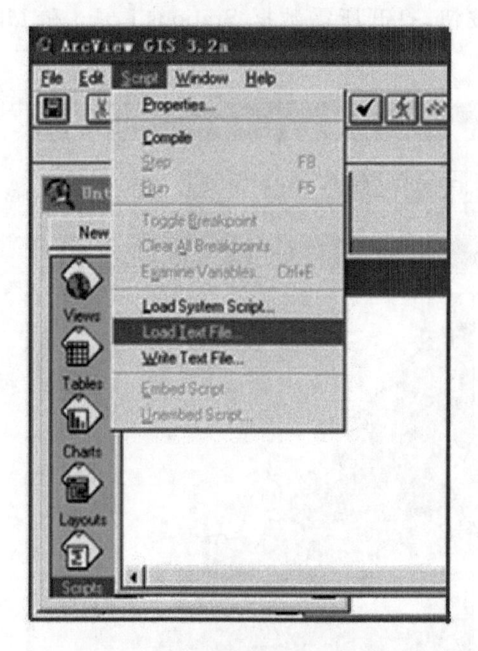

图 3. 22　添加脚本程序(1)

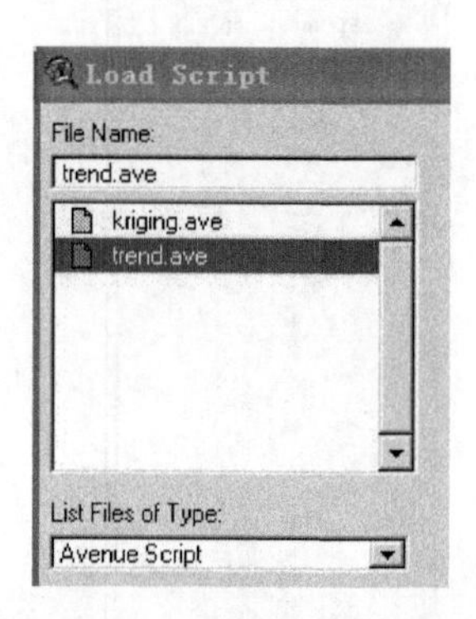

图 3. 23　添加脚本程序(2)

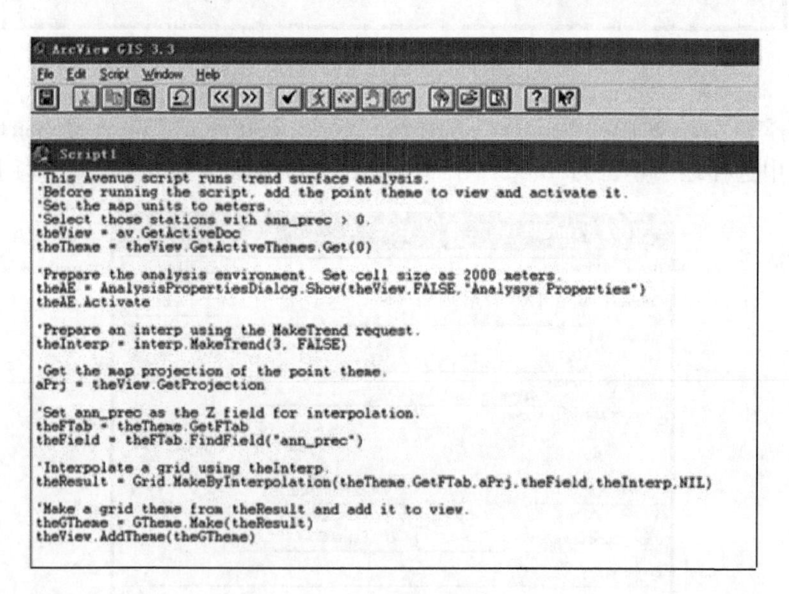

图 3. 24　添加脚本程序(3)

(5) 在如图 3. 24 所示的界面菜单中,选择"Script(脚本)|Compile(编译)"命令,并同时激活"Views(视图)"窗口中的文件 Stations. shp 和 Script1,在工程窗口中,单击"Run(运行)"按钮,如图 3. 25 所示。

(6) 选择"Analysys(分析)|Properties(属性)"命令,进入"Analysys Properties(分析属性)"对话框设置分析环境。在"Analysis Extent(分析范围)"下拉列表框中,选择"Same As Idoutl. shp(同样文件)"选项,这时上、下、左、右范围自动出现,如图 3. 26 所示。在

“Analysis Cell Size(分析单元大小)”中，选择“As Specified Below(如下指定)”，在“Cell Size(网格大小)”文本框中，输入 2000(m)，出现行、列网格数(Number of Rows、Number of Columns)，如图 3.26 所示。单击“OK(确定)”按钮，至此，数据已由矢量转化成栅格，图 3.27 是趋势面分析输出格网。

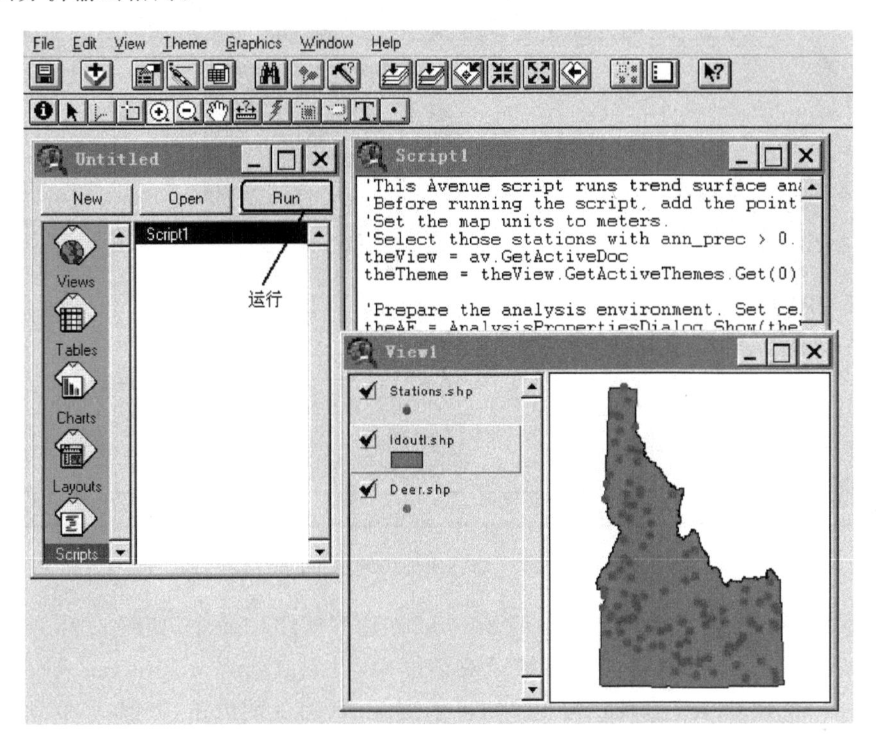

图 3.25　编译并运行脚本程序

图 3.26　设置分析环境

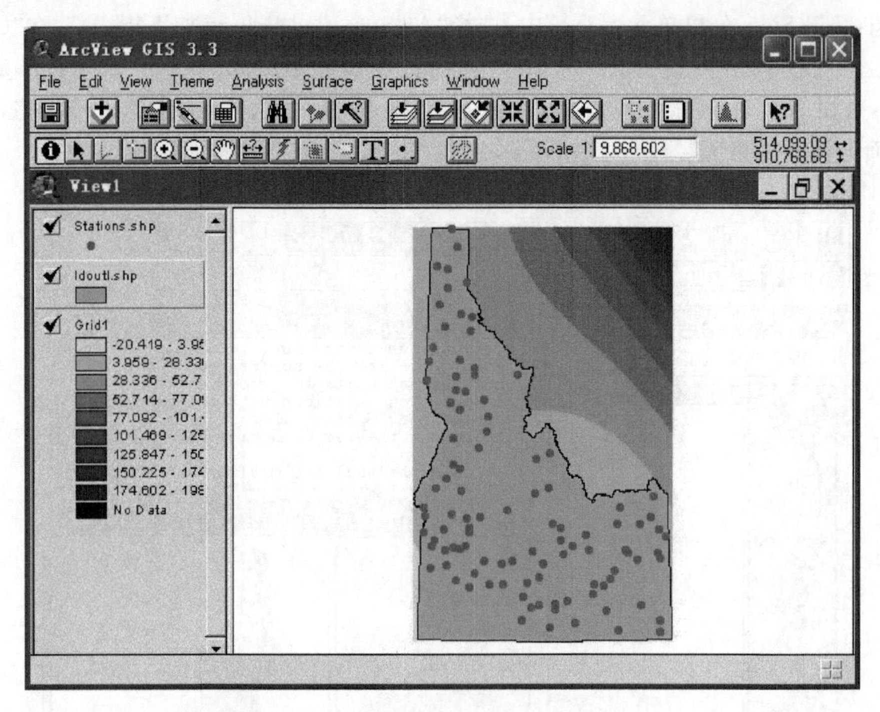

图 3.27 趋势面分析输出格网

(7) 选择“Surface(表面)|Create Contours(创建等值线)”命令,如图 3.28 所示。在出现的“Contour Parameters(等值线参数)”对话框中,设置“Contour interval(等值距)”为 5 米,“Base contour(基准等值线)”为 10 米,再单击“OK(确认)”按钮,如图 3.29 所示。就可完成趋势面分析,如图 3.30 所示。

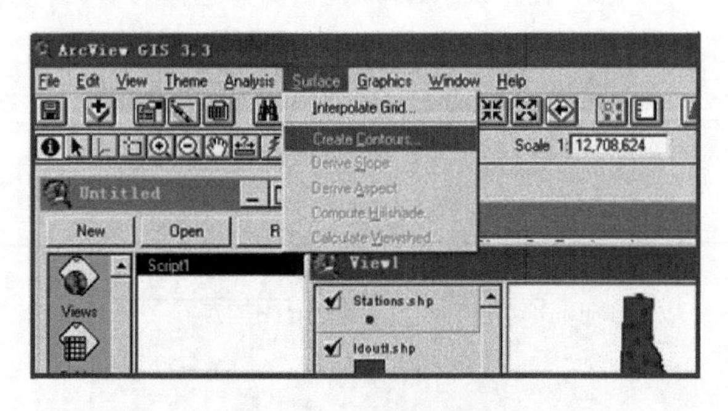

图 3.28 创建等值线

Contour Parameters
Enter parameters:
Contour interval: 5
Base contour: 10
OK
Cancel

图 3.29 设置等值线参数

本实验提示 8:趋势面分析是利用每个可利用的控制点来构建一个方程或模型,然后利用该模型再来估算未知数值。所以,控制点的数目和分布极大地影响插值的精度。

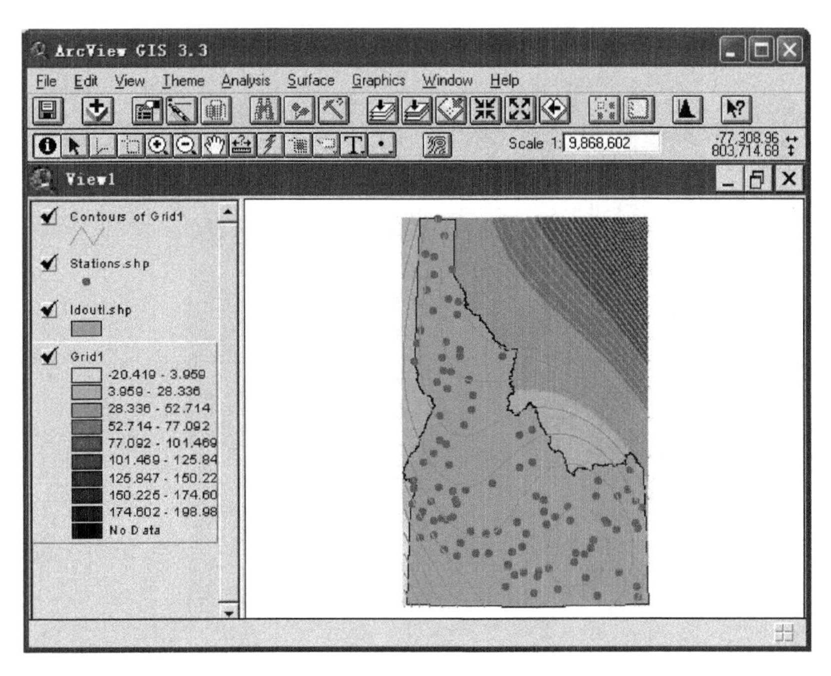

图 3.30　趋势面分析等降雨量线

(8) 选择"Theme(专题)|Auto-label(自动标注)"命令，如图 3.31 所示。在"Auto-label(自动标注)"对话框中，在"Label field(标注字段)"下拉列表框中选择"Contour(等值线)"选项，再在"找最好布置(Find Best Label Placement)"选项组中，选中"Remove Duplicates(移动复制)"复选框，在线的标注位置选中"Above(线上)"单选按钮，如图 3.32 所示，可以得到带有等雨量值的插值面图，如图 3.33 所示。

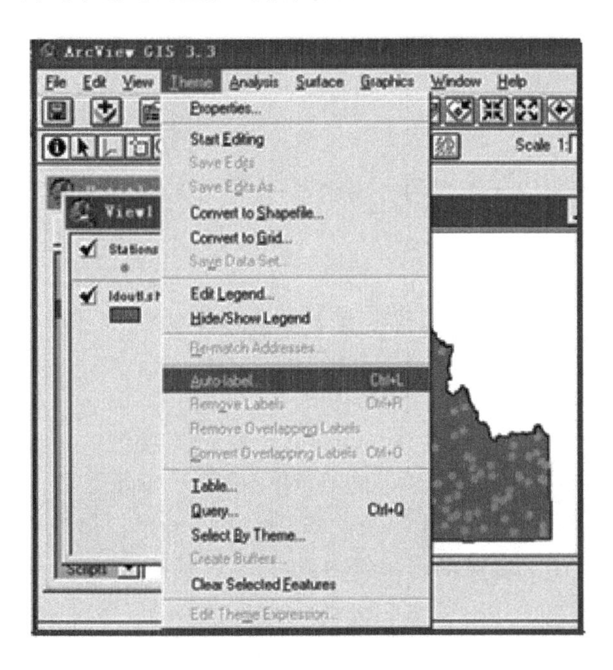

图 3.31　选择自动标注命令

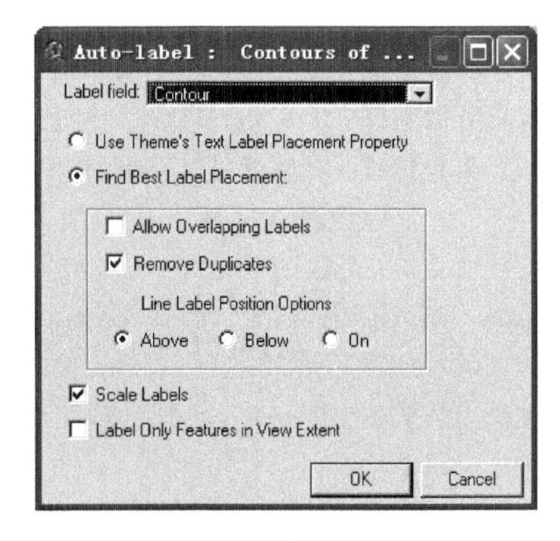

图 3.32　设置等降雨量线标注

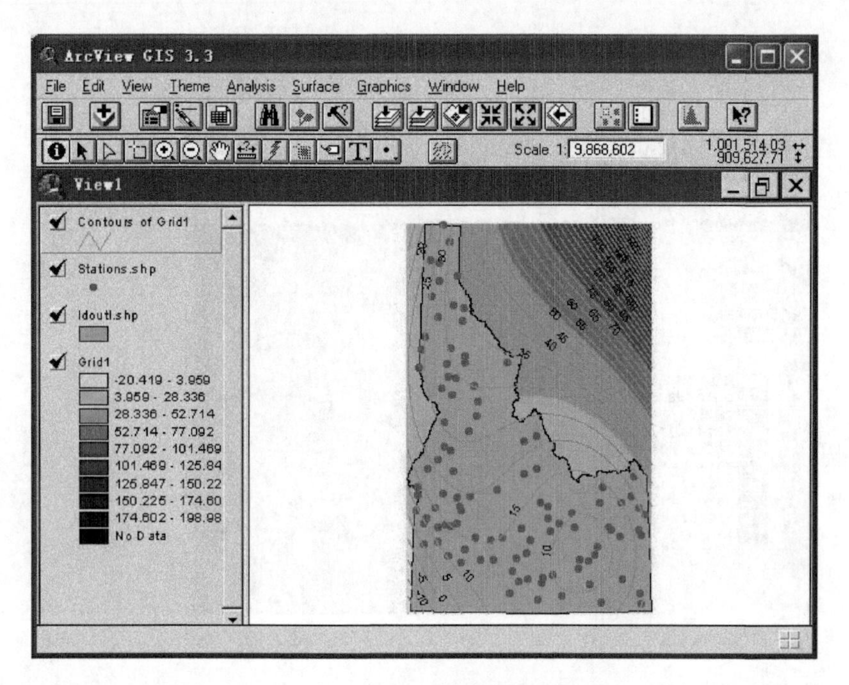

图 3.33 标注后等降雨量线图

本实验提示 9：在线的标注位置 ArcView 3.3 有 3 种选择，即 Above(线上)、Below(线下)和 On(线中)。后面两种效果请实验者自己完成。

本实验提示 10：ArcView 没有直接可用于趋势面分析的模型程序，要完成这个工作，可用 Avenue 程序脚本进行趋势面分析。尤其要注意 Avenue 宏语言程序脚本在 ArcView 中的应用及由格网生成等值线的实践。本实验调用 Avenue Script(程序脚本)，使用站点降水数据 Stations. shp 文件中名为 Ann_prec 的属性表，进行趋势面分析，其中 Ann_prec 是 1961—1990 年的年平均降水量。

2. 核密度估算

实验内容：核密度估算(在概率论中用来估计未知的密度函数，属于非参数检验方法之一)。

实验目的：掌握核密度估算操作方法。

所需数据：GIS_data\Data3 目录下的 Deer. shp，一个显示鹿点的点状 Shapefile 文件。

实验过程：核密度估算步骤如下。

(1) 与趋势面分析第一步类似，打开 ArcView GIS，选择“File(文件)|Extensions(扩展)”命令，在出现的“Extensions(扩展模块)”对话框的“Available Extensions(可选的扩展模块)”列表框中，选中“Spatial Analyst(空间分析)”复选框，单击“OK(确认)”按钮退出。

(2) 加载实验数据(Deer. shp)，如图 3.34 所示，选择“View(视图)|Properties(属性)”命令，在“View Properties(视图属性)”对话框中选择地图单位为 meter(米)，单击“OK(确认)”按钮。

(3) 打开工具栏中的“属性表”，可查到 Count 字段显示了某个点的所见数目。实验者可用渐变符号显示看到鹿的次数，如图 3.35 所示。

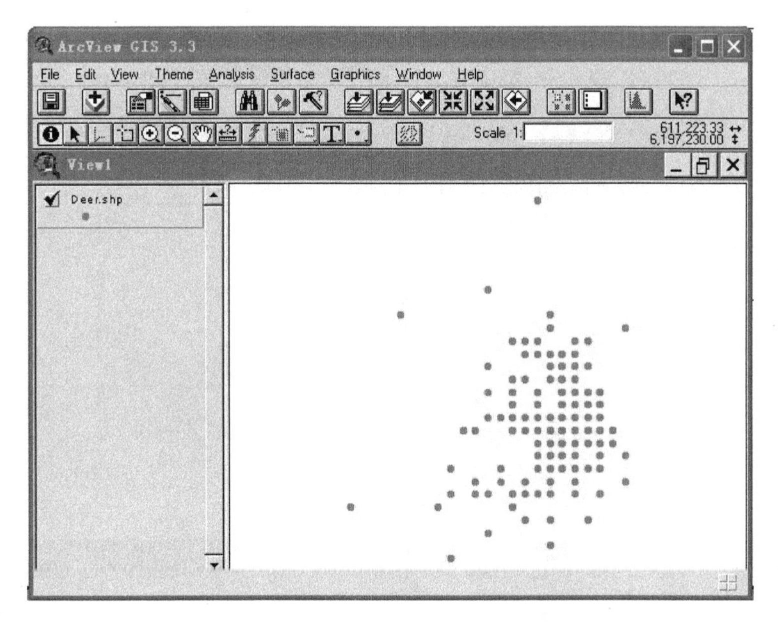

图 3.34　加载数据

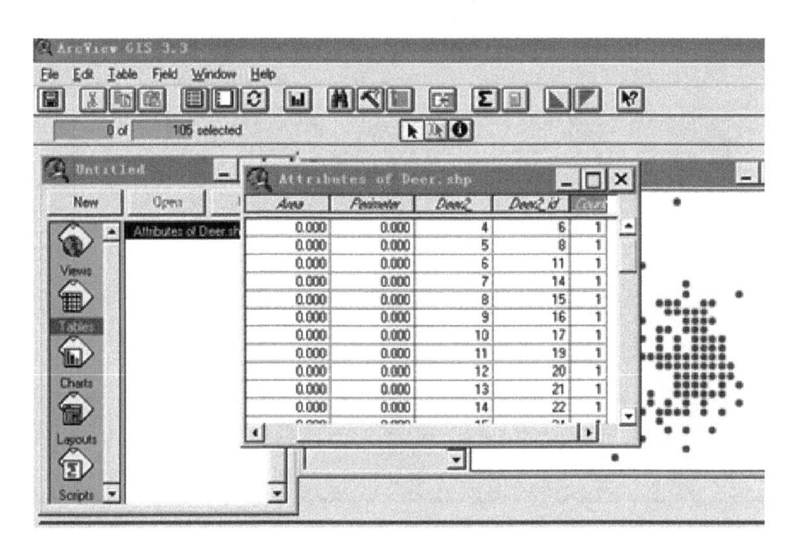

图 3.35　打开属性表

(4) 打开工具栏中的“编辑图例”，在“Legend Editor(图例编辑器)”对话框中，设置专题文件为“Deer. shp”，Legend Type(图例类型)为“Graduated Symbol(渐变符号)”，Classification Field (分类字段)为“Count”，如图 3.36 所示，单击“Apply(应用)”按钮，可视化效果如图 3.37 所示。

(5) 选择“Analysis(分析) | Calculate Density(计算密度)”命令，在“Output Grid Specification(输出格网规格)”对话框中，在“Output Grid Extent(输出格网范围)”下拉列表框中选择“Same as Deer. shp(范围同文件)”，设置 Output Grid Cell Size(输出格网大小)为 100m，自动出现行列数(Number of Rows、Number of Columns)，如图 3.38 所示。单击“OK(确认)”按钮，进入计算密度框。

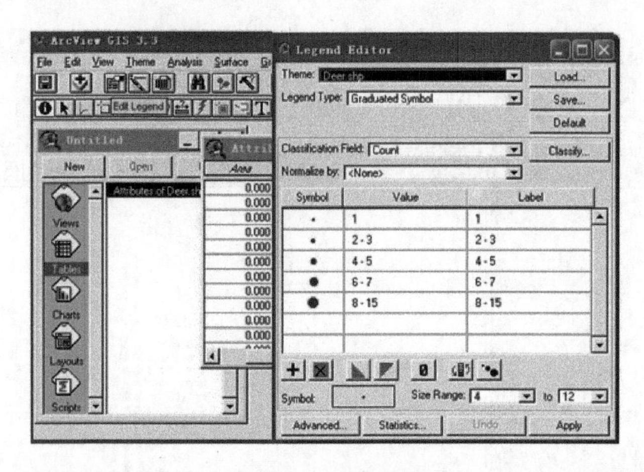

图 3.36 设置图例

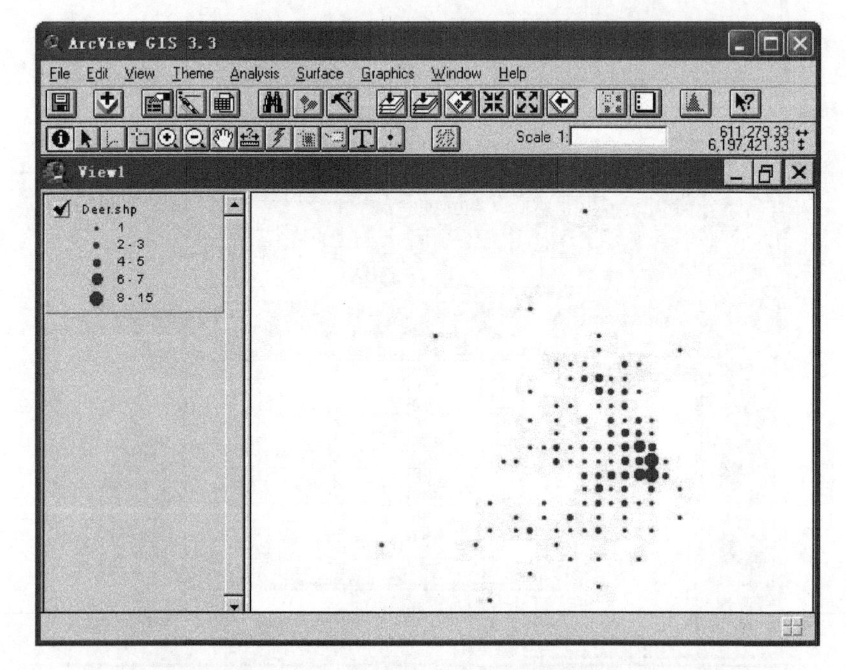

图 3.37 用渐变符号显示看到鹿的次数

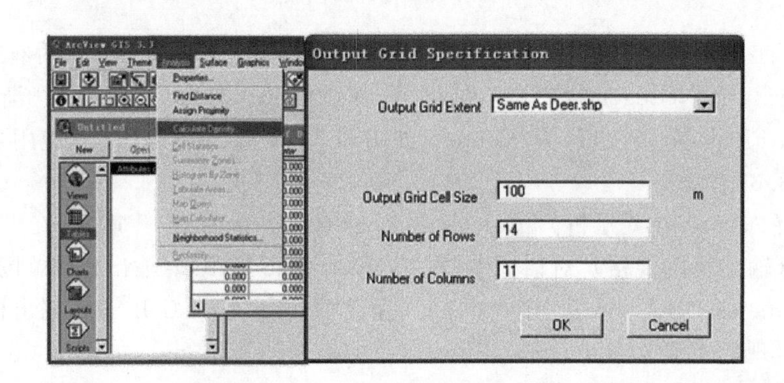

图 3.38 设置输出格网属性

(6) 在菜单中,选择"Analysis(分析)|Calculate Density(计算密度)"命令,在出现的"Calculate Density(计算密度)"对话框中,如图 3.39 所示,设置 Population Field(统计总体字段)为"Count",Search Radius(搜索半径)为"100m",Density Type(密度类型)选"Kernel(核)",Area Units(面积单位)为"Hectares(公顷)",完毕,单击"OK(确认)"按钮,核密度估算结果显示如图 3.40 所示。

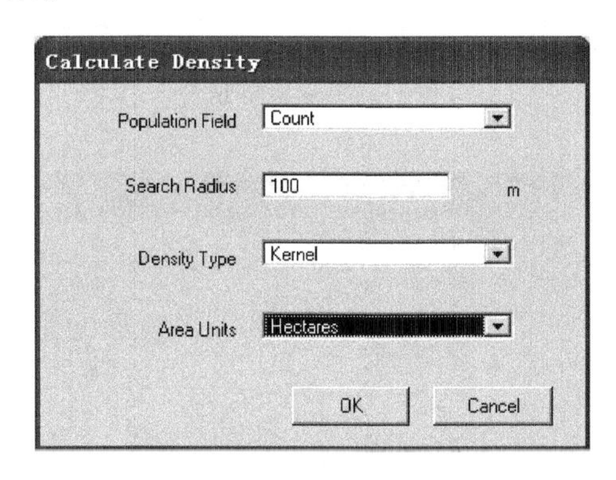

图 3.39　选择密度估算方法

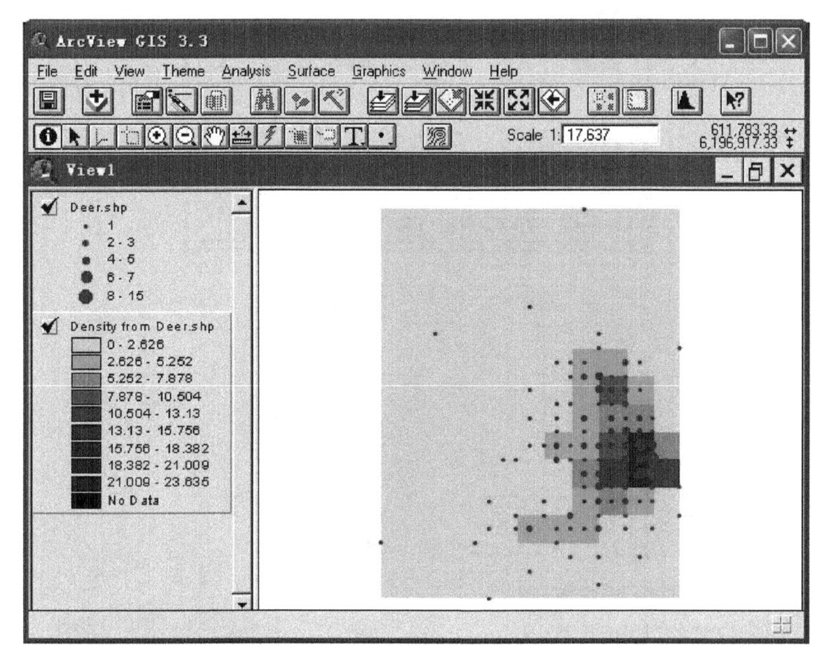

图 3.40　核密度估算结果图

(7) 为了使图面更简洁,可用图例编辑改变类型数。在"Legend Editor(图例编辑器)"对话框中单击"Classify(分类)"按钮,出现"Classification(分类)"对话框,可在此对话框中进行设置,如图 3.41 所示,完毕,单击"OK(确认)"按钮,如图 3.42 所示类型数改为四类,分别为 0、0-10、10-20、20-24,效果如图 3.43 所示。

本实验提示 11:密度估算是基于点的分布及其已知值来量测格网的密度。最简单的一种密度估算方法是将格网置于点分布图上,将落在每个单元的点列表值加和,再将单元的点

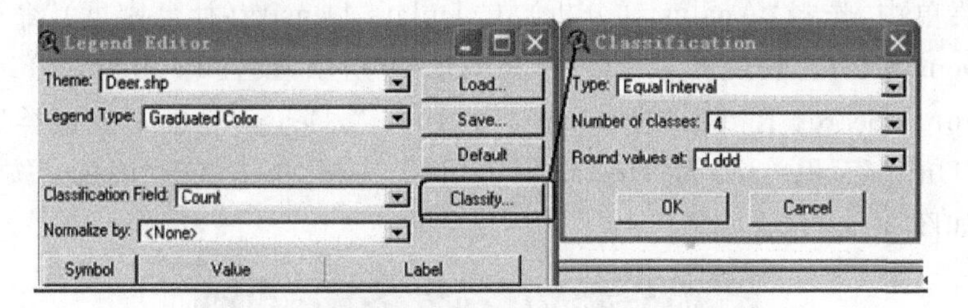

图 3.41 修改分类数

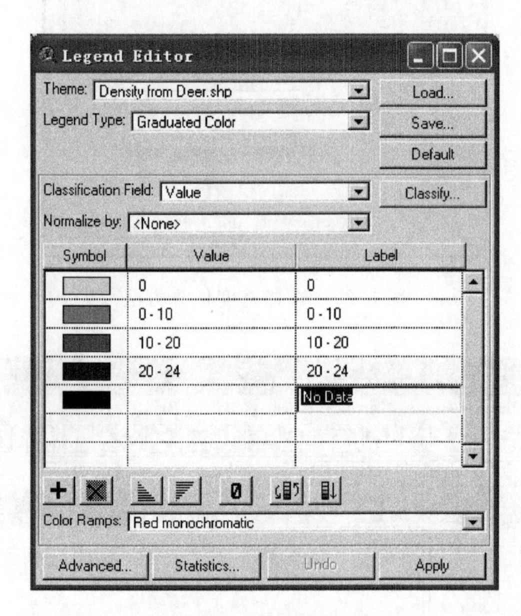

图 3.42 修改取值范围

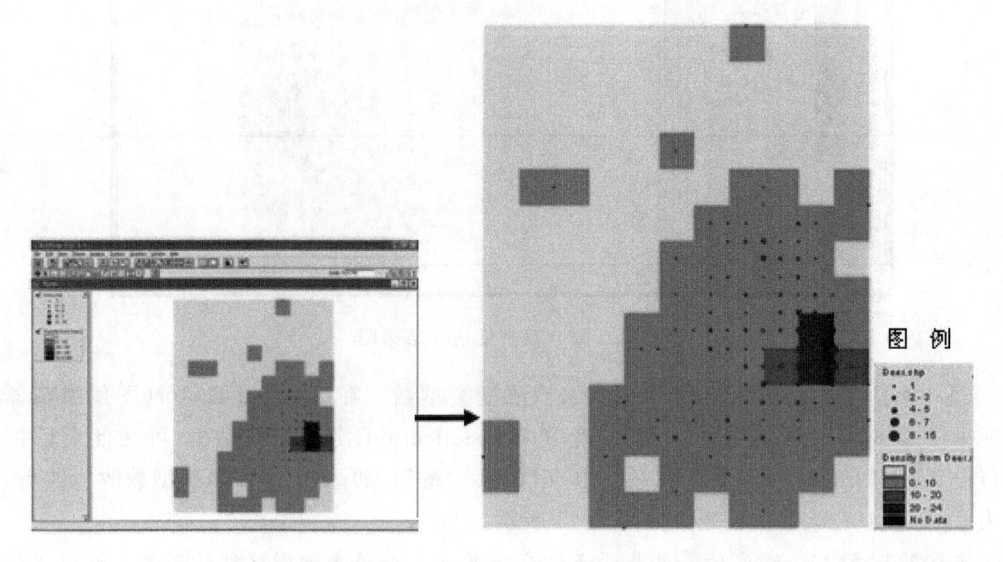

图 3.43 修改图例后的核密度图

值总和除以单元大小，就可估算出每个单元的密度。核密度估算是一种较复杂的密度估算方法，它是用核函数联系每一个点或观测点。ArcView 提供核密度估算模型，实验者首先要注意核密度估算方法的实践及应用，其次就是图面外观的修改，即图例编辑器的设置。本实验用核密度估算法利用数据 Deer. shp 计算每公顷看到的鹿的平均数目。鹿点的数据具有 50m 最小分辨距离，因此，有些点多次看到。

3. 两种样条函数的比较

实验内容：规则样条法和薄板张力样条法空间插值的生成及比较。

实验目的：掌握比较两种样条函数的操作方法。

所需数据：GIS_data\Data3 目录下的 Stations. shp 和 Idoutlgd（或先把 Idoutl. shp 转换为 Grid 格式）。

实验过程：需要三个主要步骤，一用规则样条法创建插值格网；二用薄板张力样条法创建插值格网；三用局部运算比较这两种格网。具体步骤如下。

(1) 此步与空间内插的前两个小实验相同，打开 ArcView GIS，选择“File（文件）| Extensions（扩展）”命令，在出现的“Extensions（扩展模块）”对话框的“Available Extension（可选的扩展模块）”列表框中，选中“Spatial Analyst（空间分析）”复选框，单击“OK（确认）”按钮。

(2) 加载 Idoutl. shp，将矢量的 Idoutl. shp 转成栅格的 Idoutlgd。

(3) 加载实验数据（Stations. shp 和 Idoutlgd），如图 3.44 所示。选择“View（视图）| Properties（属性）”命令，在“View Properties（视图属性）”对话框中，选择地图单位为“Meters（米）”，单击“OK（确认）”按钮。

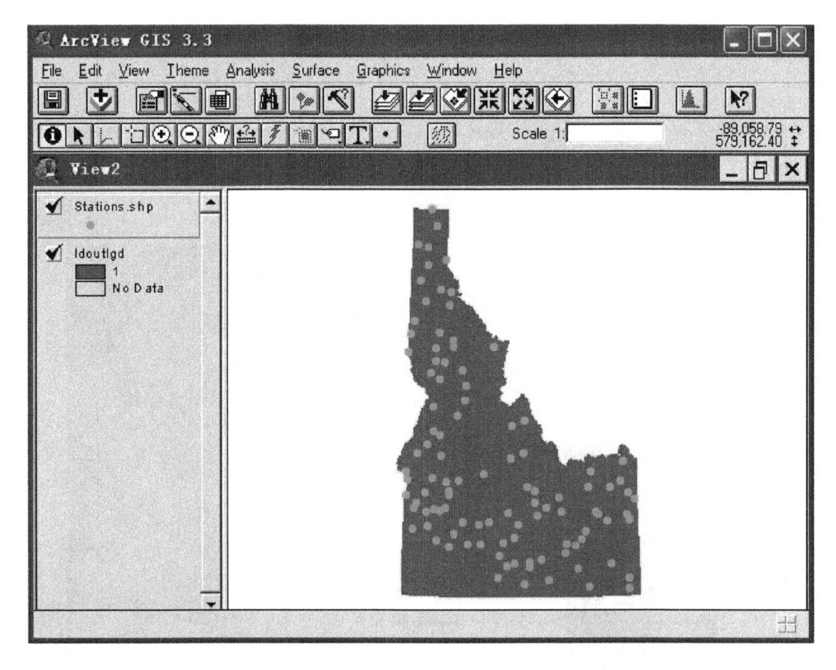

图 3.44 加载数据

(4) 在菜单栏中，选择“Analysis（分析）| Properties（属性）”命令，在“Analysis Properties（分析属性）”对话框中设置分析环境。在“Analysis Extent（分析范围）”下拉列表

框中选择“Same As Idoutllgd(同一文件)”选项,此时左、右、上、下(Left,Right,Top 和 Bottom)范围自动给出,在“Analysis Cell Size(分析格网大小)”下拉列表框中选“As Specified Below(如下指定)”,在“Cell Size(网格大小)”文本框中输入 2000,设置网格数(Number of Rows 和 Number of Columns)为 392×252,在“Analysis Mask(屏蔽掩膜分析)”下拉列表框中选择文件“Idoutllgd”,如图 3.45 所示,单击“OK(确认)”按钮。

(5) 选择“Surface(表面)|Interpolate Surface(插入表面)”命令,在“Interpolate Surface(插入表面)”对话框中,在“Method(方法)”下拉列表框中选择为“Spline(样条)”选项,在“Z Value Field(Z 值的字段)”下拉列表框中选择“Ann_prec”选项。在“Type(类型)”下拉列表框中选择“Regularized(规则)”选项,如图 3.46 所示。单击“OK(确认)”按钮,完成创建插值格网,显示效果如图 3.47 所示。

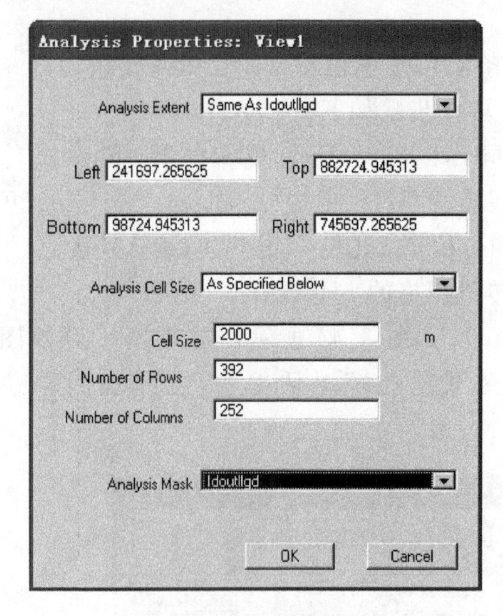

图 3.45　设置分析环境

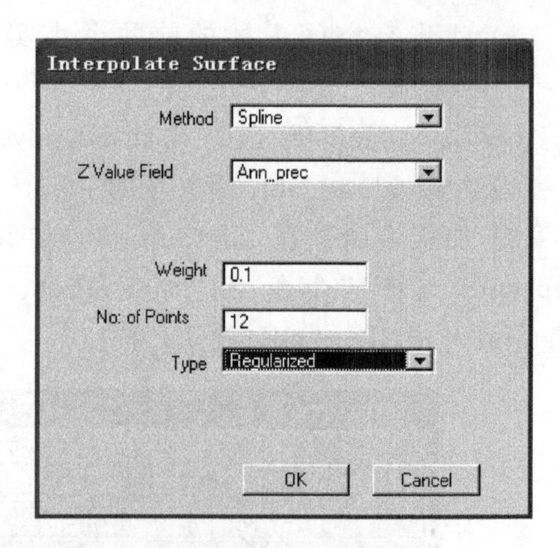

图 3.46　设置插值方法为规则样条法

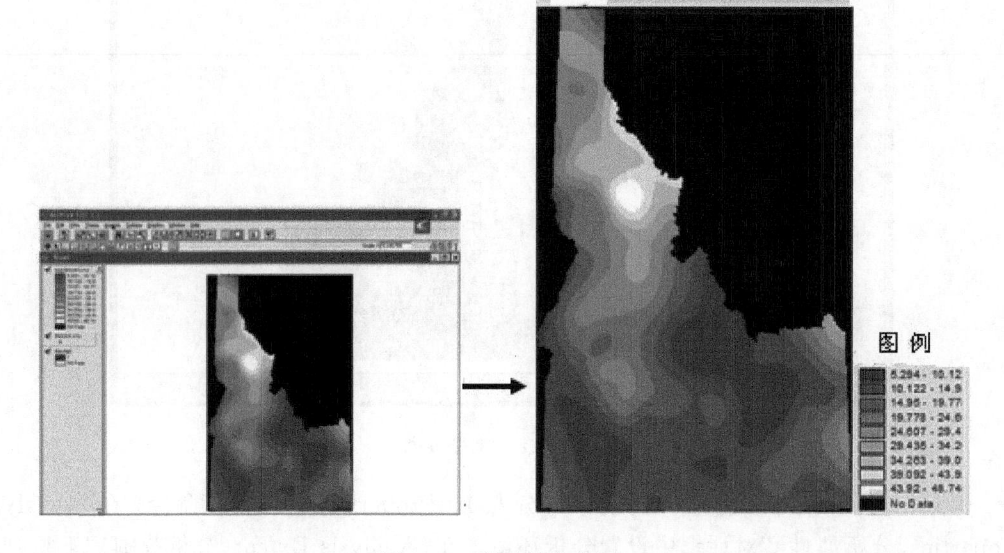

图 3.47　创建插值格网

(6) 选择"Theme(专题)|Properties(属性)"命令,在"Theme Properties(专题属性)"对话框中,设置主题名为"regularized. shp",如图 3.48 所示,单击"OK(确认)"按钮,完成"重命名输出格网"任务,规则样条法可视化显示如图 3.49 所示。

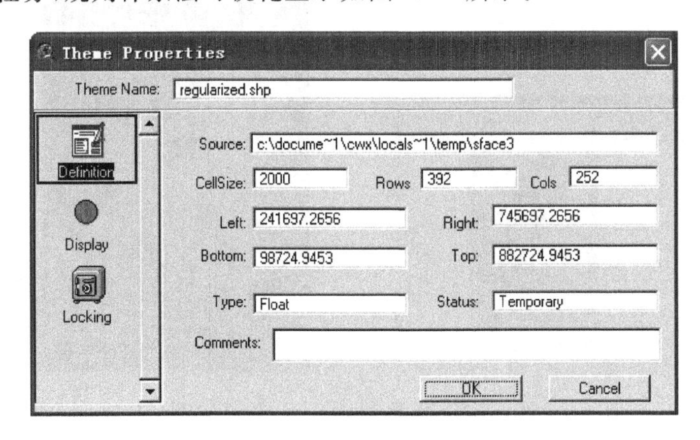

图 3.48 重命名输出格网

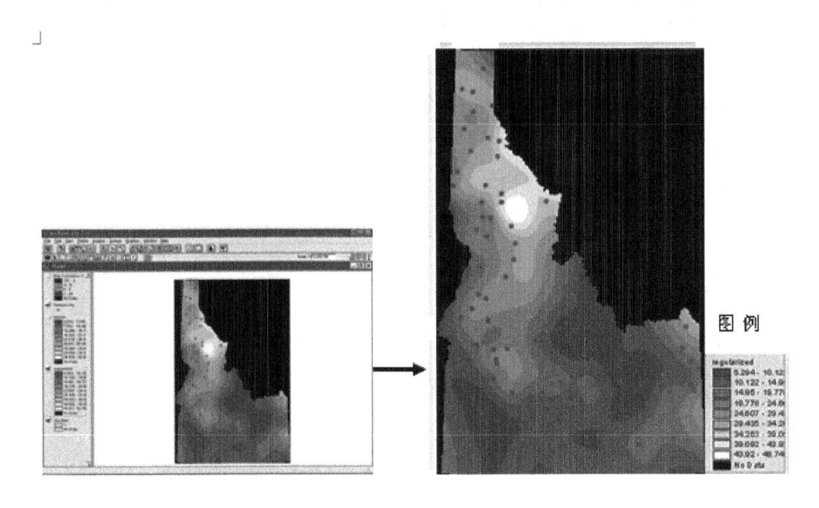

图 3.49 规则样条法插值结果

(7) 再回到"Interpolate Surface(插入表面)"对话框,在"Type"下拉列表框中选择"Tension(薄板张力)"选项,单击"OK(确认)"按钮,创建插值格网,并在"Theme Properties(专题属性)"对话框中重新命名为"tension. shp",如图 3.50 所示,再单击"OK(确认)"按钮,薄板张力样条法效果如图 3.51 所示。

(8) 选择"Analysis(分析)|Map Calculation(地图计算)"命令,在"Map Calculation(地图计算)"对话框中,选择"Layers(图层)"计算差值,表达式为"[regularized]-[tension]",如图 3.52 所示。

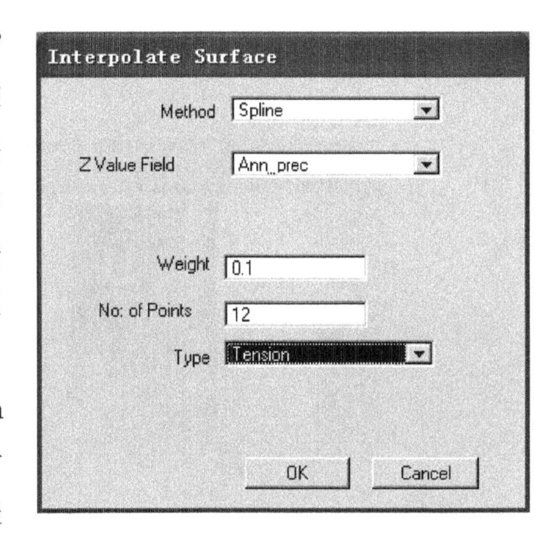

图 3.50 设置插值方法为张力样条法

显示两种样条插值法的差值可视化效果如图 3.53 所示。

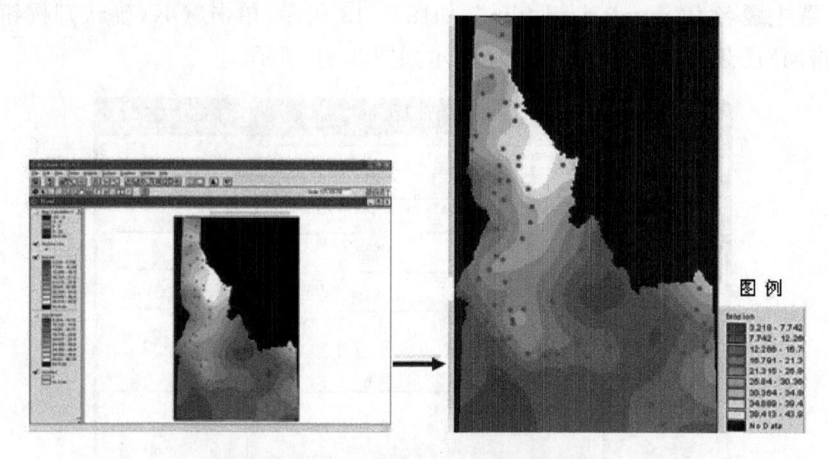

图 3.51 薄板张力样条法插值结果

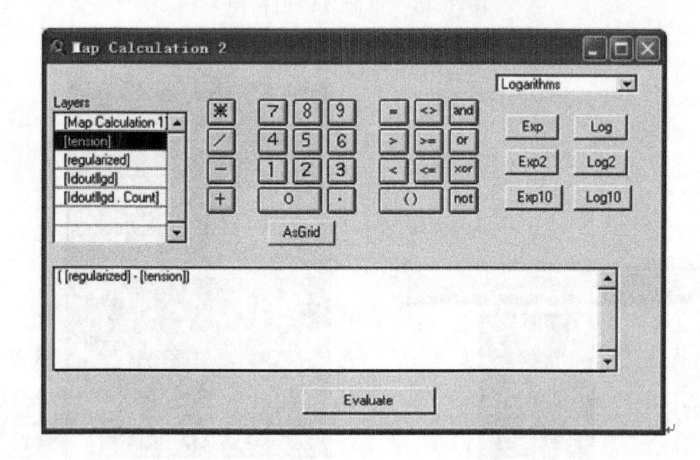

图 3.52 地图计算器窗口

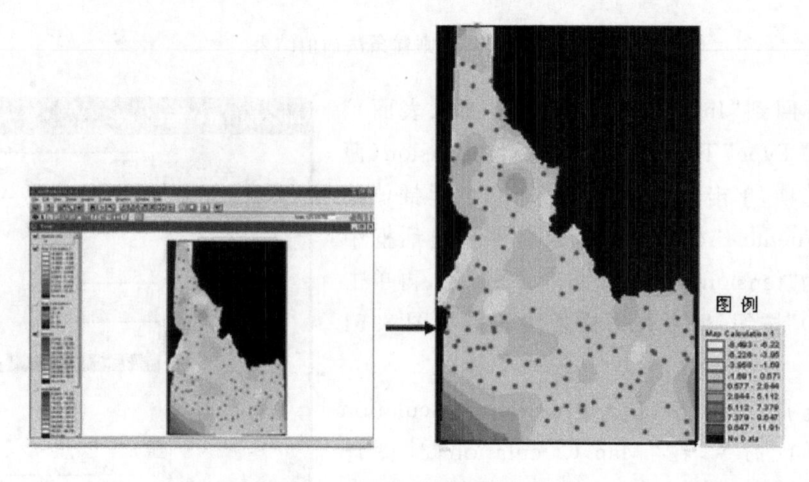

图 3.53 两种插值法的差值

(9) 选择“Theme(专题)|Legend Editor(图例编辑)”命令,进入“Legend Editor(图例编辑器)”对话框。在“Legend Editor(图例编辑器)”中,在“Theme(专题)”下拉列表框中选择“Map Calculation 1(地图计算)”选项,在“Legend Type(图例类型)”下拉列表框中选择“Graduated Color(渐变色)”选项,在“Classification Field(分类字段)”下拉列表框中选择“Value”选项,在“Color Ramps(颜色变化方案)”下拉列表框中选择“Blues to Reds dichromatic(蓝到红二色)”选项,其中分类数改为 4,分别为 −20～−3、−3～0、0～3、3～29,如图 3.54 所示。单击“Apply(应用)”按钮,效果如图 3.55 所示。经过重新分类后,可以进行进一步比较。在图 3.55 中,大于 29 的不同数值的单元都处于爱达荷州内的数据缺乏地区。

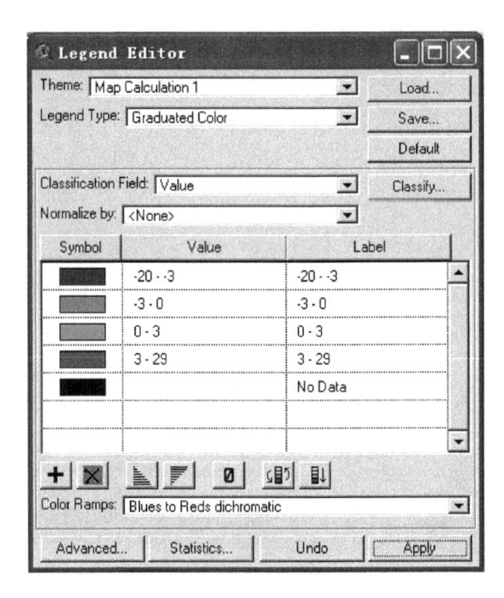

图 3.54 改变图例

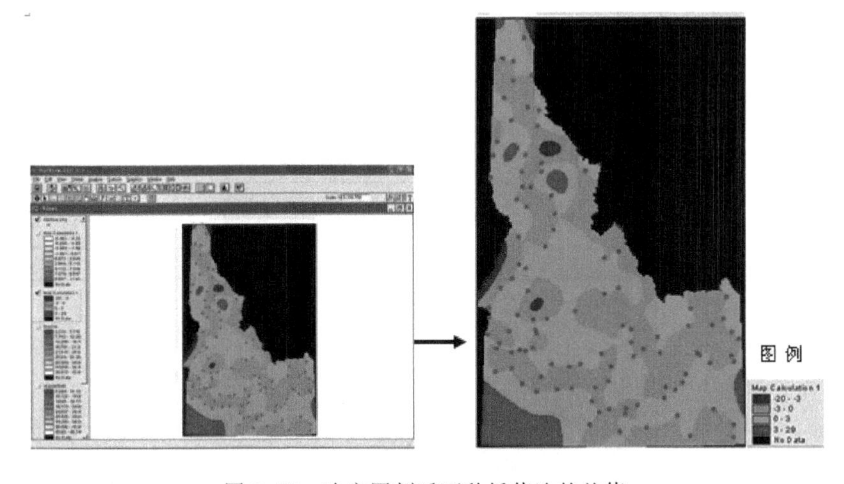

图 3.55 改变图例后两种插值法的差值

本实验提示 12:薄板样条函数(Thin_Plate_Splines)模型是以最小曲率面拟合控制点。其中规则样条函数和薄板张力样条函数(Thin_Plate_Splines with tension)是经过系数订正过的薄板样条函数。ArcView 和 Arc/Info 均有直接提供这两种函数模型。薄板样条函数常用于平滑(如气候要素等值线等)和模拟连续的面(如高程面或水平面等)。本实验主要涉及 ArcView 应用环境的设置、两种样条函数法的空间插值生成以及局部运算。

4. 普通克里金法插值

实验内容：普通克里金法插值。

实验目的：掌握普通克里金法插值操作方法和应用。

所需数据：GIS_data\Data3 目录下的 Stations. shp 和 Idoutlgd；文件 kriging. ave，是运行克里金法的程序脚本(Avenue script)。

实验过程：普通克里金法插值的步骤如下。

(1) 此步与空间内插的前三个小实验相同。打开 ArcView GIS，选择“File(文件)|Extensions(扩展)”命令，在出现的“Extensions(扩展模块)”对话框的“Available Extensions(可选的扩展模块)”列表框中，选中“Spatial Analyst(空间分析)”复选框，单击“OK(确认)”按钮退出。

(2) 加载实验数据(Stations. shp 和 Idoutlgd)，如图 3. 56 所示。选择“View(视图)|Properties(属性)”命令，在“View Properties(视图属性)”对话框中选择地图单位为“Meters(米)”，单击“OK(确认)”按钮。

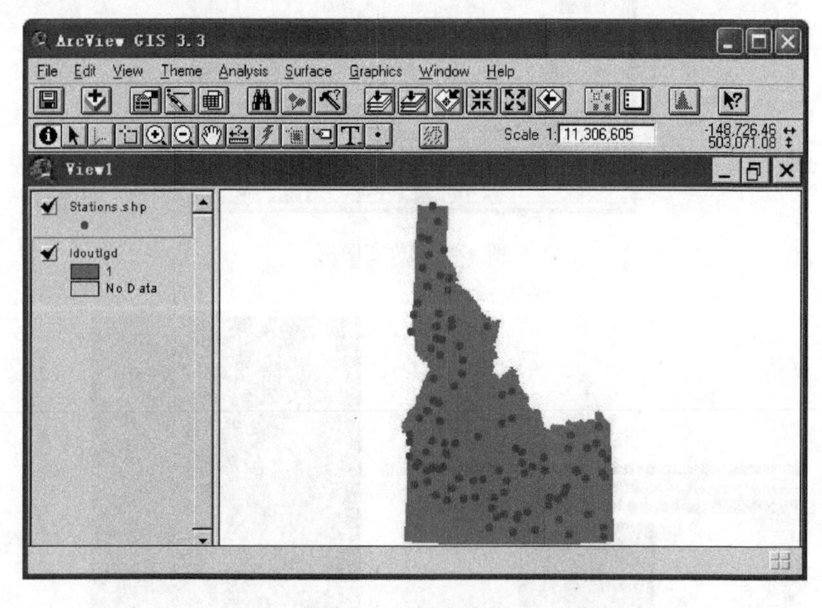

图 3.56 加载数据

(3) 单击工程窗口中的“Scripts(脚本)”按钮，再双击创建一个新脚本“Script 1”。选择“Script(脚本)|Load Text File(调出文本文件)”命令，浏览文件 kriging. ave 的路径并双击它，再将文件 kriging. ave 复制到新的脚本 Script 1，如图 3. 57 所示。

本实验提示 13：注意阅读宏程序“kriging. ave”上部的信息，以便保存中间成果。如果读者需要改变插值生成的格网路径或删除它，可在此操作。

(4) 选择“Script(脚本)|Compile(编译)”命令，并同时激活“View(视图)”窗口中的文

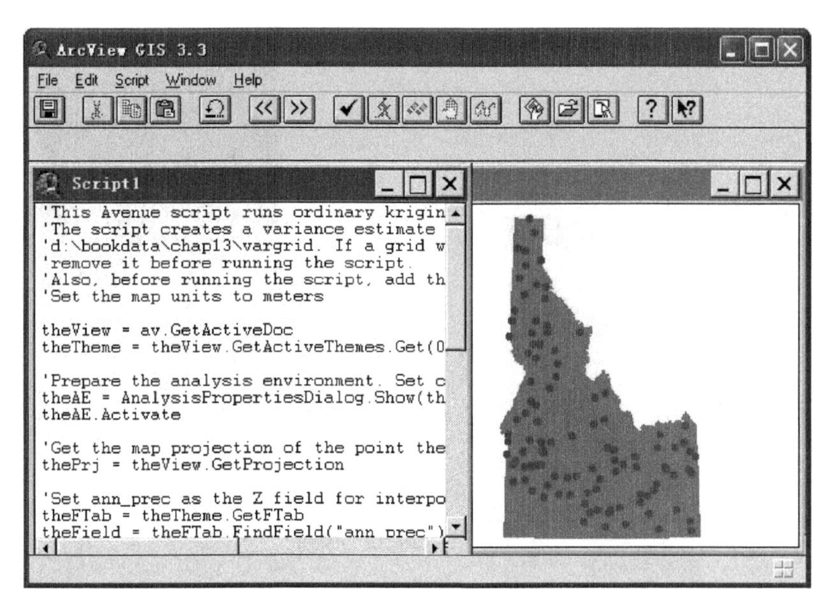

图 3.57　加载脚本程序

件 Stations.shp 和 Script 1，在工程窗口中，单击“Run(运行)”按钮。

(5) 选择“Analysys(分析)|Properties(属性)”命令，在如图 3.58 所示的“Analysys Properties(分析属性)”对话框中，在“Analysis Extent(分析范围)”下拉列表框中选择“Same As Idoutlgd(同一文件)”选项，左、右、上、下(Left、Right、Top 和 Bottom)范围如图 3.58 所示。在“Analysis Cell Size(分析格网大小)”文本框中输入 2000m，行列数为 392×252，在“Analysis Mask(屏蔽掩膜分析)”下拉列表框中选择文件“Idoutllgd”选项，单击“OK(确认)”按钮。此时生成两个图层都是格网数据(Grid4 和 Vargrid)，其中 Grid4 是普通克里金法插值结果，如图 3.59 所示，Vargrid 是估算的离差格网，如图 3.60 所示。

Analysys Properties

Analysis Extent　Same As Idoutllgd

Left　241697.265625　　Top　882724.945313

Bottom　98724.945313　　Right　745697.265625

Analysis Cell Size　Same As Idoutllgd

Cell Size　2000　m

Number of Rows　392

Number of Columns　252

Analysis Mask　Idoutllgd

OK　Cancel

图 3.58　设置分析的环境

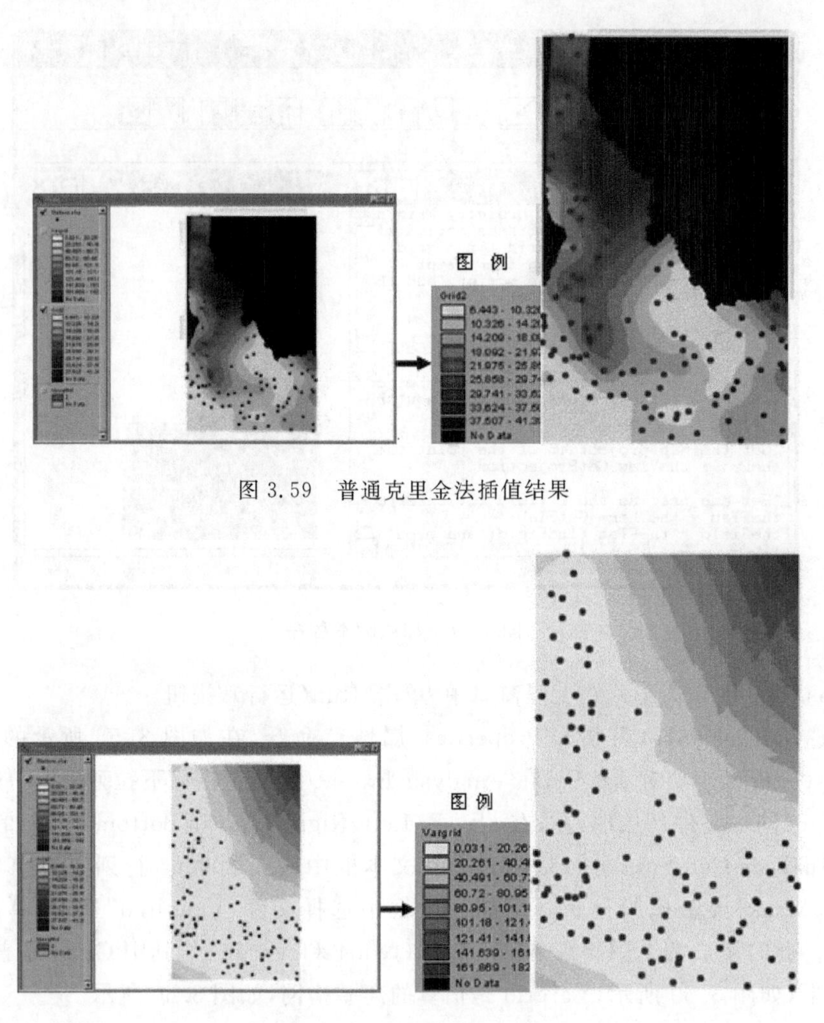

图 3.59 普通克里金法插值结果

图 3.60 估算的离差格网

本实验提示 14：克里金法(Kriging)是一种用于空间插值的地理统计方法。最早是南非采矿工程师 Krige 提出的。原理是基于假设某种属性的空间变化既不是完全随机也不是完全确定。空间变化可能受三种因素影响：空间相关因素，代表区域变量的变化；偏移或结构，代表趋势；还有随机误差。偏移出现与否和对区域变量的解释导致了用于空间插值的不同克里金的出现。若把偏移或结构当常量，注重考虑空间效果因素，称为普通克里金，衡量所选已知点之间空间相关程度的测度是半方差(Semivariance)。在应用时，多用拟合半方差图模型来估算值，常用的拟合半方差图的属性模型有高斯、线性、球形、圆形和指数。

(6) 选择"Analysis(分析)|Map Calculation(地图计算)"命令，在弹出的"Map Calculation 1(地图计算器)"中选择 Layers(图层)为"[Vargrid]"，并在表达式文本框中填入"([Vargrid]|Sqrt)"，如图 3.61 所示。单击"Evaluate(评估)"按钮，可生成估算的标准差格网，如图 3.62 所示。

本实验提示 15：地图计算器里的表达式语句([Vargrid]|Sqrt)是指 Vargrid 的平方根创建标准差格网。Sqrt 是地图计算器(Map Calculation)的幂函数。

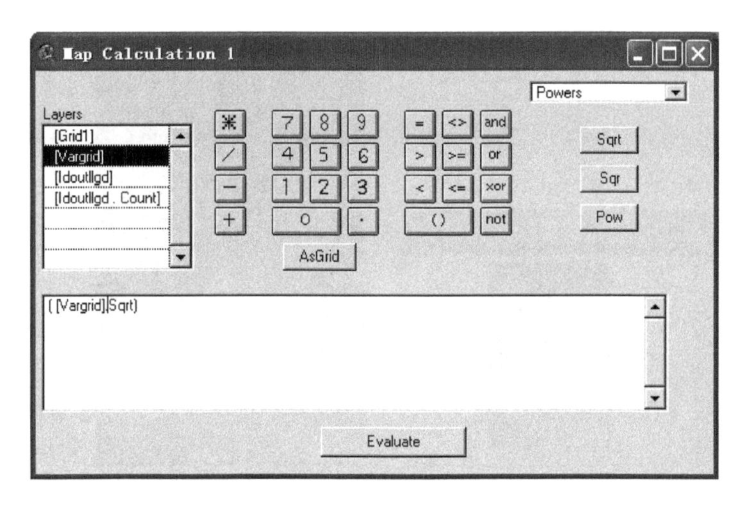

图 3.61　地图计算器

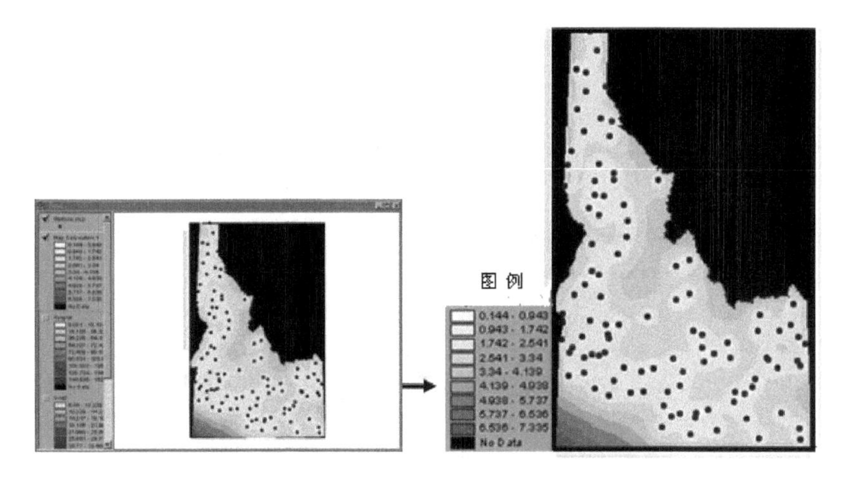

图 3.62　标准差格网

(7) 若想用等值线图来表示克里金面和估算的标准差，可从菜单栏中选择"Surface(表面)|Create Contours(创建等值线)"命令，在"Create Contours(创建等值线)"对话框中选择等值距为 5，生成地图 grid1 基准等值线为 10，如图 3.63 所示。或改用 2 为等值距和 0 为基准等值线可生成更详细的标准差等值线图，如图 3.64 所示。

本实验提示 16：ArcView 没有直接提供普通克里金模型，要完成任务，需要宏语言编程。本实验主要是普通克里金法插值的程序脚本的操作，要注意离差格网的存放路径，即先把 Data 3 里的数据放在默认路径或自己创建路径的下面，但是路径一定要存在，如 D:/GIS_data 就是说 D 盘下面一定要有 GIS_data 文件夹。

本实验提示 17：要注意怎样由离差格网转换为标准差格网及等高线的创建。本实验要求用线性模型的算法运行 kriging. ave(普通克里金法)。克里金法是一个复杂的专题，在应用中对要插值的数据选择适当模型时需要专业知识。

本实验提示 18：关于数据内插或 GIS 趋势分析在实际应用中也常用距离倒数权重(IDW)插值方法，参看实验四中的 DEM 的建立。

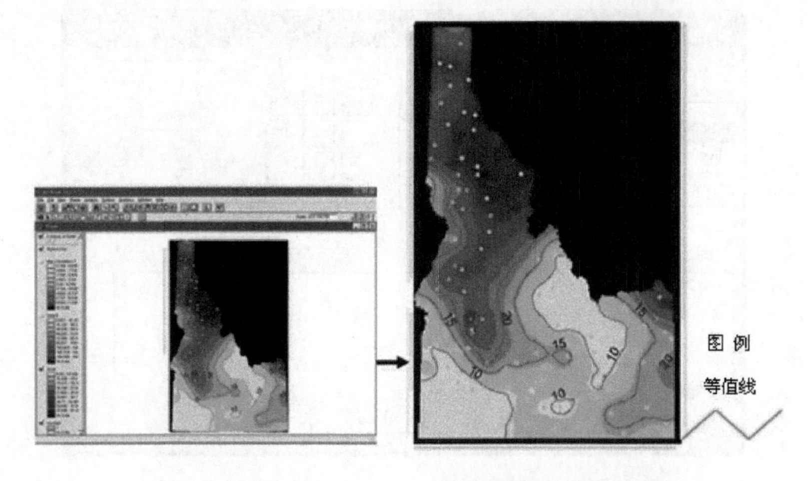

图 3.63 以 5 为等值距、10 为基准的标准差等值线图

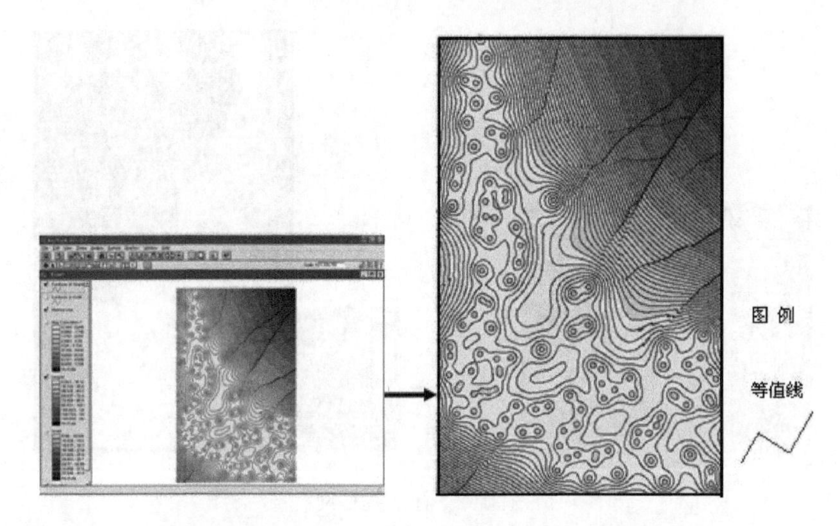

图 3.64 以 2 为等值距、0 为基准的标准差等值线图

实验四

地形分析

一、实验内容

(1) DEM 的建立。

(2) 面积量算、坡度和坡向提取及剖面线绘制。

(3) 挖方和填方表达。

(4) 三维显示。

二、实验目的

了解和掌握数字高程模型的建立及常用地形分析的基本操作方法。

三、实验指导

(一) DEM 的建立

实验内容：基于点状专题“高程点”生成栅格数字高程模型。

实验目的：通过该实验了解典型的高程数据插入实验，为进一步地形分析做准备。

所需数据：GIS_data\Data4\Ex1 目录下的地形的样本高程点(Spot. shp)和边界(Bound. shp)。

实验指导：

建立 DEM 的步骤如下：

(1) 打开 ArcView GIS 软件，选择“File(文件)|Extensions(扩展)”命令，弹出“Extensions(扩展模块)”对话框，在其中的“Avaiable Extensions(可利用的扩展)”列表框中选中“Spatial Analyst(空间分析)”复选框，如图 4.1 所示，单击“OK(确认)”按钮退出。

(2) 在工具栏中单击“加载数据”按钮，打开所需数据(Spot. shp 和 Bound. shp)，如图 4.2 所示。

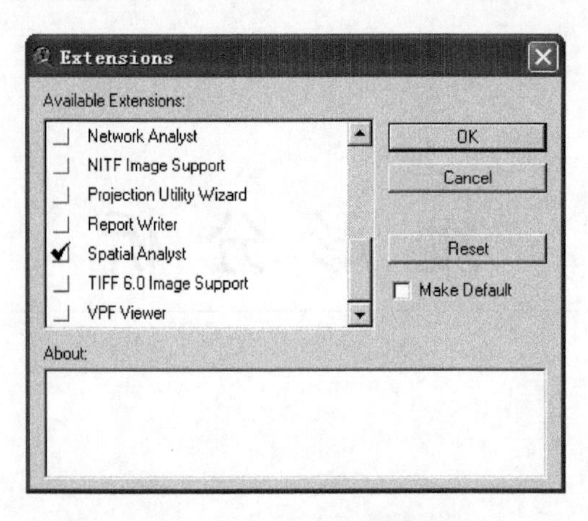

图 4.1　加载空间分析模块

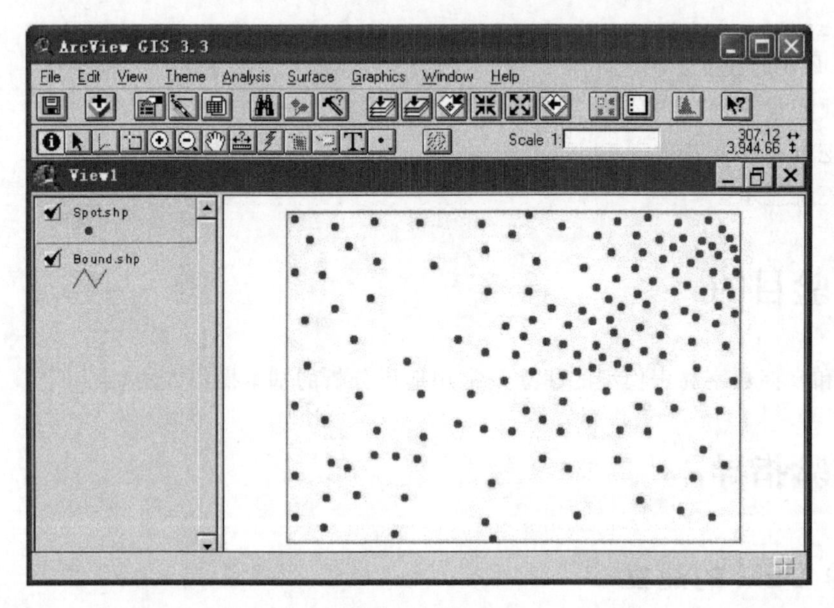

图 4.2　加载数据

(3) 选择“Surface(表面)|Interpolate Grid(添加格网)”命令，弹出“Output Grid Specification(输出格网规则)”对话框，在“Output Grid Extent(输出格网范围)”下拉列表框中选择“Same As Bound. shp(同样网格的输出边界)”选项，在“Output Grid Cell Size(输出格网大小)”文本框中输入 25，自动生成行列网格数 200×280，如图 4.3 所示，单击“OK(确认)”按钮，进入“Interpolate Surface(表面插值计算)”对话框，如图 4.4 所示。

(4) 在“Interpolate Surface(表面插值计算)”对话框中，在“Method(方法)”下拉列表框中选择“IDW(距离倒数权重法)”选项，在“Z Value Fieled(Z 值的字段)”下拉列表框选择“Height(高程)”选项，再选中“Nearest Neighbors(最近距离相邻)”不设固定搜寻半径(Fixed Radius)；计算每个栅格单元时用离它最近的 10 个样本点(10 Nearest Neighbors)，距离的权重用 2 次幂(Power)，地表没有特殊障碍物(No Barriers)，如图 4.4 所示，再单击“OK(确认)”按钮，插值结果生成 DEM，效果显示如图 4.5 所示。

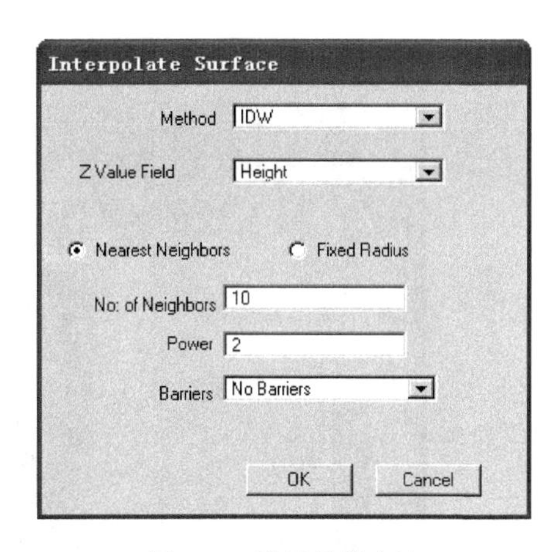

图 4.3　设置输出格网属性

图 4.4　设置插值方法

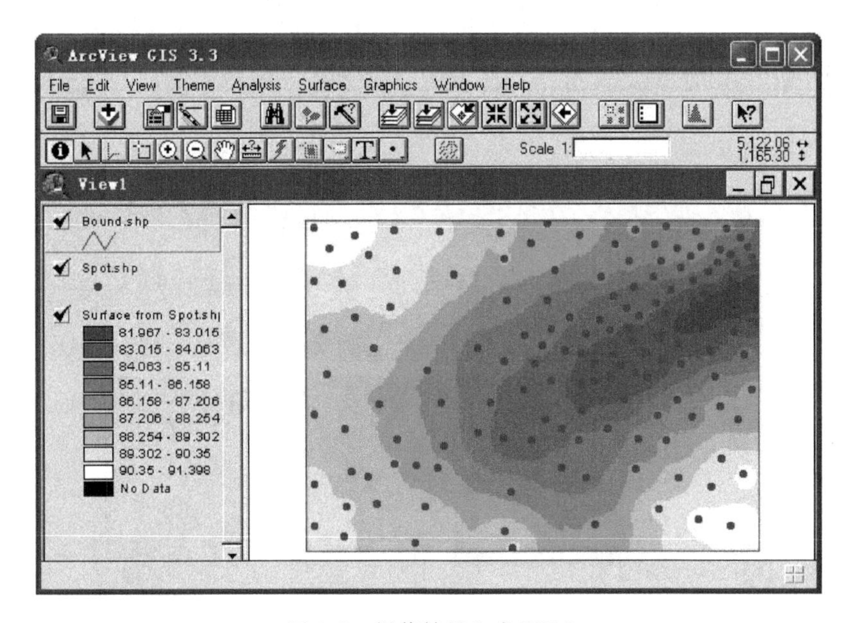

图 4.5　插值结果生成 DEM

(5) 打开工具栏里的“编辑图例器(Edit Legend)”编辑专题图例。单击“Classify(分类)”按钮,弹出“分类(Classification)”对话框。在“Type(类型)”下拉列表框中选中“Equal Interval(等距分类法)”选项,在“Number of classes(分类数)”下拉列表框选择 7,在“Round values at(小数点取位)”选择 d.ddd 或默认值即可,如图 4.6 所示。单击“OK(确认)”按钮,可显示改变分类后的 DEM 专题,如图 4.7 所示。

(6) 打开工具栏中的“属性查询”工具,在窗口中可查询某个单元的取值,如图 4.8 所示。

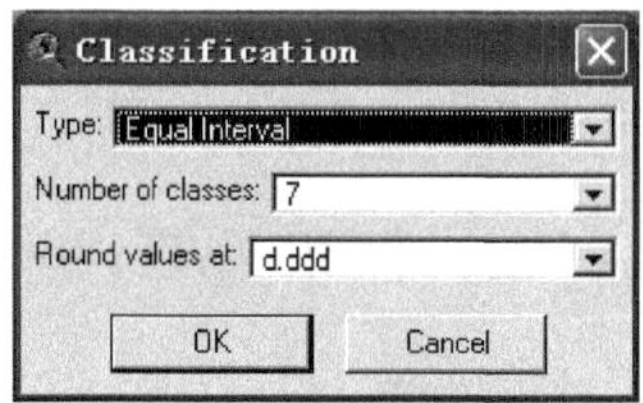

图 4.6　改变分类方法和分类数

本实验提示 1: 距离倒数权重法(IDW)原理是假设未知值的点受较近控制点的影响比较远控制点的影响更大。影响的程度(或权重)用点之间距离乘方的倒数表示。乘方(或幂)为 1.0 意味着点之间数值变化率为恒定,该方法称

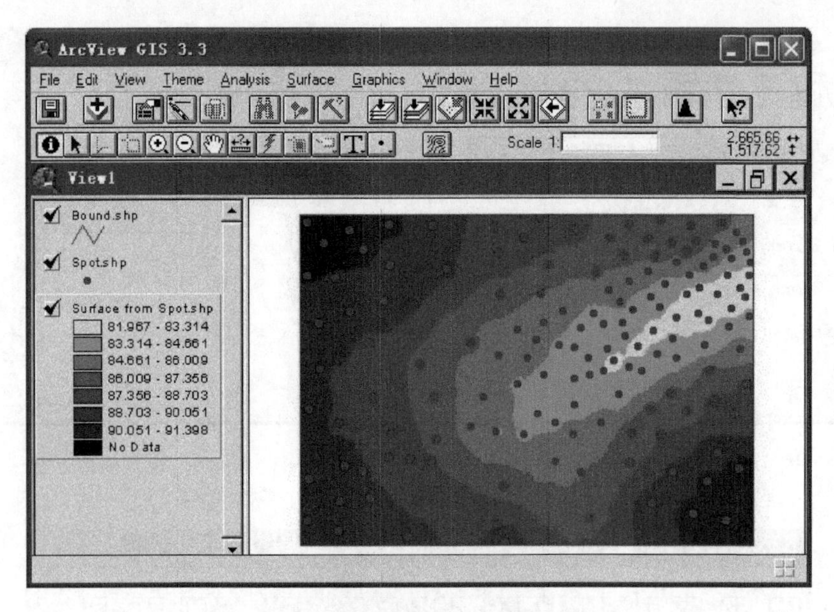

图 4.7　改变分类后的 DEM 专题

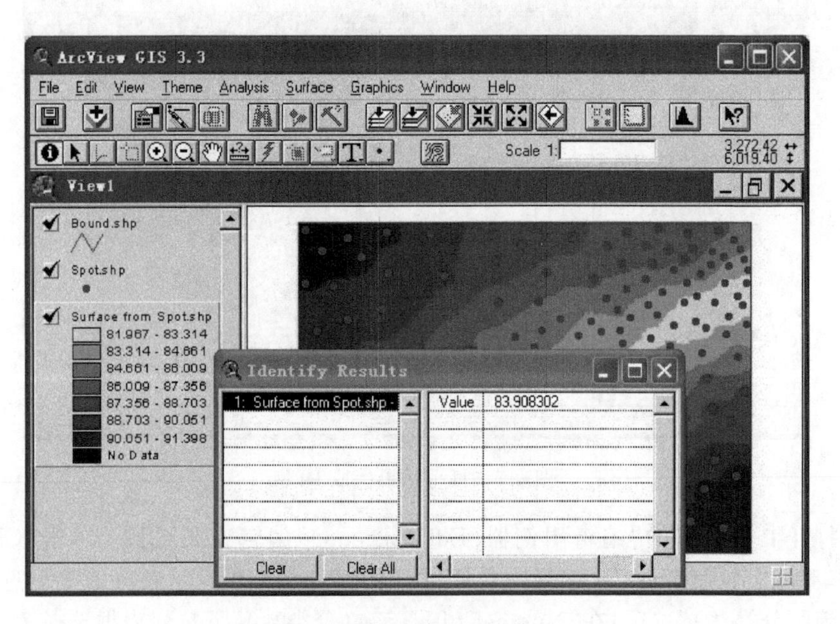

图 4.8　用属性查询工具查询 DEM

为线性插值法。乘方(或幂)为 2.0 或更高则意味着越靠近已知点,数值的变化率越大,远离已知点趋于平稳。本实验 DEM 的建立既是空间分析模块的应用,又是距离倒数权重法在数据插值中的应用。

(二) 面积量算、坡度和坡向提取以及剖面线制作

实验内容:用 ArcView 的 Spatial Analyst(空间分析)进行地形制图和分析,并完成面积量算、坡度、坡向及剖面线图的制作。

实验目的：通过本实验的练习，掌握由高程格网创建坡度和坡向专题图，并了解重新分类的意义、面积量算的概念及制作剖面图。

所需数据：GIS_data\Data4\Ex2 目录下的高程格网 Plne；河流的 Shapefile 文件 Stream.shp。高程格网是从美国地质调查局（USGS）的 7.5 分数字高程模型导入的。河流的 Shapefile 显示该地区的主要河流。

实验指导：

完成各实验内容的具体步骤如下。

1. 创建坡度专题图

(1) 打开 ArcView GIS，选择菜单“File（文件）| Extensions（扩展）”命令，弹出“Extensions（扩展模块）”对话框，在“Available Extensions（可选的扩展模块）”列表框中，选中“Spatial Analyst（空间分析）”复选框，单击“OK（确认）”按钮退出。

(2) 在工具栏中单击“加载数据”按钮，打开所需数据（Plne 和 Stream.shp），如图 4.9 所示。

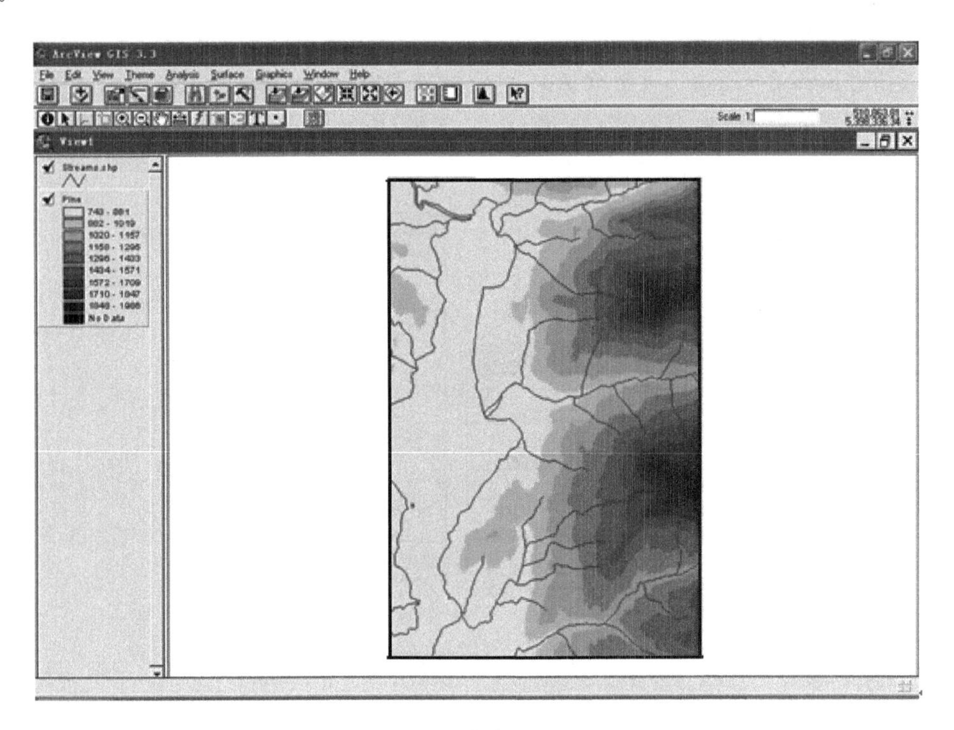

图 4.9　加载数据

(3) 激活 Plne 图层，选择“Surface（表面）| Derive Slope（坡度）”命令，系统可自动生成坡度图，显示效果如图 4.10 所示。

(4) 激活生成的坡度图层 Slope of Plne。选择“Analysis（分析）| Reclassify（重分类）”命令，则弹出“Reclassify Values（重分类值）”对话框，在“Reclassify Values（重分类）”对话框中，在“Classification Field（分类字段）”下拉列表框中选择“Value（值）”选项，单击“Classify（分类）”按钮，出现如图 4.11(a) 所示“Classification（分类）”对话框，在“Type（类型）”下拉

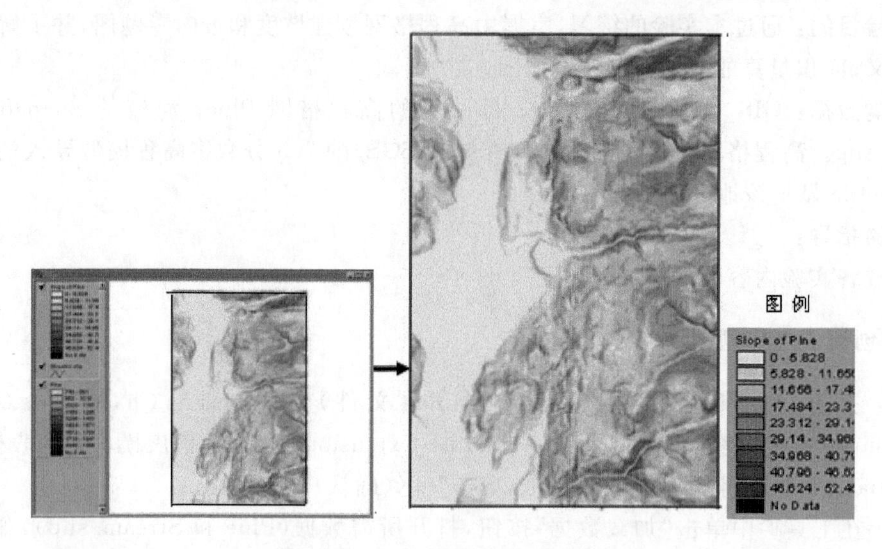

图 4.10 自动分类生成的坡度图

列表框中选择“Equal Interval(等间距)”选项,在“Number of classes(分类数)”下拉列表框中选择 5,在“Round values at(精度值)”列表框采用默认值,单击“OK(确认)”按钮,再在图 4.11(b)中填入新、旧值,单击“OK(确认)”按钮,可显示重分类后的坡度图,如图 4.12 所示。

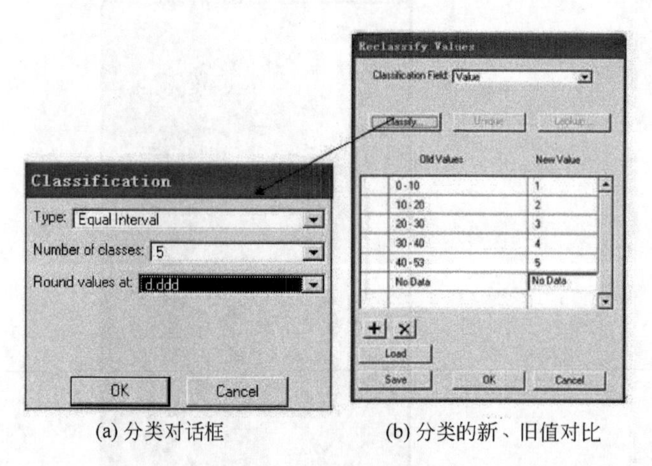

(a) 分类对话框 (b) 分类的新、旧值对比

图 4.11 坡度重新分类

(5) 比较自动分类(9 类)和重分类(5 类)后的显示效果,如图 4.13 所示,可以体现重分类实验的意义所在。

本实验提示 2:专题分类是一种很直观的数据探索工具。本实验重分类后,不但改变了坡度分布的显示,而且把坡度专题由浮点型格网转变为整型格网,可以显示属性数据,便于统计计算,所以重分类后的类型是很有意义的。

2. 面积量算

(1) 在完成坡度重分类实验的基础上,如图 4.12 所示,打开工具栏中的“Attributes Of

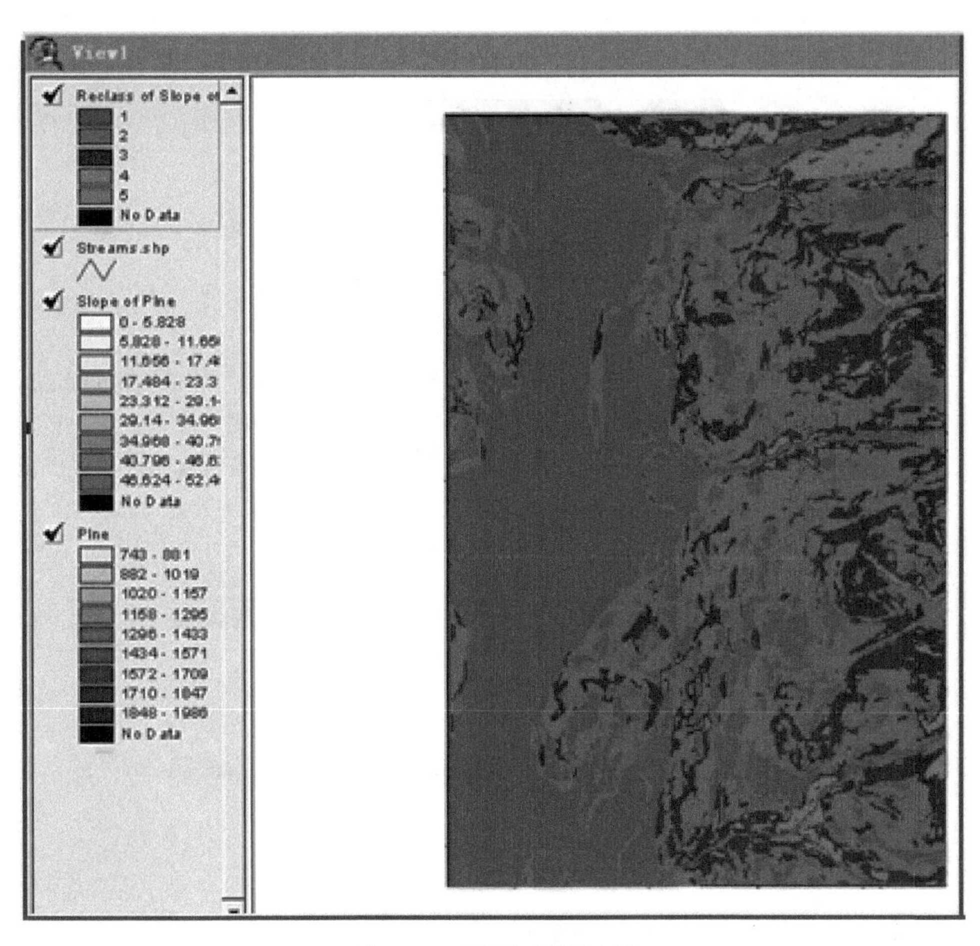

图 4.12　重分类后的坡度图

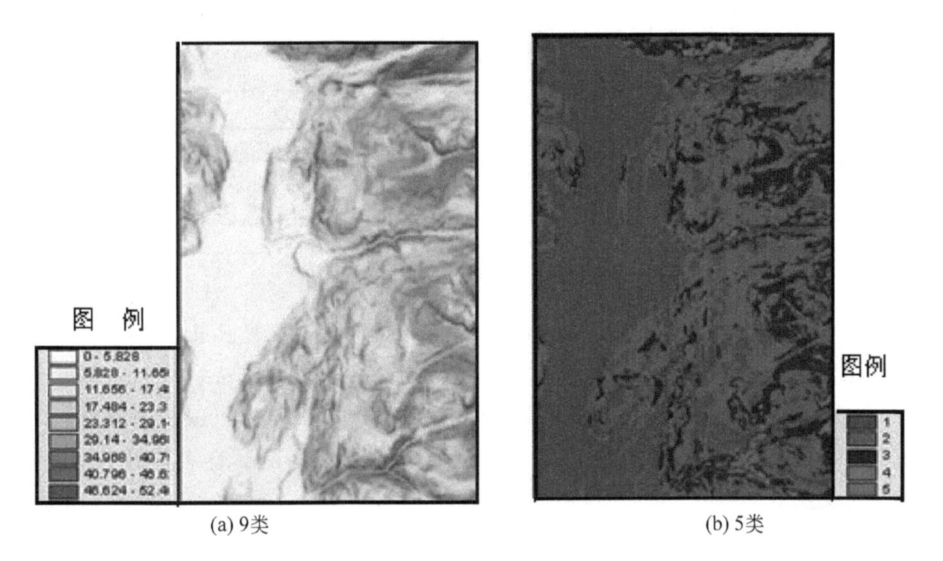

(a) 9类　　(b) 5类

图 4.13　两种分类比较图

Reclass of Slope of Plne(重分类后坡度属性表)”，如图 4.14 所示。图中“Count(计数)”只表明每种坡度类型的单元数。

Attributes Of Reclass of Slope of Plne

Value	Count
1	59285
2	52928
3	24800
4	4598
5	394

图 4.14　属性表截图

(2) 选择“Table(表格)|Start Editing(开始编辑)”命令，再选择“Edit(编辑)|Add Field(加字段)”命令，弹出“Field Definition(字段定义)”对话框，设置如图 4.15 所示。单击“OK(确认)”按钮，在“Attributes Of Reclass of Slope of Plne(重分类后坡度属性表)”中出现添加字段“area”，如图 4.15 所示。再查看专题属性表的“Cell Size(网格大小)”为 30，如图 4.16 所示。

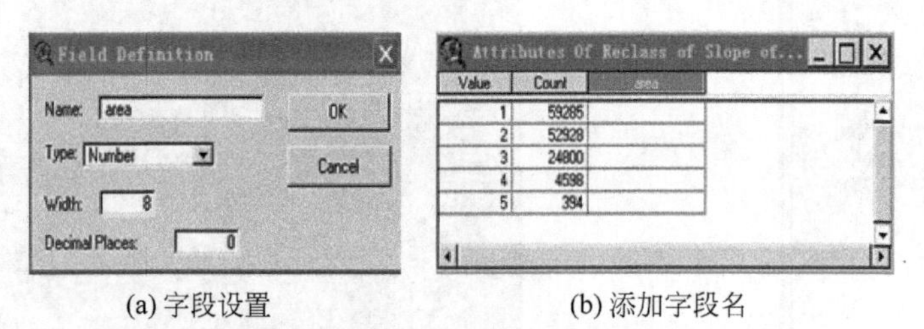

(a) 字段设置　　(b) 添加字段名

图 4.15　字段设置和添加字段名

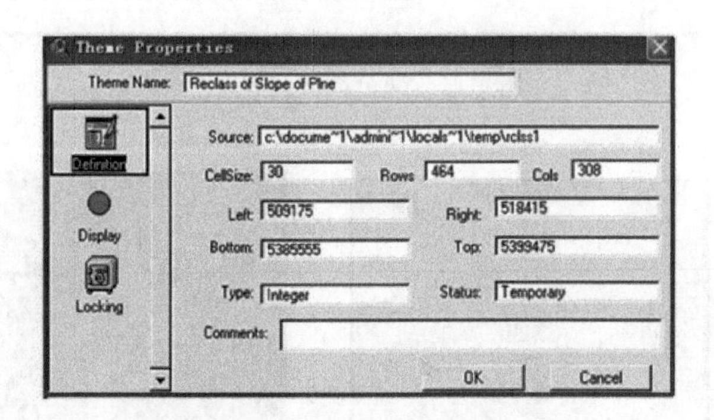

图 4.16　查看专题属性的网格大小界面图

(3) 选择“Field(字段)|Calculation(计算)”命令，在弹出的“Fieled Calculator(字段计算器)”对话框中，在“Fields(字段)”复选框选择“Count”选项，在“Type(类型)”单选框中选择“Number(数字)”，“area(面积)”表达式为“[Count]·900”(其中 900 是网格 30×30 得到的)，如图 4.17 所示。单击“OK(确认)”按钮，出现计算面积后的属性表，如图 4.18 所示。

(4) 选择“Field(字段)|Statistic(统计)”命令，可显示 Count 字段的统计结果，如图 4.19 所示。并添加字段“percent”，再利用字段计算器，计算每种坡度类型的百分数(Count/Sum)表示方法，结果显示如图 4.20 和图 4.21 所示。

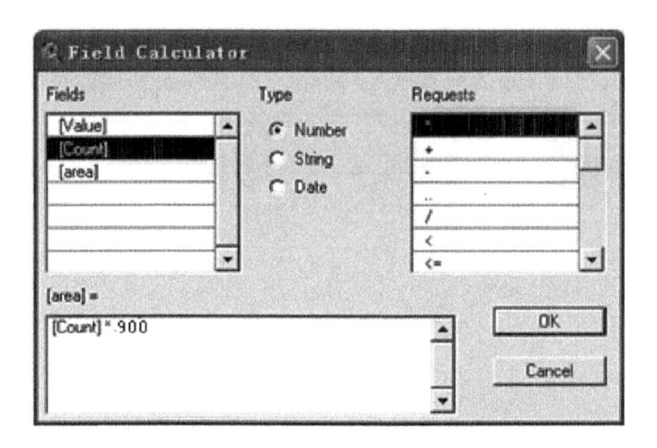

图 4.17　计算面积属性框

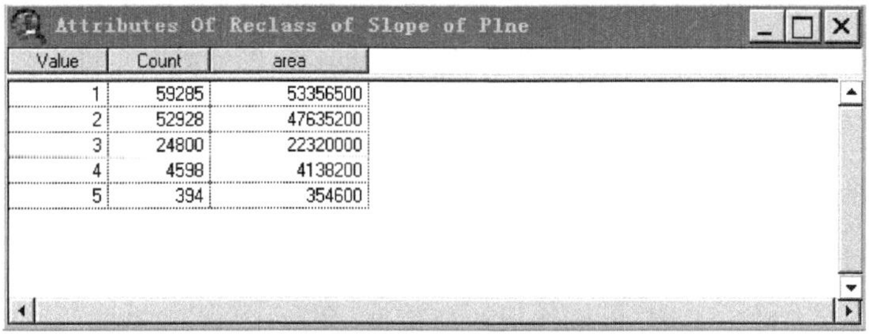

Attributes Of Reclass of Slope of Plne

Value	Count	area
1	59285	53356500
2	52928	47635200
3	24800	22320000
4	4598	4138200
5	394	354600

图 4.18　计算面积后的属性表截图

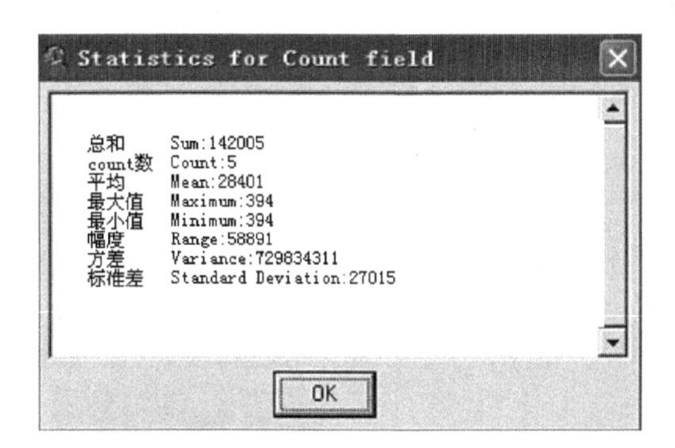

图 4.19　统计 Count 字段

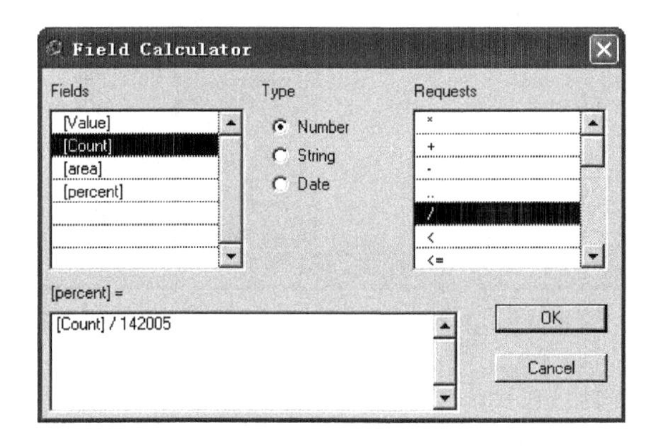

图 4.20　计算每种坡度类型的百分数

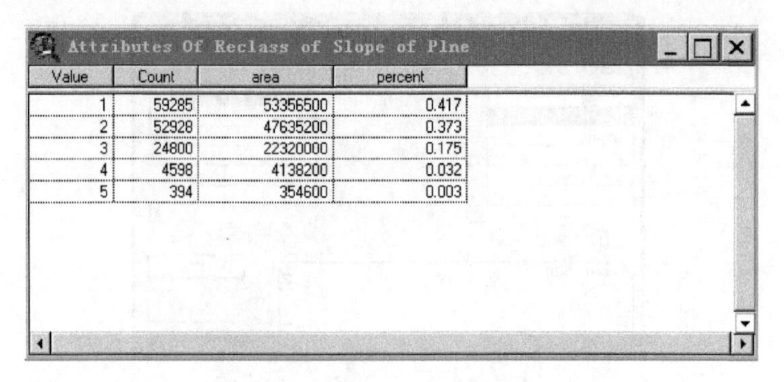
Attributes Of Reclass of Slope of Plne

Value	Count	area	percent
1	59285	53356500	0.417
2	52928	47635200	0.373
3	24800	22320000	0.175
4	4598	4138200	0.032
5	394	354600	0.003

图 4.21　坡度类型的面积百分数显示

本实验提示3：已知格网单元的大小(30×30=900)乘以每种类型的单元数即为该种类型的面积(area)，所以只要把一种坡度类型的计数除以全部计数值(Sum=142005)，就可以得到该坡度类型的面积百分数(percent)。

3. 创建坡向专题图

(1) 与创建坡度专题图相同。打开 ArcView GIS 软件，选择“File(文件)|Extensions(扩展)”命令，弹出“Extensions(扩展模块)”对话框，在“Available Extension(可选的扩展模块)”列表框中，选中“Spatial Analyst(空间分析)”复选框，单击“OK(确认)”按钮。再加载河流和高程实验数据，如图 4.9 所示。

(2) 激活 Plne 图层。选择“Surface(表面)|Derive Aspect(坡向)”命令，系统可自动生成坡向图，效果显示如图 4.22 所示。

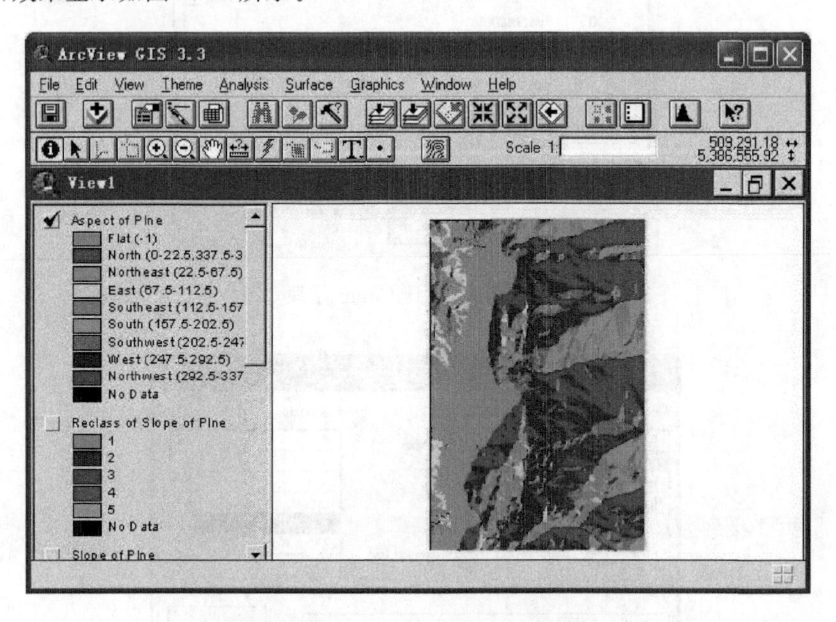

图 4.22　自动生成的坡向图

(3) 激活生成的坡向图层 Aspect of Plne。选择“Analysis(分析)|Reclassify(重分类)”命令，弹出“Classification(分类)”对话框，在“Type(类型)”下拉列表框中选择“Equal

Interval(等间隔)”选项，在“Number of classes(分类数)”下拉列表框选择“10”，在“Round values at(精度值)”下拉列表框中选择“d. ddd”选项，如图 4.23(a)所示。单击“OK(确认)”按钮，弹出“Reclassify Values(重分类值)”对话框，如图 4.23(b)所示。对照旧值和新值表(见表 4.1)，可把坡向格网浮点型转换成整型，并对坡向重新分类。坡向专题以 10 个类别显示，其中 1 类为平坦(新旧值均为－1)，8 类基本方向分别北、北东、东、南东、南、南西、西和北西，还有 1 类是没数据。单击“OK(确认)”按钮，就可生成整型值 8 个基本方向的坡向图，如图 4.24 所示。

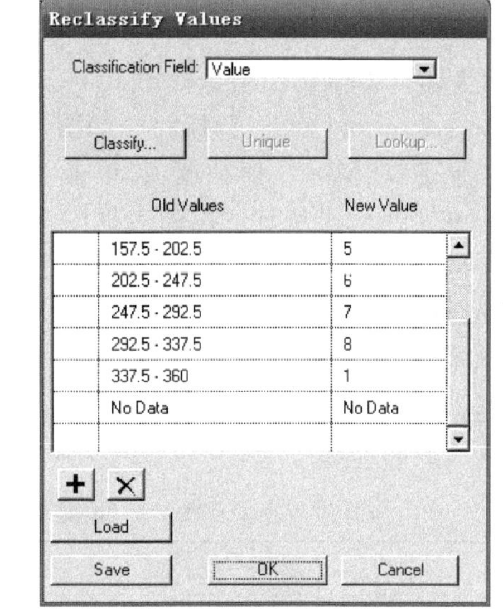

(a) 改变分类数　　(b) 设置分类值

图 4.23　改变分类数和设置分类值

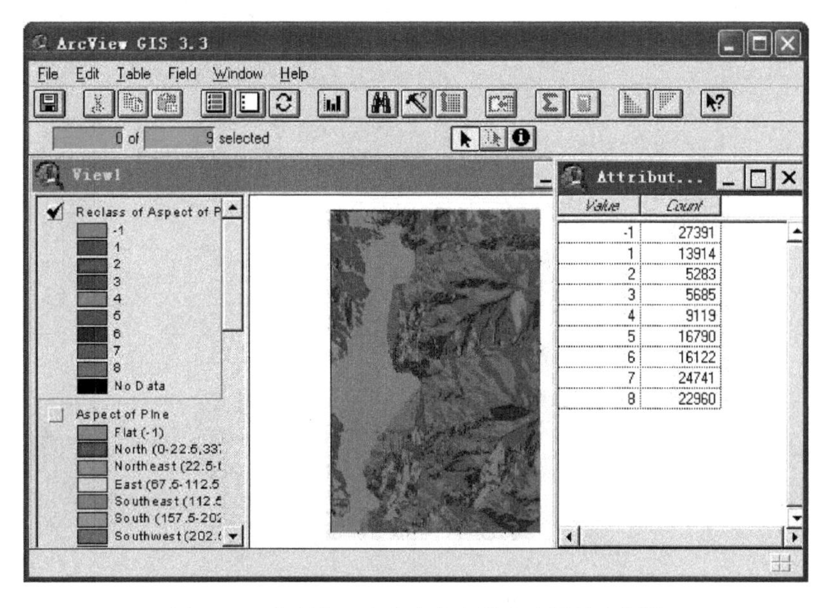

图 4.24　整型值 8 个基本方向坡向和属性表视图

本实验提示 4：坡向两次分类虽基本方向都是 8 个，但前者是浮点型(见图 4.22)，后者已改为整型(见图 4.24)。坡向新旧值按表 4.2 转换。

表 4.1 坡向新旧值对照表

旧值	−1(平坦)	0～22.5	22.5～67.5	67.5～112.5	112.5～157.5
新值	−1(平坦)	1	2	3	4
旧值	157.5～202.5	202.5～247.5	247.5～292.5	292.5～337.5	337.5～360
新值	5	6	7	8	1

(4) 激活生成的坡向图层 Aspect of Plne。选择“Analysis(分析)|Reclassify(重分类)”命令，弹出“Classification(分类)”对话框，如图 4.25 所示。在“Classification Field(分类字段)”下拉列表框选择“Value(值)”选项，单击“Classify(分类)”按钮，再次改变分类数，在图 4.25(a)中，在“Type(类型)”下拉列表框中选择类型“Equal Interval(等间隔)”选项，在“Number of classes(分类数)”下拉列表框选择分类数为“6”，在“Round values at(精度值)”下拉列表框中选择“d.ddd”选项，单击“OK(确认)”按钮，在图 4.25(b)中填入新、旧值。为把 8 个方向转化为 4 个基本方向，还需要再次进行新、旧值的转换，如表 4.2 所示。在“Reclassify Values(重分类值)”对话框中，单击“OK(确认)”按钮，可显示 4 个方向的坡向图，如图 4.26 所示。

表 4.2 坡向新旧值转换

旧值	−1	0～45	45～135	135～225	225～315	315～360
新值	−1	1	2	3	4	1

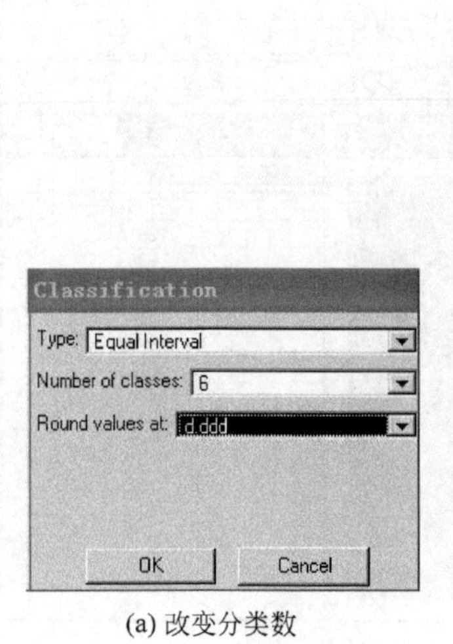

(a) 改变分类数

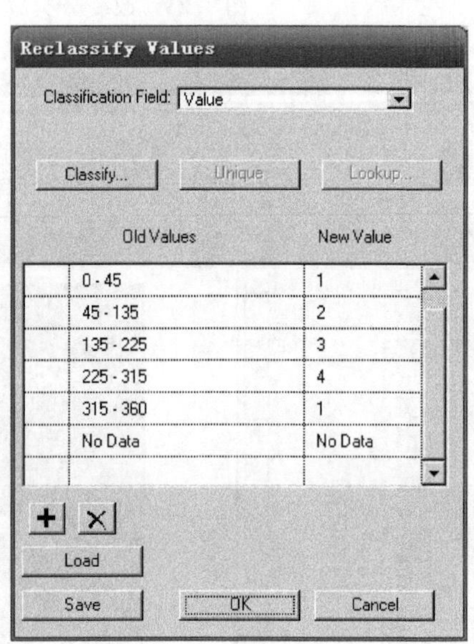

(b) 设置分类值

图 4.25 再次改变分类数和设置分类值

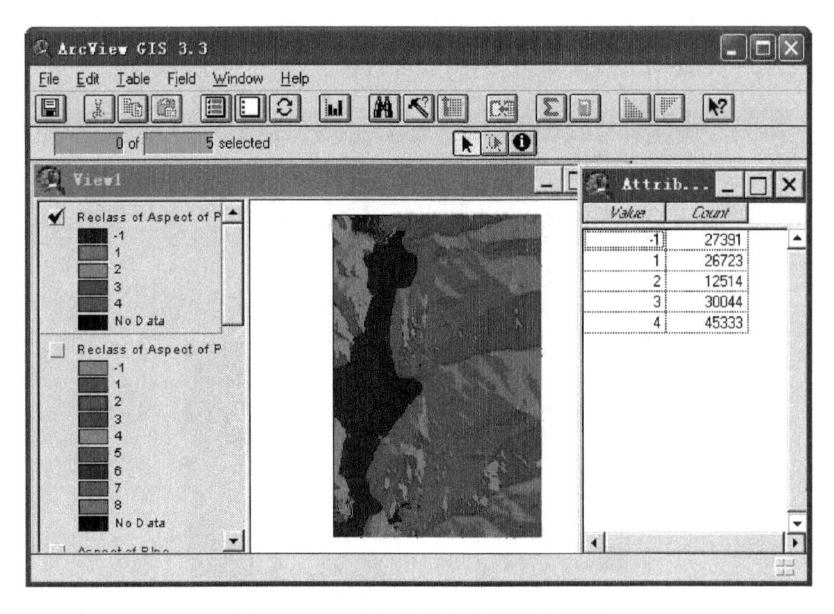

图 4.26 4个方向坡向和属性表视图

本实验提示5：不同的分类可视化效果不同，本实验结果为3种视图，即基本方向浮点型(图4.27(a))、整型(图4.27(b))及4个方向(图4.27(c))的比较。具体GIS分析时要根据实际情况进行分类。实验者可在坡向分析的基础上，选择“Surface(表面)|Compute Hillshader(生成山体阴影)”命令，在“Compute Hillshader”对话框中选取“Azimuth(方位角)”和“太阳高度(Altitude)”参数，不同的参数可以得到不同的山体阴影的表示效果。

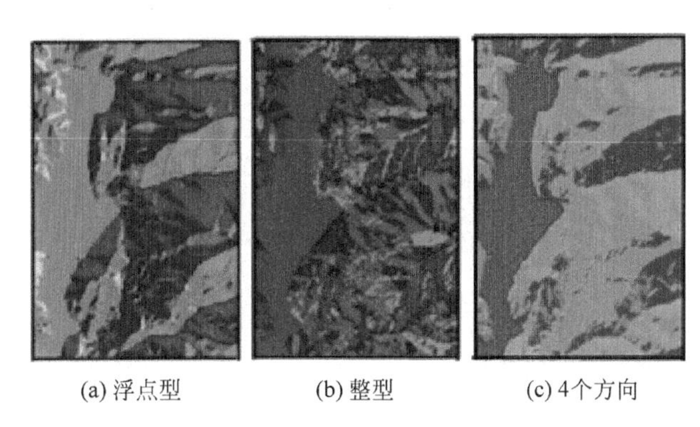

(a) 浮点型　(b) 整型　(c) 4个方向

图 4.27 3种分类比较图

4. 创建河流垂直剖面

(1) 打开ArcView GIS，选择“File(文件)|Extensions(扩展)”命令，弹出“Extensions(扩展模块)”对话框，在“Available Extension(可选的扩展模块)”列表框中，选中“3-D Analyst(三维分析)”和“Spatial Analyst(空间分析)”模块，单击“OK(确认)”按钮退出。

(2) 加载实验数据(Streams. shp)。在工具栏中，打开数据的“属性表”，选择河流的一个小支流，如“Usgh_id=167”。

(3) 利用工具栏上的“Query Builder(查询器)”操作，选择要作剖面的河流“167”，如图 4.28 所示。单击“New Set(新集)”按钮，并保存文件为 Streams. shp。

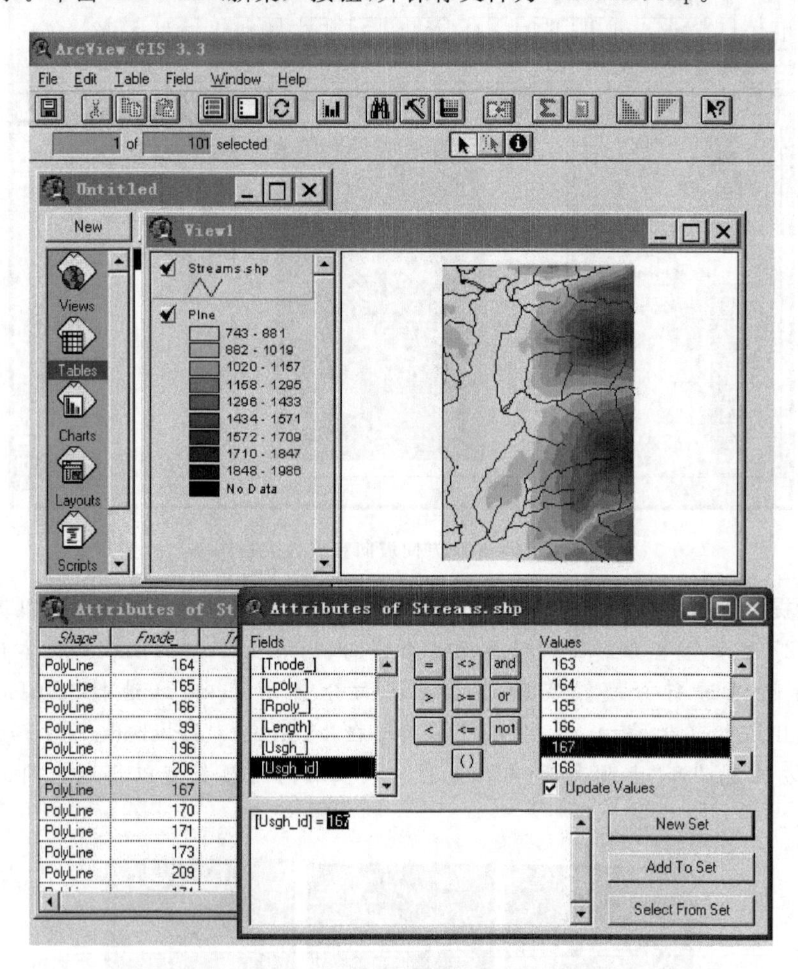

图 4.28 选择要作剖面的河流

本实验提示 6：因为所选择的支流是一种面状特征，因此，沿着这条支流的高程变化必须由高程格网导出。

(4) 加载 Streams. shp 图层，并激活该图层。选择“Theme(专题) | Convert to 3D Shapefile(二维转三维)”命令，弹出“Convert Srteams. shp(二维转三维文件)”对话框，在“Get Z values from(获取 Z 值)”下拉列表框中选择“Surface(表面)”选项，单击“OK(确认)”按钮，又出现“Select Surface: Srteam. shp(选择面专题)”对话框，实验者可选择“Plne(表面)”选项，再单击“OK(确认)”按钮，又出现“Sample distance on grid(采样格网距离)”的选择界面，指定输出格网尺寸可为 30，图 4.29 显示了主要步骤。单击“OK(确认)”按钮，为了便于可视化表达，对于转换维数的 Shape 文件要进行命名，如图 4.30 所示，最后把转换后的河流加入视图，如图 4.31 所示。

(5) 在工程窗口中单击“Layout(图版)”，再单击“New(新版图)”按钮。在工具栏上单击“Profile Graph(画剖面图工具)”，出现“Profile Graph Properties(剖面图属性)”对话框，如图 4.32 所示。在图框内划定要画垂直剖面的范围，并对出现的“Profile Graph Properties

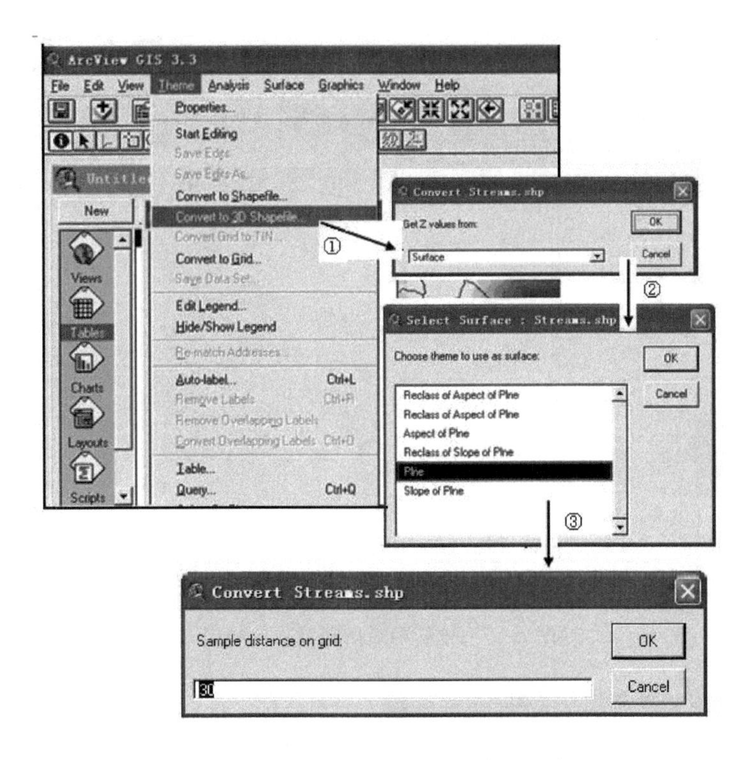

图 4.29　二维转换三维①至③步骤示意图

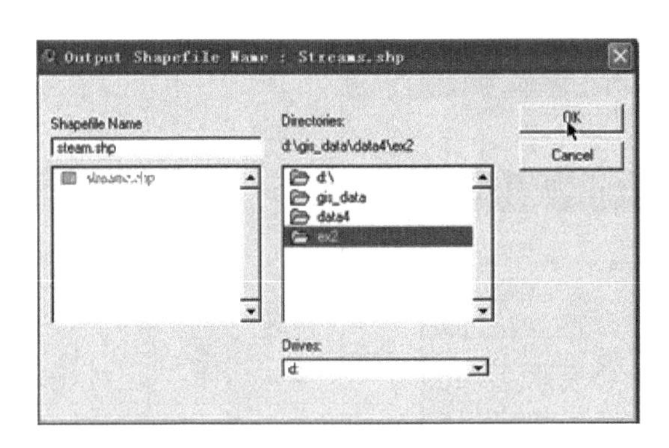

图 4.30　命名转换的河流

(剖面图属性)”对话框进行设定，其中设定“Vertical Exaggeration(垂直夸大因子)”为 10，如图 4.32 所示，单击“OK(确认)”按钮，就可自动画出河流的垂直剖面图，如图 4.33 所示。

本实验提示 7：利用空间分析模块可提取地形的坡度和坡向、面积量算以及地形剖面图制作。

(三) 挖方和填方表达

实验内容：计算工程的填、挖方量。

实验目的：通过实验，了解计算填挖方的步骤，并能分析填、挖方后的可视化结果。

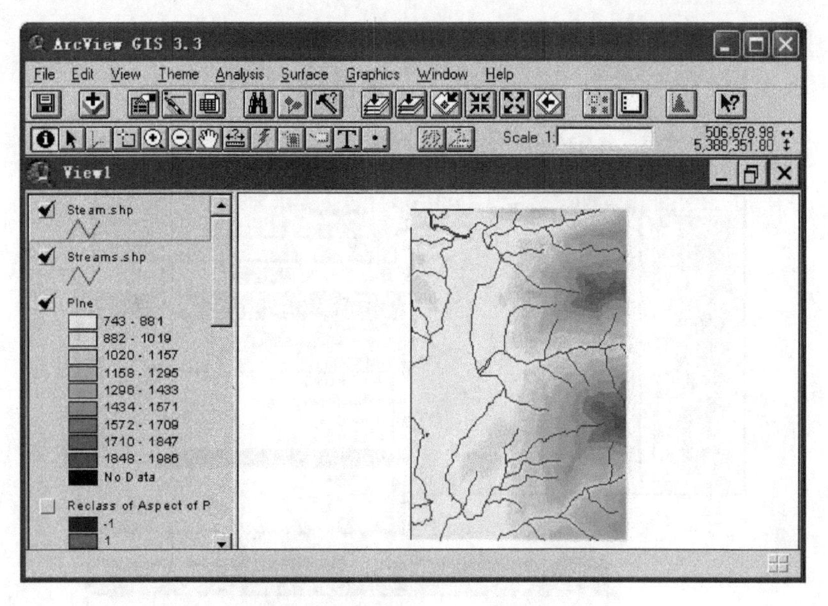

图 4.31 把转换后的河流加入视图

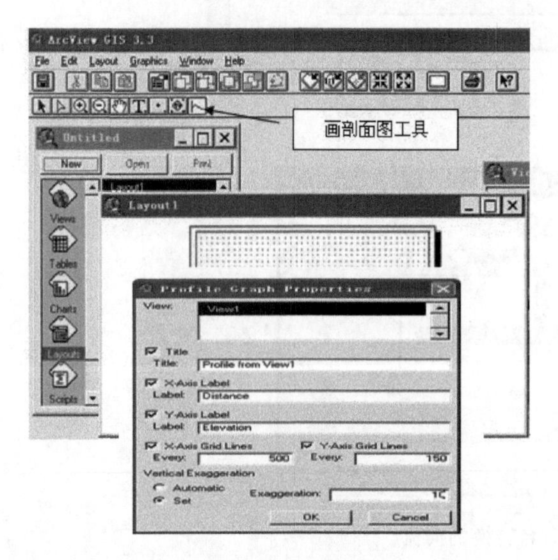

图 4.32 设置剖面属性

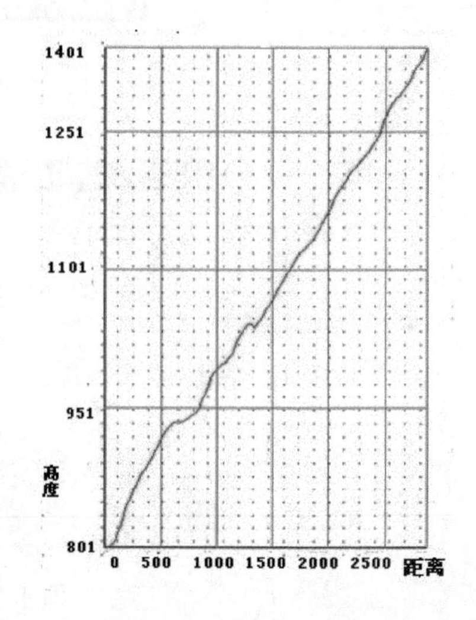

图 4.33 垂直夸大因子 10 倍的河流剖面图

所需数据：GIS_data\Data4\Ex3 目录下的三维地面模型 Crtin1 和 Crtin2，场地边界 bound.shp。

实验过程：计算工程的填、挖方量的步骤如下。

1. 方法一

(1) 打开 ArcView GIS，选择“File(文件)|Extensions(扩展)”命令，弹出“Extensions(扩展模块)”对话框，在“Available Extension(可选的扩展模块)”列表框中选中“3D Analyst(三维分析)和 Spatial Analyst(空间分析)”模块，单击“OK(确认)”按钮退出。

(2) 在工具栏中单击“加载数据”按钮，打开所需数据“Bound.shp”和 Tin 格式的实验数据“Crtin1 和 Crtin2”，如图 4.34 所示。设置地图单位和距离单位都为“米”（参见实验二的地图单位和距离的设置）。

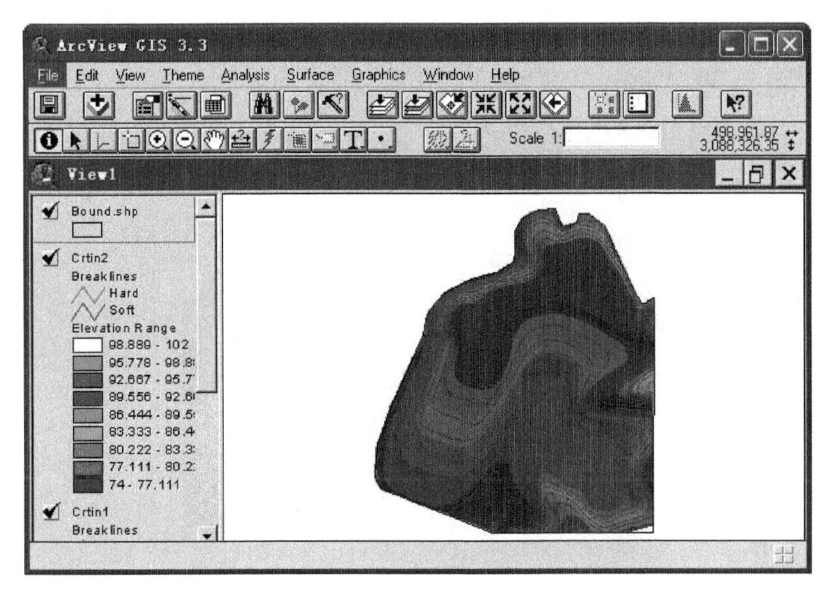

图 4.34　加载数据

(3) 选择“Surface(表面)|Cut Fill(计算填挖方)”命令，出现“Cut Fill(填挖方)”对话框，在定义前面的表面中，选择“Crtin1”文件，如图 4.35 所示。单击“OK(确认)”按钮，弹出“Output Grid Specification(输出网格规范)”对话框，如图 4.36 所示。在“Output Grid Extent(输出格网范围)”下拉列表框中选择“Same As Bound.shp(同文件)”选项，在 Output Grid Cell Size(输出格网大小)文本框中输入 10，行、列为默认 37 和 32；单击“OK(确认)”按钮，系统将自动产生填、挖方栅格数据表达的图像，用一个名为“Cut-Fill Between Crtin1 and Crtin2”文件来显示填、挖方量，如图 4.36 所示。

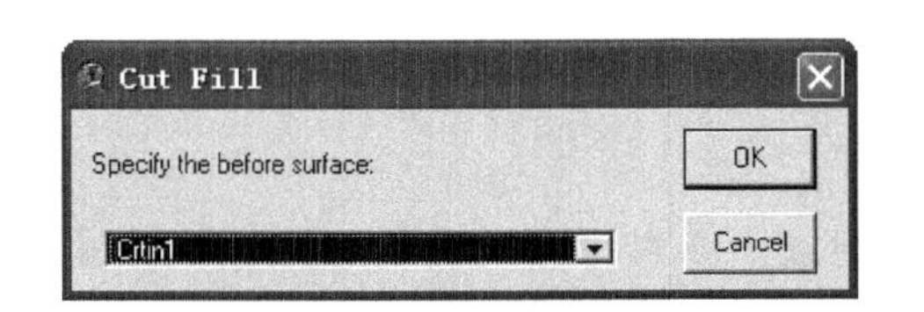

图 4.35　定义前面的表面

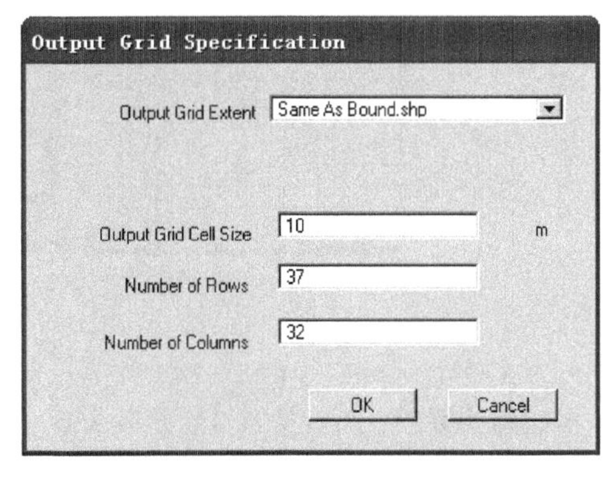

图 4.36　输出格网定义

本实验提示 8：在图 4.37 中，红色表示“Net Gain(净填方)”，蓝色表示“Net Loss(净挖方)”，灰色表示“Unchanged(不填不挖)”，白色表示“No Data(缺乏合适的数据)”。在灰度图上，深灰色表示“Net Gain(净填方)”，黑色表示“Net Loss(净挖方)”，浅灰表示“Unchanged

(不填不挖)”,白色仍表示“No Data(缺乏合适的数据)”。基本趋势中部填为主,四周挖为主。

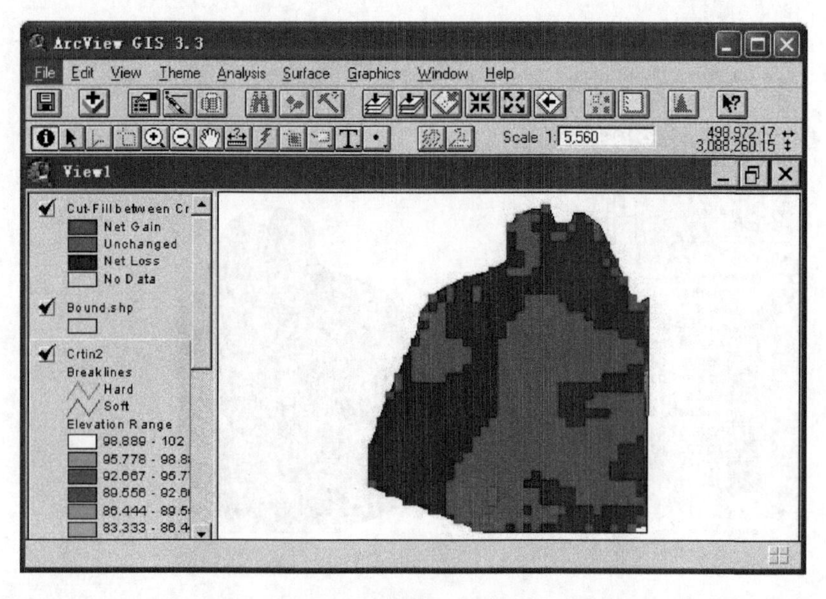

图 4.37 填、挖方栅格图

(4) 在工具栏中打开属性表,其中字段“Volume”值大于零的表示填方,小于零的表示挖方,等于零的表示不填不挖。单击字段“Volume”,再在菜单栏中选择“Field(字段)|Statistics(统计)”命令,可获得该栅格图体积的统计结果。如图 4.38 所示,从图 4.38(a)可以了解挖填方的数量,从图 4.38(b)可得到:总计为 32724.529m^3,填方大于挖方。

Value	Count	Volume	Area
1	1	-409.677	100.000
2	19	-1905.715	1900.000
3	326	158072.339	32600.000
4	1	-1.029	100.000
5	6	1008.446	600.000
6	2	-2.428	200.000
7	1	-73.976	100.000
8	1	-7.993	100.000
9	1	202.857	100.000
10	1	-3.596	100.000
11	1	-143.839	100.000
12	2	-19.948	200.000
13	2	-21.383	200.000
14	1	-63.348	100.000
15	1	13.419	100.000

(a) 属性表

Sum: 32724.529
Count: 39
Mean: 839.090
Maximum: 158072.339
Minimum: -119704.846
Range: 277777.185
Variance: 1035734380.064
Standard Deviation: 32182.827
OK

(b) 统计值

图 4.38 填、挖方统计值显示

本实验提示 9:一般情况下,图形显示 TIN 时表示高程,但是也可以直接表达坡度,还可以直接进行简单的填、挖方计算。如果要进行细致的填、挖方计算,就要将 TIN 转换成栅格数据,通过格网计算。

2. 方法二

(1) 加载扩展模块,加载所需数据,同方法一。

(2) 选择“Theme(专题)Convert to Grid(转换格网)”命令，弹出“Conversion Extent(转换范围)”对话框，在“Output Grid Extent(输出格网范围)”下拉列表框中选择“Same As Bound.shp(同文件)”选项，在“Output Grid Cell Size(输出网格大小)”下拉列表框中选择“As Specified Below(如下指定)”选项，在CellSize(网格大小)文本框中输入10，行、列为默认37和32，如图4.39所示。单击“OK(确认)”按钮，可以将不规则三角网TIN构成的地面模型转换为栅格构成的地面模型，如图4.40和图4.41所示。

Conversion Extent: Crtin1

Output Grid Extent　Same As Bound.shp

Output Grid Cell Size　As Specified Below

CellSize　10　m

Number of Rows　37

Number of Columns　32

OK　Cancel

图 4.39　TIN 转换成栅格设置

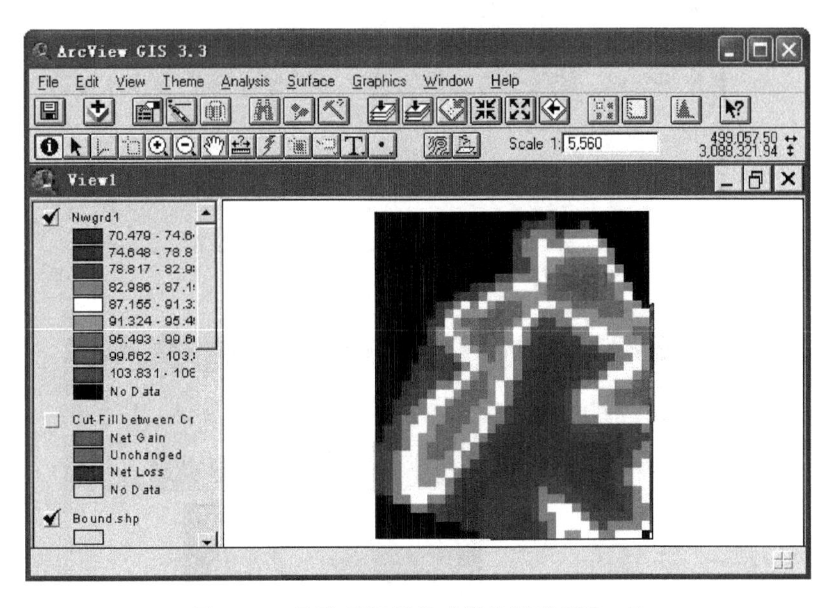

图 4.40　显示 TIN 转换成栅格模型 NWgrd1

(3) 选择“Analysis(分析)|Map Calculator(地图计算)”命令，弹出“Map Calculation 1(地图计算)”对话框，如图4.42所示，在“Layers(图层)”列表框中选择“Nwgrd1 和 Nwgrd2”，计算表达式为“([Nwgrd2]-[Nwgrd1])”，单击“Evaluate(求值)”按钮，也可得到一个渐变的填、挖方栅格专题图，如图4.43所示。

本实验提示 10：计算填、挖方的关键步骤，要同时激活需要填、挖方的两个专题及定义前面的那个表面，而且需要了解图例的含义。

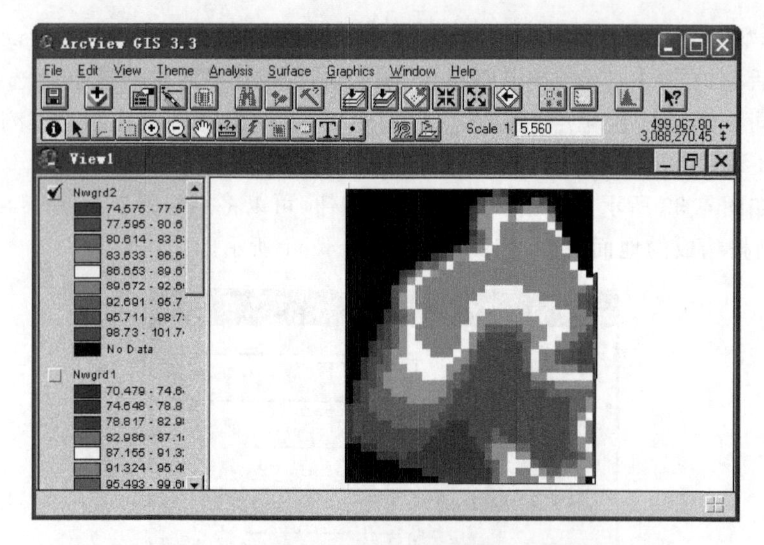

图 4.41 显示 TIN 转换成栅格模型 NWgrd2

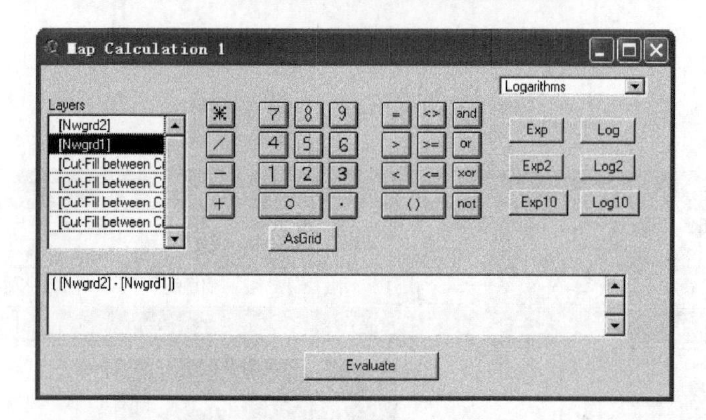

图 4.42 两个格网值相减界面

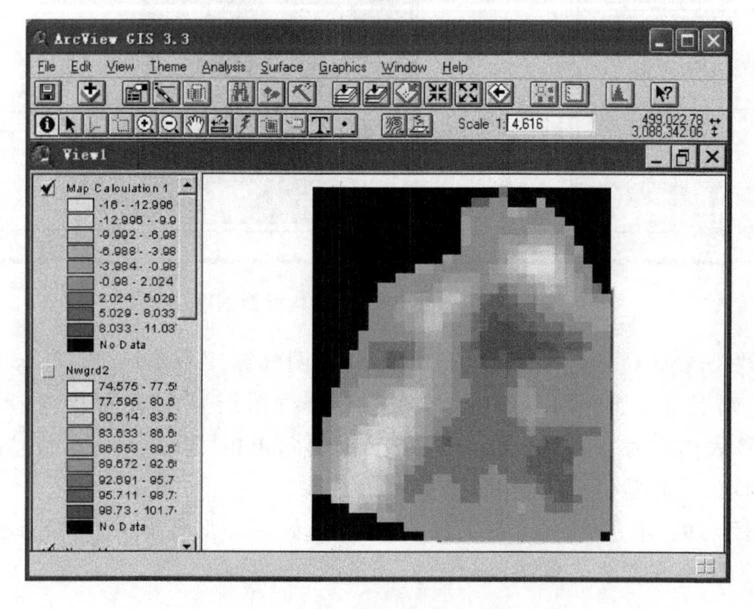

图 4.43 填、挖方栅格图

本实验提示11：虽然两种方法都可得到的填、挖方，但方法二能得到更详细的填、挖方信息。图4.42则显示渐变。色调越深填得越多，挖方主要在西部，填方主要在中部和东部。

（四）三维显示

实验内容：在ArcView中进行地图的三维显示。

实验目的：通过创建实验步骤，了解在ArcView中如何进行地图的三维显示操作，从而更好地分析GIS数据。

所需数据：GIS_data\Data4目录下的高程格网Plne和河流专题Streams.shp。

实验过程：进行地图三维显示的步骤如下。

(1) 打开ArcView GIS软件，选择"File(文件)|Extension(扩展)"命令，弹出"Extensions(扩展模块)"对话框，在"Available Extension(可选的扩展模块)"列表框中，选中"3D Analyst(三维分析)"模块，单击"OK(确认)"按钮退出。

(2) 在工具栏中单击"加载数据"按钮，打开所需数据(Streams.shp和Plne)，再打开工程窗口中的"3D scene(三维图景)"并双击，弹出"3D Scene1-Viewer 1(三维图景阅览器)"界面和一个单独的目录，如图4.44所示。

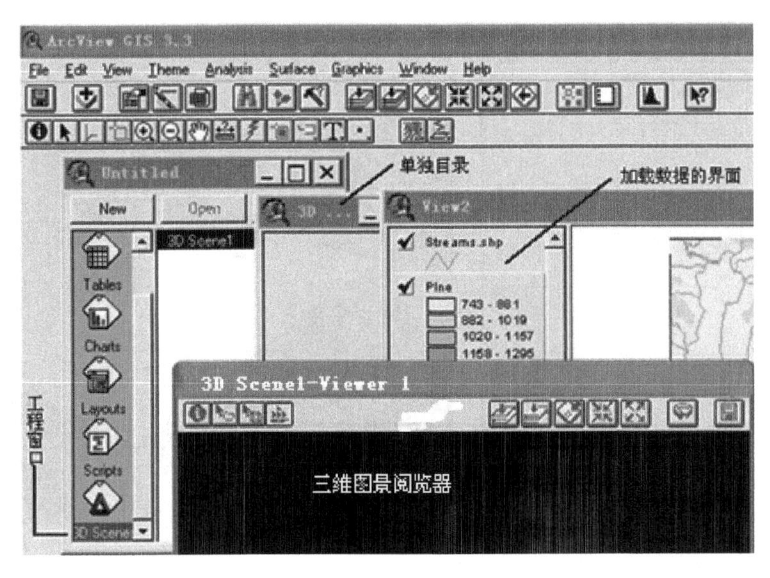

图4.44　加载数据和打开三维阅览器

(3) 选择"3D Scenes(三维图景)|Add Theme(添加专题)"命令，把高程格网Plne和Streams.shp添加到3D目录中，并可在三维图景浏览器中看到，如图4.45所示。但此时还是平面二维显示效果。

(4) 为制作三维透视图，需要把二维的格网转成三维。选择"Theme(专题)|3D Properties(三维属性)"命令，弹出"3D Theme Properties(3D专题属性)"对话框，在Theme(专题)中选取Plne，在"Assign base heights by(赋值)"选项组中选中"Surface(表面)"单选按钮，如图4.46所示。单击"OK(确认)"按钮，实验者在三维图景阅览器上可以从不同视角和距离观察地面，进行自动旋转、停止(Esc键)、放大或缩小等操作，如图4.47所示。

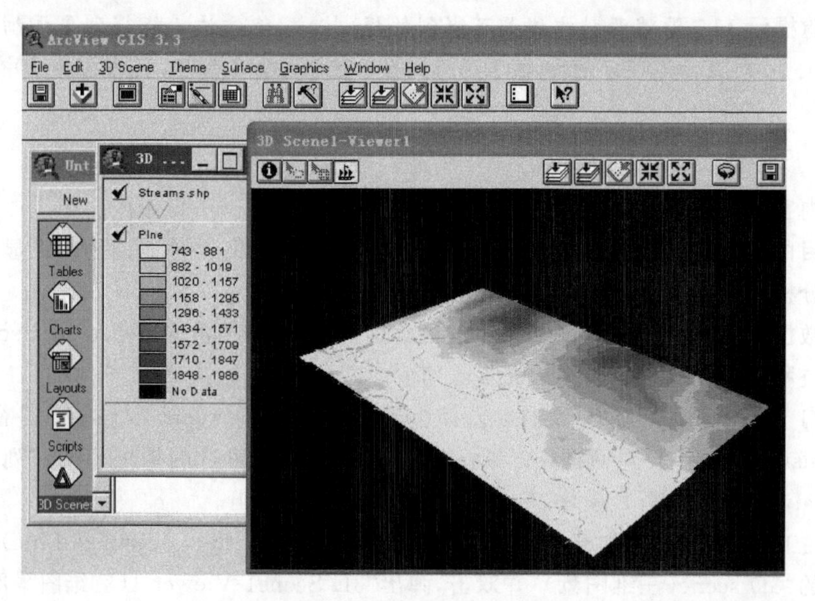

图 4.45　在三维阅览器中添加高程格网

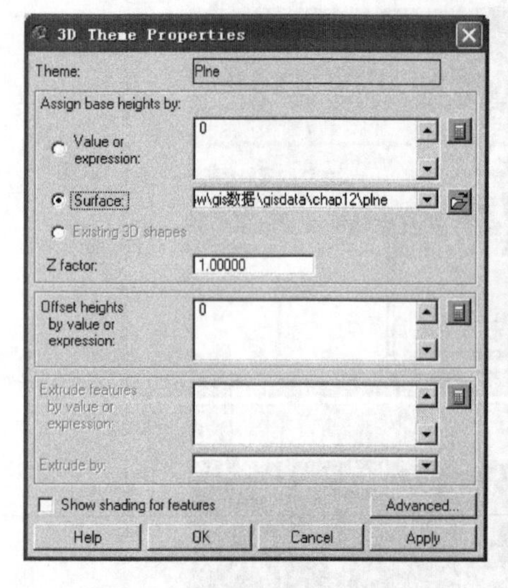

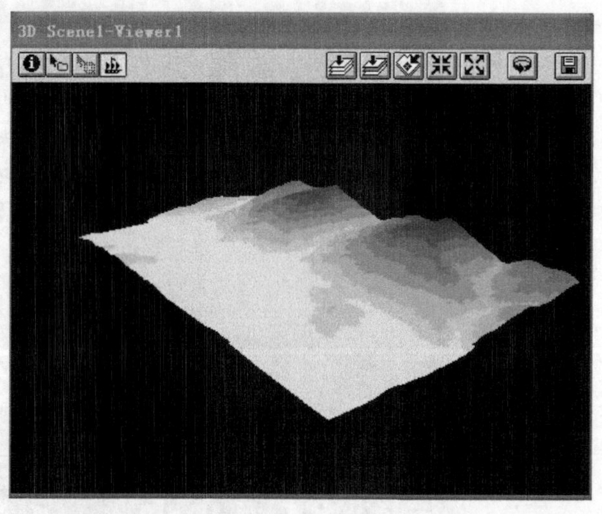

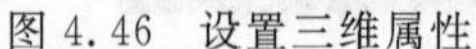

图 4.46　设置三维属性　　　　　　　　　图 4.47　高程格网的三维图

本实验提示 12：由于文件 Streams.shp 是河流二维专题，要显示三维，必须转化成三维 Shape 文件。

(5) 为叠置河流，需要把二维河流专题转化为三维专题。选择“Theme(主题)|Convert to 3D shapefile(转换 3D)”命令，先后出现 3 个选择界面，即“Get Z values from(获取 Z 值)”、“Choose theme to use as surface(选择面)”和“Sample distance on grid(网格采样距离)”，如图 4.48 所示。单击“OK(确认)”按钮，并保存文件 Stream3D.shp。即可实现转换，如图 4.49 所示。

本实验提示 13：基于 ArcView 的三维分析实际上是 2.5 维，不是真正意义上的三维。

本实验提示 14：GIS 地形分析在地学中应用很多。但地形要素(坡度、坡向、剖面曲率、平面曲率、地形起伏度、地面粗糙度、沟壑密度和波长等)的提取都要基于 DEM 或 TIN 模型下进行。

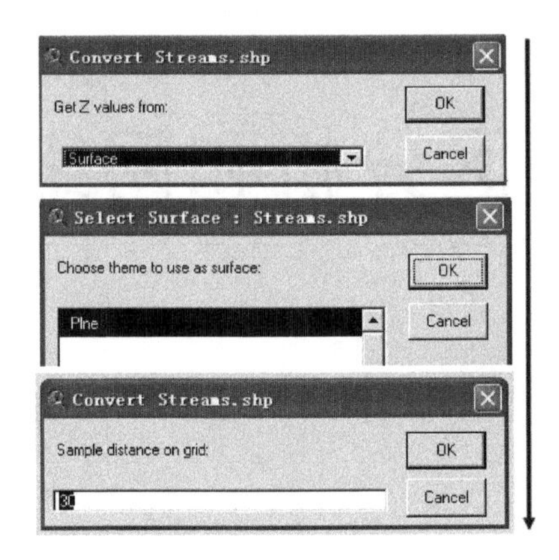

图 4.48　转换选项图示

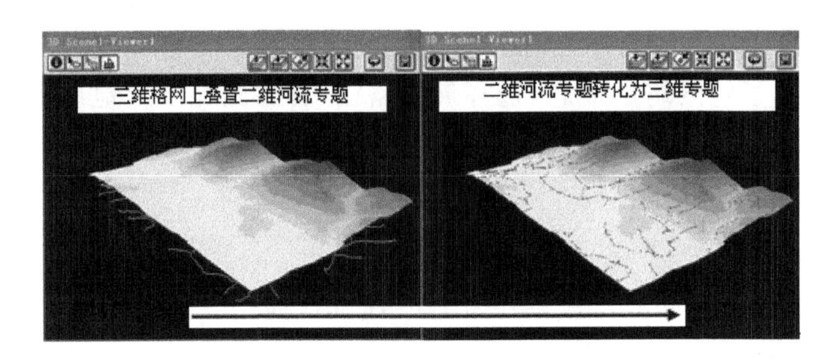

图 4.49　河流叠置在地形上

实验五

缓冲区分析和网络分析

一、实验内容

（1）缓冲区分析：根据地理对象点、线和面的空间特性，自动建立对象周围一定距离的区域范围（缓冲区域），综合分析某地理要素（主体）对邻近对象的影响程度和影响范围。

（2）网络分析：了解网络的概念，选择最优路径、资源调配以及地址匹配等。

二、实验目的

（1）掌握点、线和面缓冲的生成操作及 GIS 缓冲区应用。

（2）掌握线对象的网络分析操作。

三、实验指导

（一）利用 ArcView 进行缓冲区分析

实验内容：根据当地情况，沿着铁路的两侧 20 米、40 米范围内，进行环境整治、植树，并提供专题地图。

实验目的：要求把课堂上学习的缓冲区概念用 GIS 软件进行实现，通过生成缓冲区的操作，产生数据的缓冲区专题图，为实际应用如环境的整治和规划等提供了决策的支持。

所需数据：GIS_data\Data5\Ex1 目录下的线状专题道路（Road1. shp，仅用于地图显示，不参加分析）和线状专题铁路（Railway. shp，为邻近区的分析对象）。

实验过程：缓冲区分析的步骤如下。

（1）打开 ArcView GIS 软件，在工具栏中单击“加载数据”按钮，打开所需数据（Road1. shp 和 Railway. shp），如图 5.1 所示。

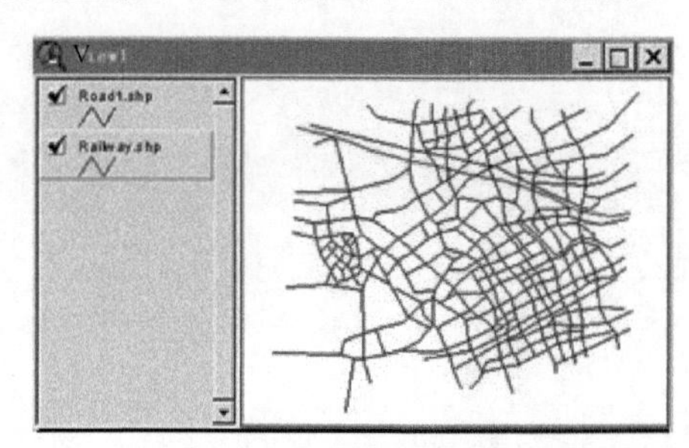

图 5.1　加载数据

(2) 选择“View(视图)|Properties(属性)”命令,弹出“View Properties(视图属性)”对话框,如图5.2所示,设置地图单位和距离单位都为“meters(米)”,单击“OK(确认)”按钮退出。

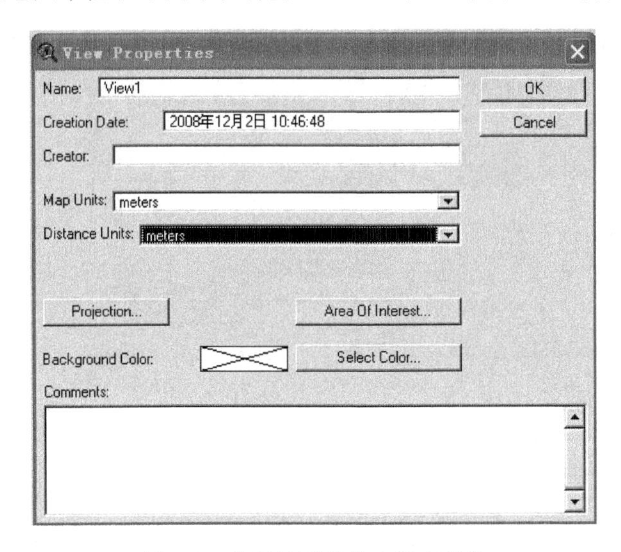

图5.2 设置地图单位和距离单位

(3) 激活铁路专题,选择“Theme(专题)|Create Buffers(创建缓冲)”命令,出现“Create Buffers(创建缓冲区)”对话框,其中选择“The features of a theme(针对专题要素)”里的铁路线专题(Railway.shp)产生邻近区,并单击“Next(下一步)”按钮,如图5.3所示。

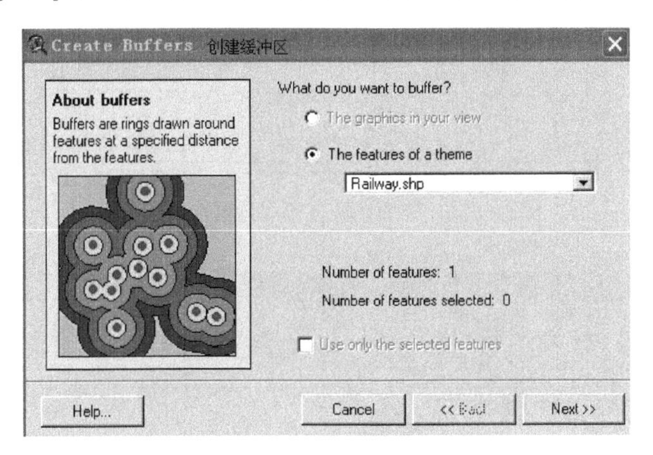

图5.3 生成缓冲区对话框

(4) 在Create Buffers(创建缓冲区)对话框中,选中“As multiple rings(产生多个环状多边形)”单选按钮,并在“number of rings(环的数目)”框输入产生邻近区2圈,在“distance between rings(环状边界相距)”框输入20,单位距离是Meters(米),如图5.4所示。单击“Next(下一步)”按钮。

本实验提示1:缓冲区生成有等距、不等距和多环多边形3种方式。实验者可根据需要进行点击选取。

(5) 在Create Buffers(创建缓冲区)对话框中,在回答“Dissolve barriers between buffers?(是否消除不同邻近区之间的重合?)”时,选择Yes(是)单选框,并加入一个新的专题(in a new theme),输入路径后保存,如图 5.5 所示,单击“Finish(完成)”按钮,即可生成缓冲区,如图 5.6 和图 5.7 所示。

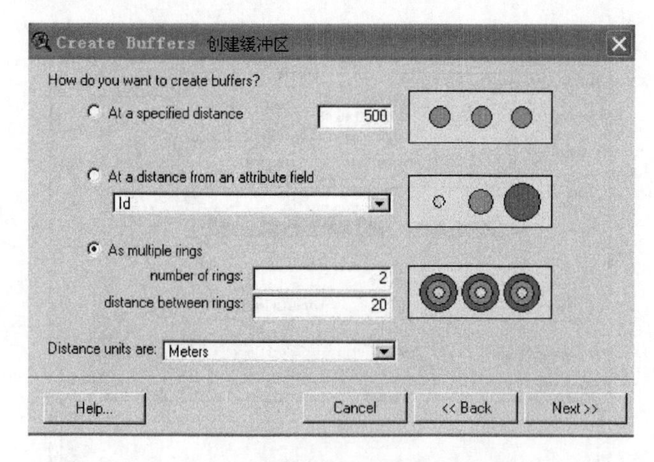

图 5.4 选择缓冲区生成方法

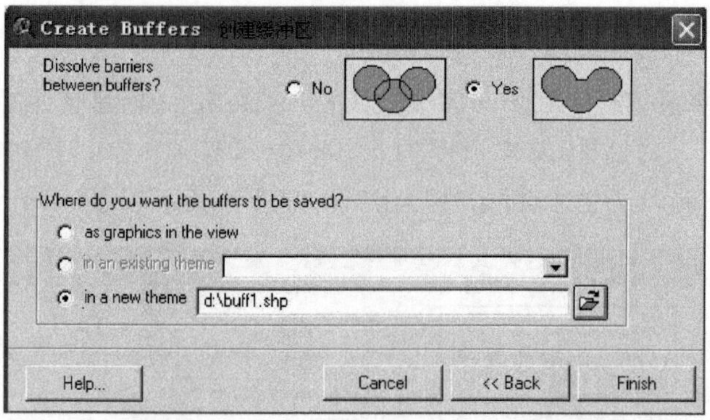

图 5.5 设置缓冲区特征及保存方法

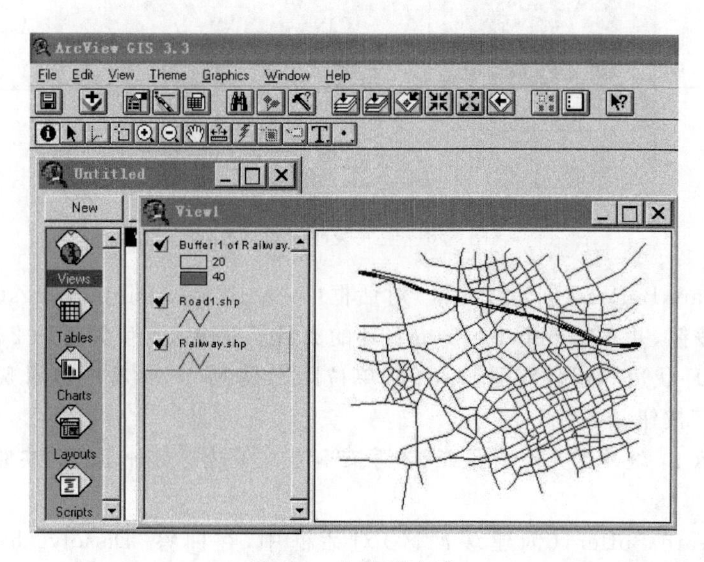

图 5.6 生成缓冲区

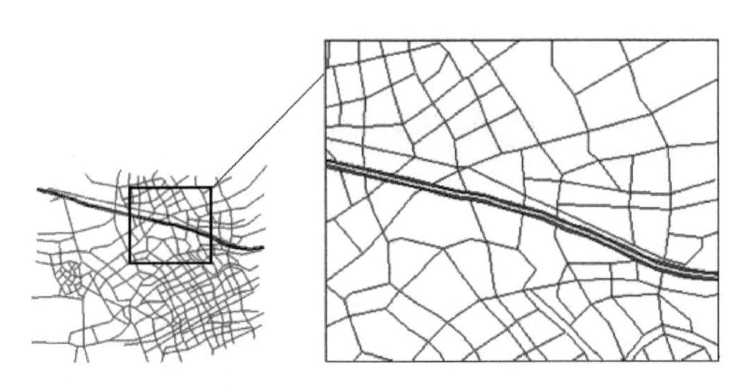

图 5.7　铁路缓冲区的视图

(6) 在工具栏中打开“Open Theme Table(专题属性表)”,选择“Table(表格)|Start Editing(开始编辑)”命令,激活字段,再选择“Edit(编辑)|加字段(Add Field)”命令;弹出“File Definition(字段定义)”对话框,其中选择 Name(字段名)为“area”;Type(数据类型)为“Number(数值型)”,Width(宽度)为“10”,Decimal Places(保留小数点位数)为“1”,单击“OK(确认)”按钮,则出现添加字段的表格,如图 5.8 所示。

(7) 选择“Field(字段)|Calculate(计算)”命令;弹出“Field Calculator(字段计算器)”,并在文本框内输入 area(面积)的表达式:[shape]·returnarea;单击“OK(确认)”按钮,完成字段的计算,如图 5.9 所示。

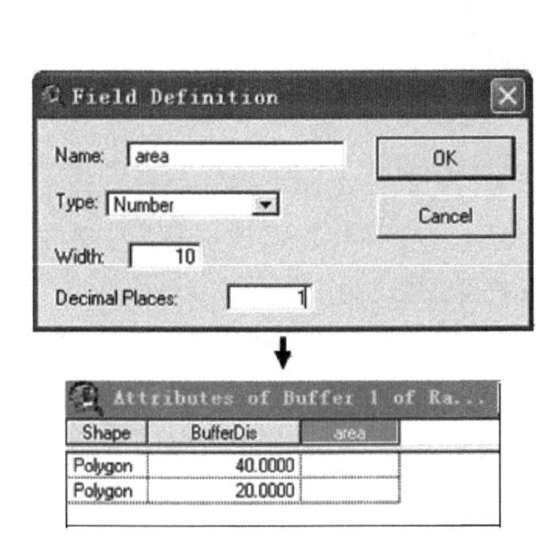

图 5.8　定义新字段和生成字段名

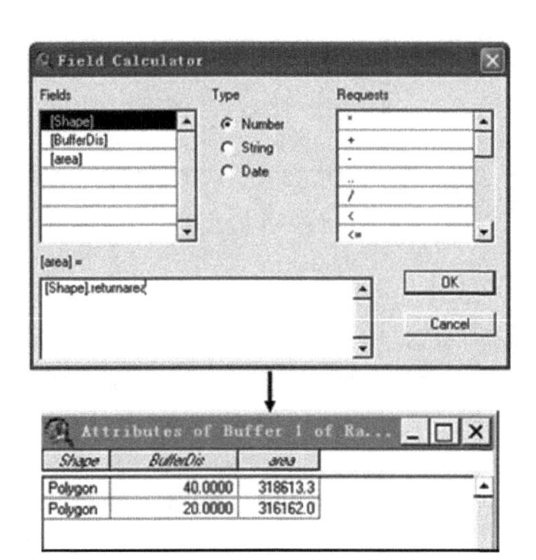

图 5.9　输入面积计算公式和缓冲区属性表生成

本实验提示 2:本实验主要是基于 ArcView GIS,根据实际的要求,选择怎样生成缓冲区及生成缓冲区后如何量算面积的操作。

(二) 利用 MapInfo 进行查询和缓冲区分析

实验内容:基于 MapInfo GIS 软件环境实现空间查询与缓冲分析。

实验目的:掌握空间查询(如某年人口总数大于等于某个数值时在中国省份的分布状况)和缓冲分析操作(如测算商业中心大致服务的范围)等实际应用。

所需数据：GIS_data\Data5\Ex2 目录下的 PROVINCE.TAB、China.TAB 和 CHINCAP.TAB。

实验过程：利用 MapInfo 进行查询和缓冲区分析的步骤如下。

1. SQL 数据查询

(1) 打开 MapInfo GIS 软件，从菜单中选择“文件(File)|打开表(Open Table)”命令，打开“PROVINCE.TAB”图层，即加载实验数据，如图 5.10 所示。

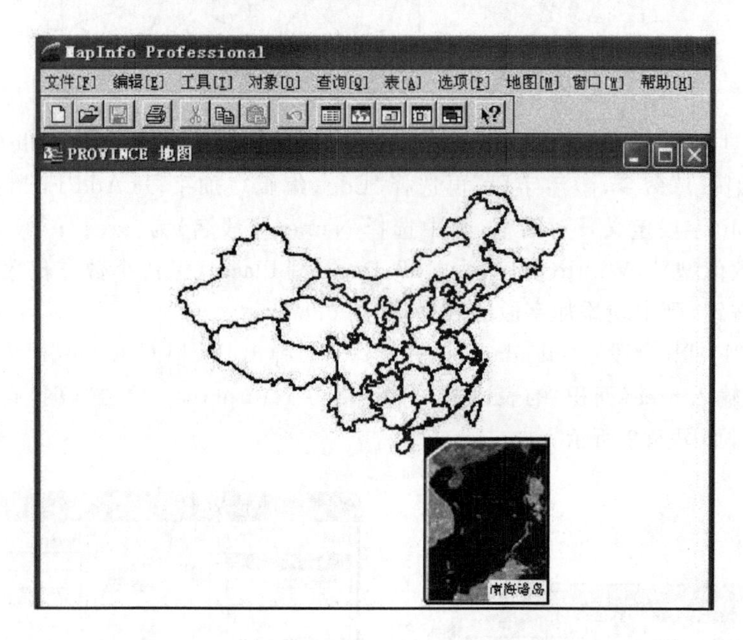

图 5.10 加载数据 PROVINCE.TAB 视图

(2) 选择“查询(Query)|SQL 选择(SQL Select)”命令，弹出“SQL 选择”对话框，如图 5.11 所示，其中选取的表为 PROVINCE，选取条件表达式为“Total_pop_1990 >= 50000000”，其他设置为默认值，单击“确定”按钮，显示结果如图 5.12 所示，即完成 SQL 数据查询。

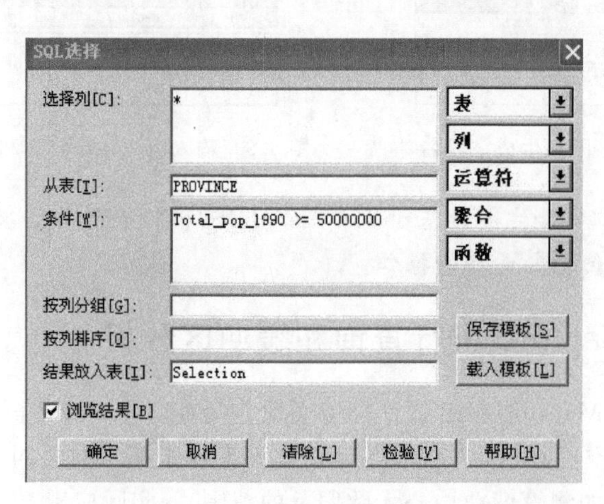

图 5.11 “SQL 选择”对话框

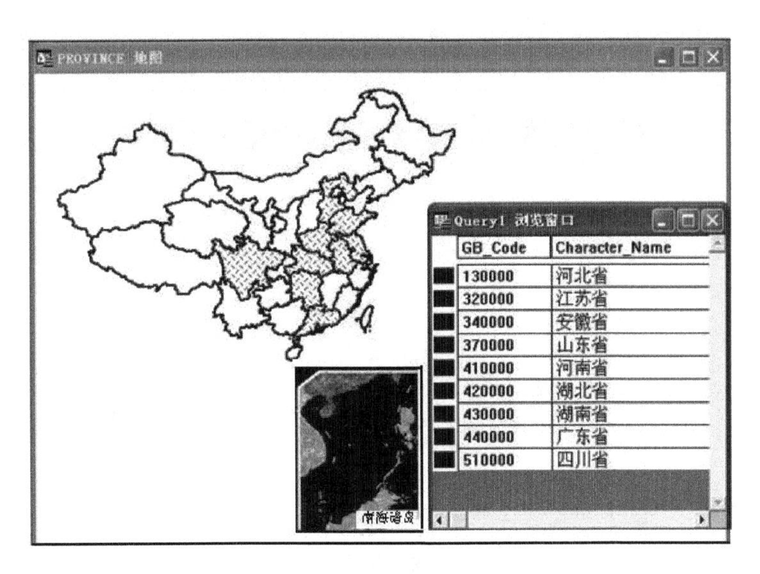

图 5.12　1990 年总人口数在 50 000 000 以上的省区

2. 缓冲区查询

若假设已知某高级商业中心分别在上海、北京、广州和武汉四个城市设置了服务中心，其商品的服务半径约为 500km，为解决测算商业中心大致服务的范围提供参考，完成缓冲区查询空间分析。主要步骤如下。

(1) 打开 MapInfo GIS 软件，从菜单中选择“文件(File)|打开表(Open Table)”命令，打开“CHINA. TAB”和“CHINCAP. TAB”图层，即加载实验数据，如图 5.13 所示。

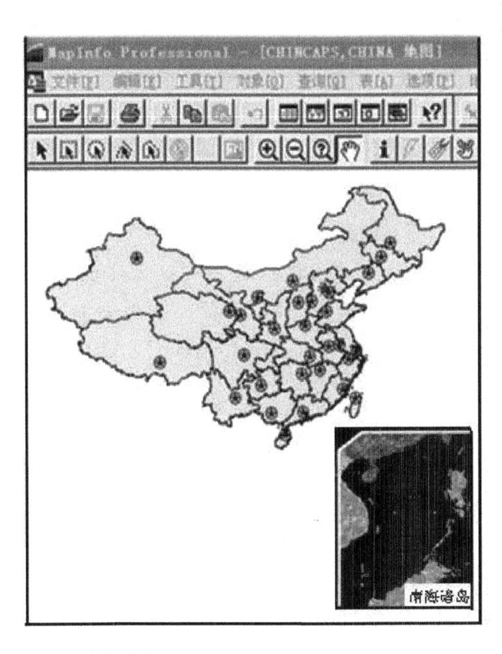

图 5.13　加载数据“CHINA. TAB”和“CHINCAP. TAB”

(2) 选择“地图(Map)|图层控制(Layer Control)”命令,弹出“图层控制”对话框,其中选择“装饰图层”为可编辑状态;单击“确定”按钮,如图5.14所示。

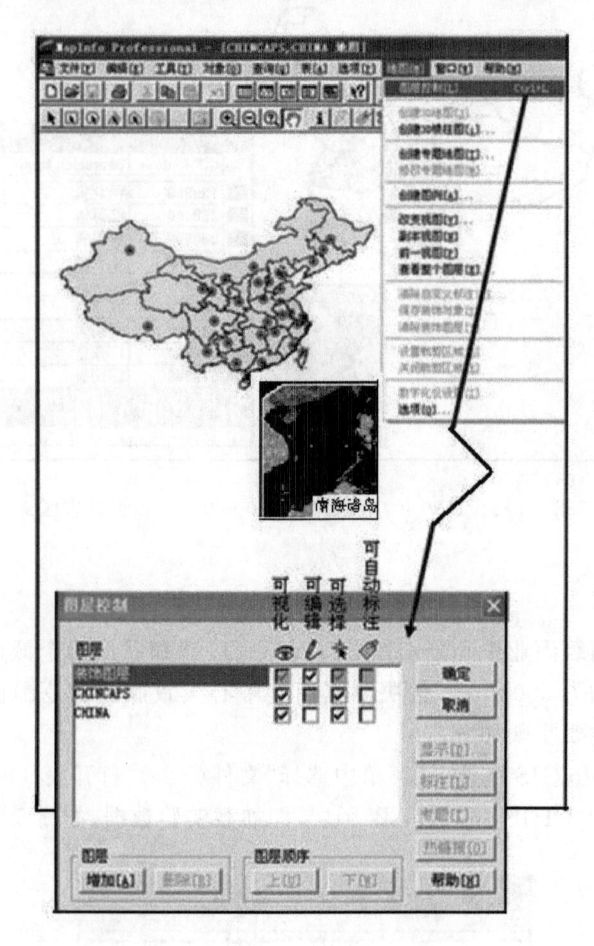

图5.14 “图层控制”对话框

本实验提示3:MapInfo中有两种特殊图层。一是装饰图层(Cosmetic Layer),它位于地图窗口最上层的一个特殊涂层,存在于MapInfo的每个地图窗口上,可以被想象为是一个位于其他地图图层之上的空白透明体,它的作用是存储地图的标题和在工作会话期间创建的其他地图对象,它具有不能被删除也不能被重新排序的特点。二是无缝图层(Seamless Layer),如同一张表一样处理的一组基表(指MapInfo表)构成的图层,它允许用户一次为一组表改变属性、实施或改变标注或使用图层控制对话框,也可以使用信息工具和选择工具检索或浏览该图层中的任何一个基表。

(3) 激活“CHINCAP.TAB”图层,选用主工具栏中的“选择工具”,左手按住Shift键,右手单击选中“北京、上海、武汉和广州”四个城市,如图5.15所示。

(4) 选择“对象(Objects)|缓冲区(Buffer)”命令,弹出“缓冲区对象”对话框,如图5.16所示,其中在缓冲区的半径“值”文本框中输入500,“单位”下拉列表框中选择“公里”选项,单击“确定”按钮,可实现以四个城市为中心,创建半径为500公里的缓冲区,如图5.17所示。在菜单栏中选择“地图(Map)|保存图层对象(Save Layer Object)”命令,步骤(1);弹出

“保存装饰对象”对话框，单击“保存”按钮，步骤(2)；将缓冲区结果保存到新图层，命名为“buffer1.TAB”，步骤(3)。如图 5.18 所示。

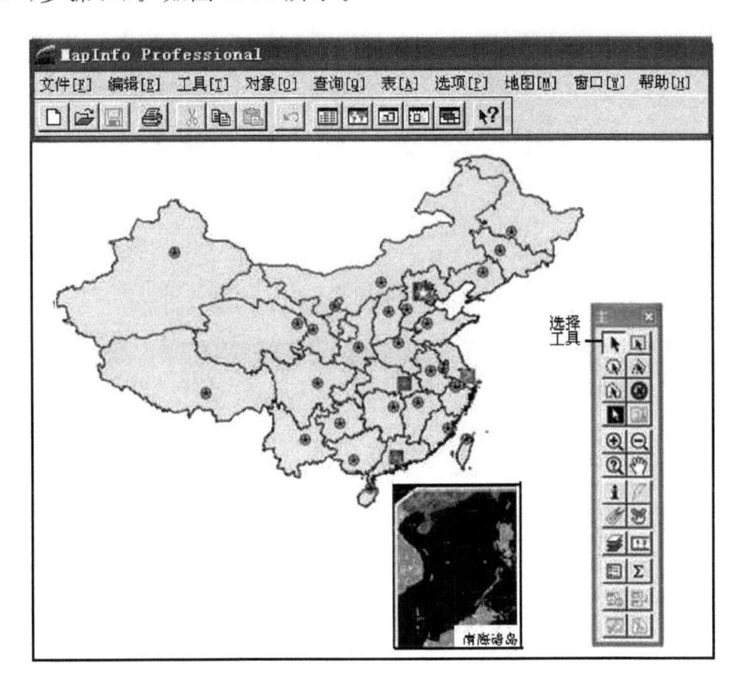

图 5.15　选择工具选取四个城市

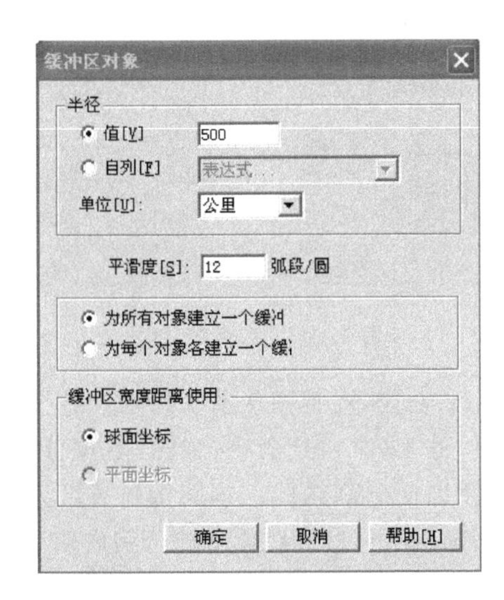

图 5.16　“缓冲区对象”对话框

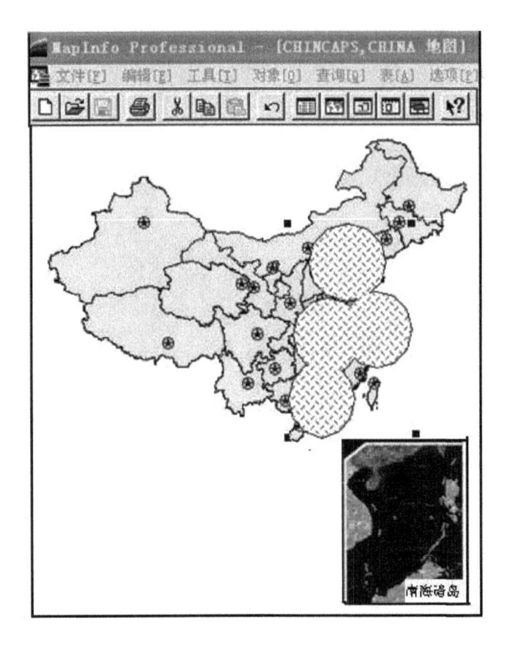

图 5.17　以 4 个城市为中心，创建半径为 500 公里的缓冲区

(5) 在“图层控制”对话框中，选择“CHINA 图层”为可编辑状态，单击“确定”按钮，如图 5.19 所示。

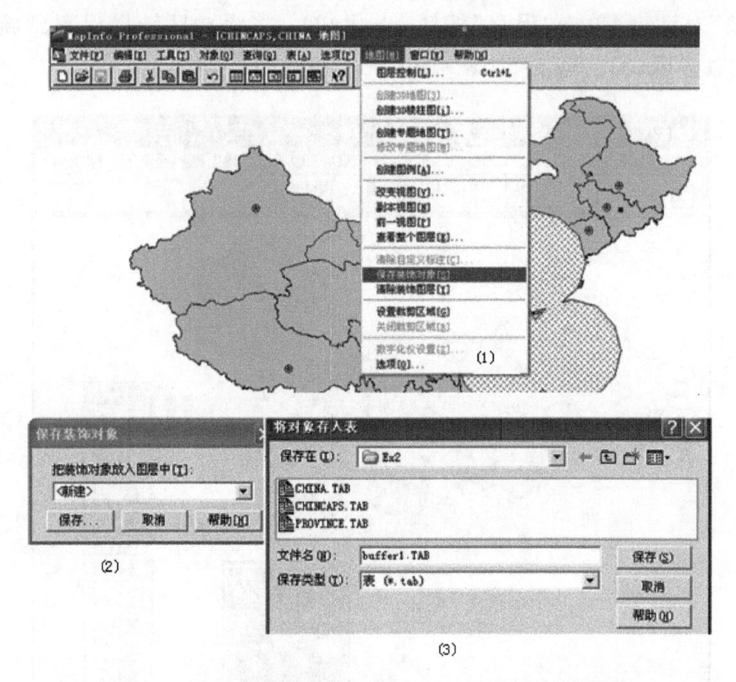

图 5.18 保存装饰对象和缓冲区结果保存步骤图示

(6) 选择“查询(Query)|选择(Select)”命令,弹出“选择”对话框,其中从“CHINA”表中选择记录,不浏览结果,如图 5.20 所示。单击“确认”按钮后,可出现如图 5.21 所示的视图。

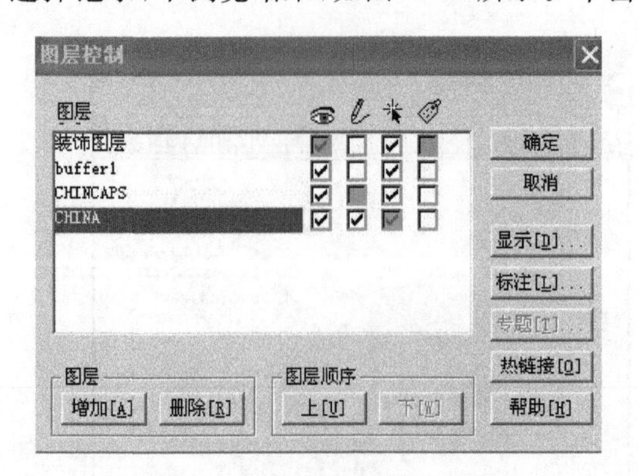

图 5.19 选定可编辑图层

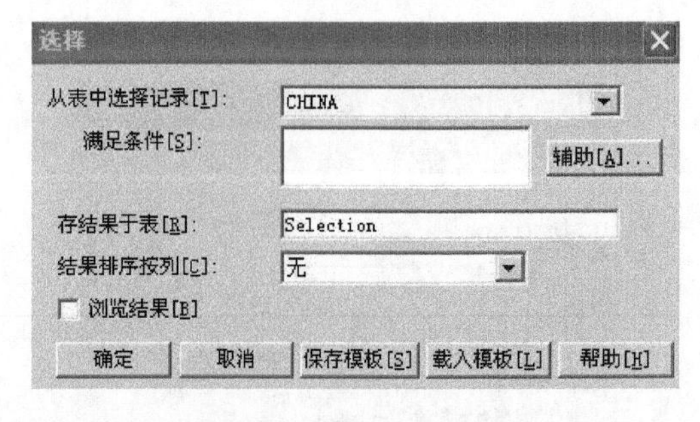

图 5.20 “选择”对话框

(7) 选择“对象(Objects)|设置目标(Set Target)”命令,在视图中单击缓冲区范围为目标对象,如图 5.22(左)所示;再选择“对象(Object)|分割(Split)”命令,弹出“数据分解”对话框,如图 5.22(右)所示,选择合适的数据分解函数以便分割数据。本例将各省区人口数据按面积比率分配给被缓冲区覆盖的区域,单击“确定”按钮,目标对象就被分割成较小的地图对象。

(8) 选择“查询(Query)|SQL 选择(SQL select)”命令,弹出“SQL 选择”对话框,在“从表[T]”下拉列表框中选择“CHINA,buffer1”选项,在“条件[W]”文本框中输入“CHINA.Obj within buffer1.Obj”,选中“浏览结果”复选框,单击“确定”按钮退出,即可查看这些商业服务中心服务的总人口数及其大致分布。如图 5.23 和图 5.24 所示。

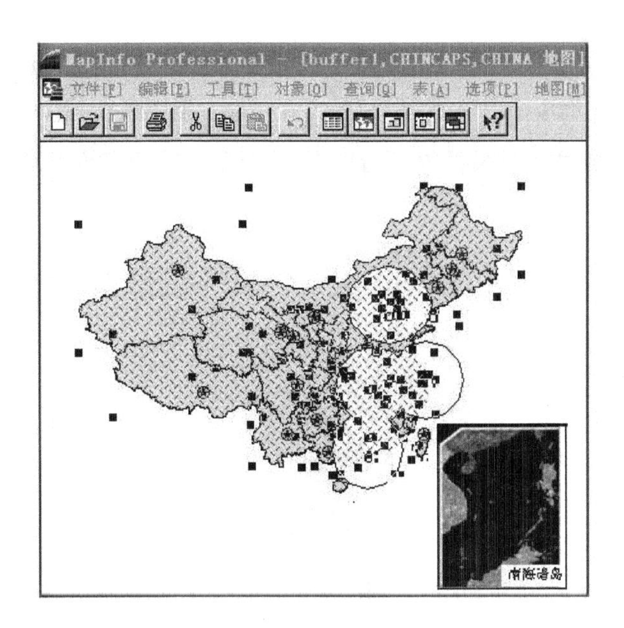

图 5.21　用缓冲区分割 CHINA 图层(1)

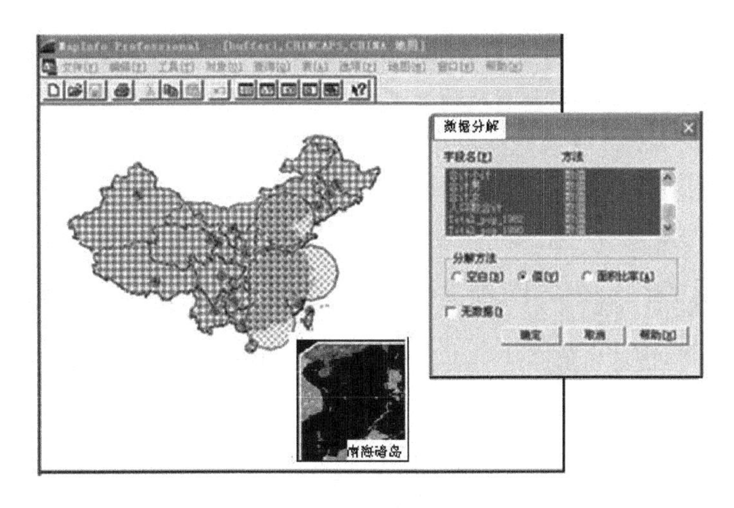

图 5.22　用缓冲区分割 CHINA 图层(2)

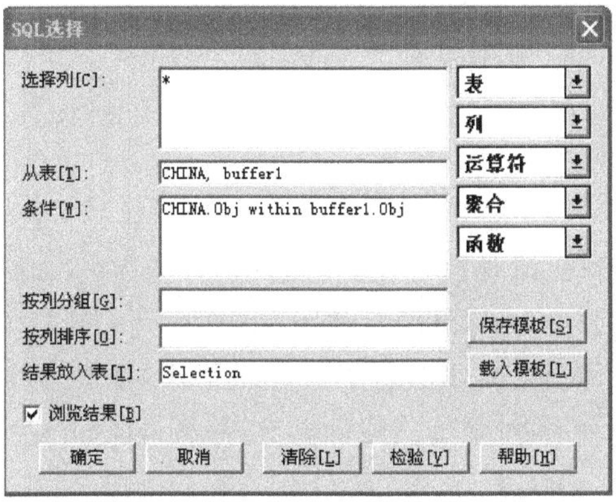

SQL选择

选择列[C]: *

从表[T]: CHINA, buffer1

条件[W]: CHINA.Obj within buffer1.Obj

按列分组[G]:

按列排序[O]:

结果放入表[I]: Selection

☑ 浏览结果[B]

表　列　运算符　聚合　函数

保存模板[S]　载入模板[L]

确定　取消　清除[L]　检验[V]　帮助[H]

图 5.23　用缓冲区分割 CHINA 图层(3)

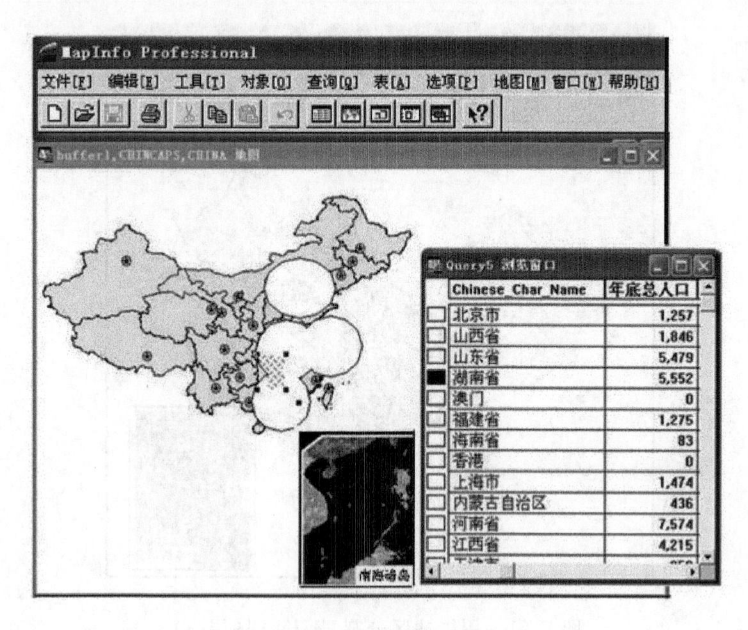

图 5.24 用缓冲区分割 CHINA 图层(4)

本实验提示 4：GIS 区别于其他图形软件系统的一个主要特征是它的地理查询和分析功能。在 MapInfo 中可以通过编辑地图对象及其数据、创建缓冲区以及隔离所需区域并将对象合并成新的区域等操作。本例只提及："对象(Object)|设置目标(Set Target)|Split(分割)"命令应用，至于设置目标其他模式 Erase(擦除)、Erase outside(擦除外部)等请读者自己实验。

(三) 利用 ArcView 作最短距离(查找最近设施)分析

实验内容：查找最近的消防站和从莫斯科市任何地点到消防站的最短途径。旅行时间的估算考虑链路阻抗、转弯阻抗和单行道。

实验目的：通过该实验，掌握网络分析模块的应用，并为现实生活提供决策的支持。

所需数据：GIS_data\Data5\Ex3 目录下的线图层 Mosst 和点状专题图 Firestat. shp。Mosst 是爱达荷州莫斯科市的街道图层，该图层最初源于 TIGER/Line 文件，已经过编辑和更新。Firestat. shp 显示莫斯科市的两个消防站。

实验过程：利用 ArcView 作最短距离分析的步骤如下。

(1) 打开 ArcView GIS 软件，选择"File(文件)|Extensions(扩展)"命令，弹出"Extensions(扩展模块)"对话框，在"Available Extensions(可选的扩展模块)"列表框中选中"Network Analyst(网络分析)"模块，如图 5.25 所示，单击"OK(确认)"按钮退出。

(2) 在工具栏中单击"(+)(加载数据)"按钮，打开所需的网络数据，并设置地图单位为"meters(米)"，距离单位为"miles(英里)"，如图 5.26 所示。单击"OK(确认)"按钮退出。

本实验提示 5：注意 Mosst 文件包含不止一个图层，添加 Mosst 的步骤与前面介绍的有所不同。在"Add Theme(添加专题)"对话框中，单击 Mosst 旁的图标。在该文件夹中有 3 个单独图层：Route. bus、Arc 和 Node，分别表示公共汽车路径、莫斯科市的街道，街道拐点。请实验者把 Arc 加到视图，显示效果如图 5.27 所示。

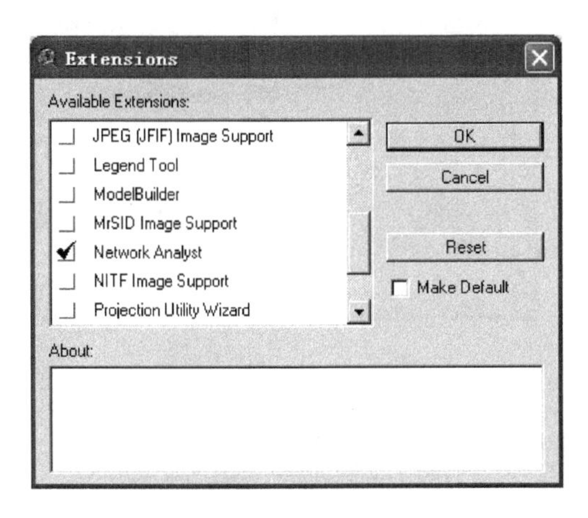

图 5.25 加载网络分析模块

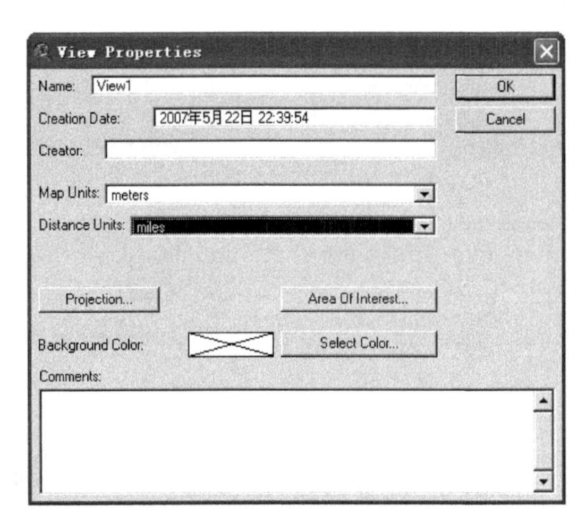

图 5.26 设置地图单位和距离单位

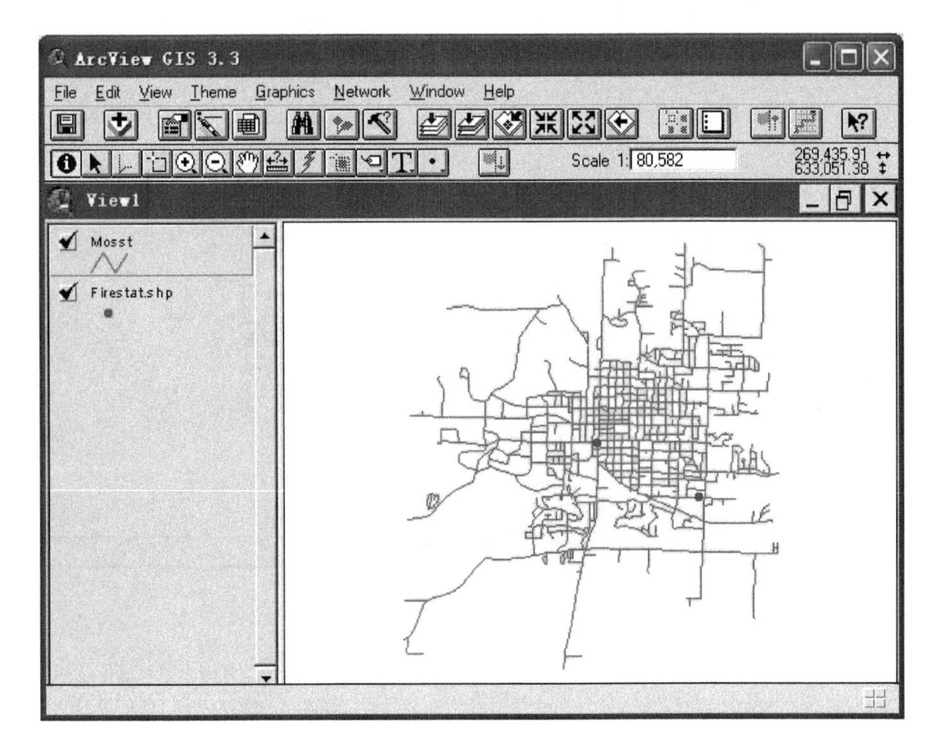

图 5.27 加载网络数据

(3) 激活街道文件,选择"Network(网络)|Find Closest Facility(找最近路径)"命令,弹出"Fac1(问题定义)"对话框,如图 5.28 所示,其中对"Facilities(路径)"选"Firestat. shp",对"Number of facilities to find(找路径数)"选"1",选中"Travel to event(旅游到事件)"单选按钮,单击 Properties(属性)按钮,进入对线专题设置的"Properties(属性)"文本框,如图 5.29 所示,在"Cost field(成本字段)"下拉列表框中选择"Minutes(分钟)",在"Working units(工作单位)"下拉列表框中选择"minutes(分钟)",在"Round values at(精度设置小数点位置)"为 d. dd(小数点后两位),单击"OK(确认)"按钮,显示如图 5.30 所示。

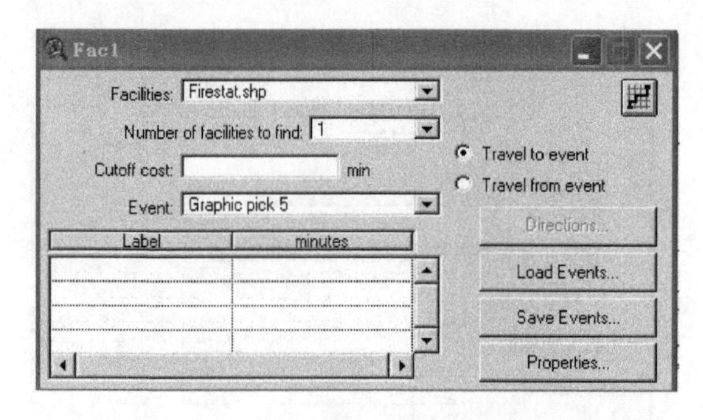

图 5.28　问题定义对话框图

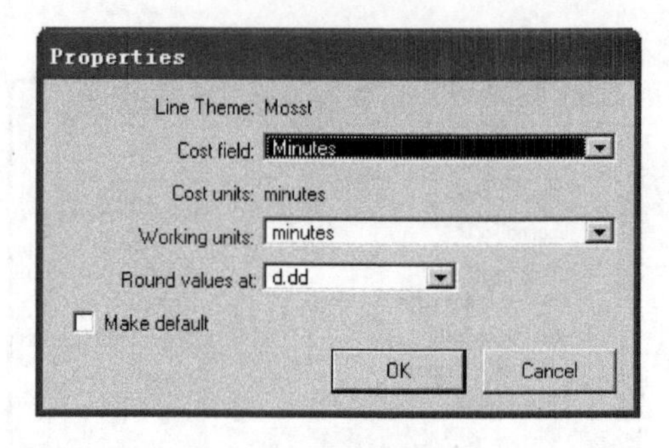

图 5.29　设置成本字段

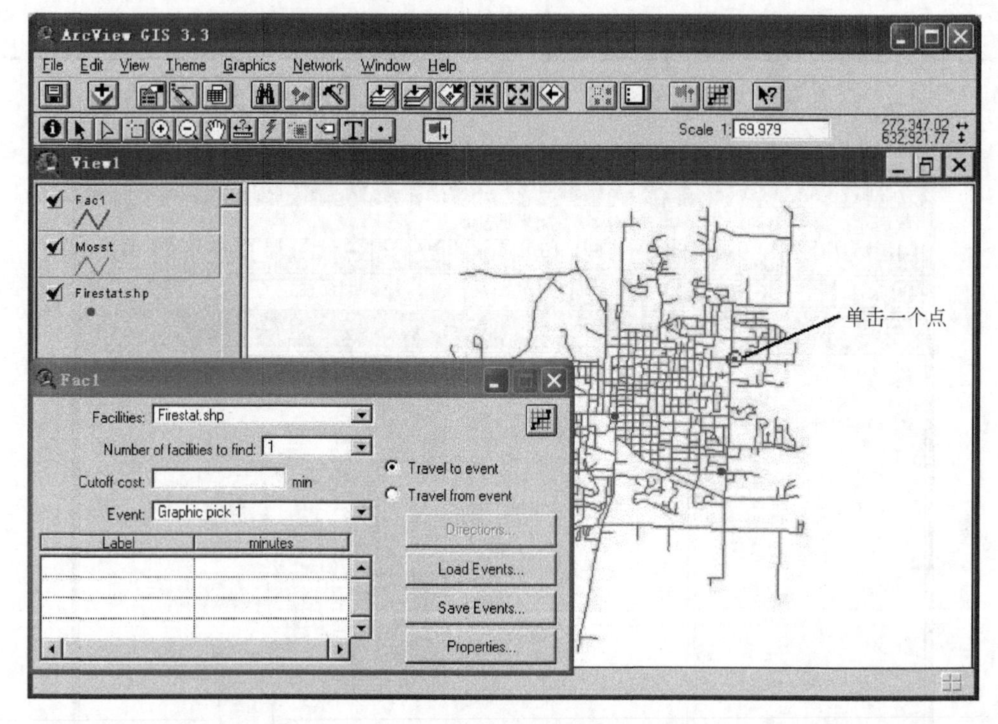

图 5.30　在网络上单击确定某个地点

(4) 利用工具栏中的“Add Location(添加位置)”的工具单击一个点,选择“Network(网络)|Solve Problem(解决问题)”命令,或单击图 5.28 中的右上角的“小图标”,就可查找到最近的设施和最短路径,如图 5.31 所示。

(5) 激活 Fac1,打开工具栏上的“Table(属性表)”,在设施属性表中读取 Cost(总成本),如图 5.32 所示。

本实验提示 6:掌握几个重要的概念,如站点、事件、消费成本等,网络分析模块的应用及地图单位和距离单位、成本字段的设置,Add Location 按钮的使用等。网络计算问题是属于优化布局的问题,即看某种规划方案是否合理。比如,从某一地点出发运输某种货物到达另一地点,在运输路径、运输工具、时间和经费等方面的选择上进行综合的网络计算,从而得出投入回报比最优的方案。

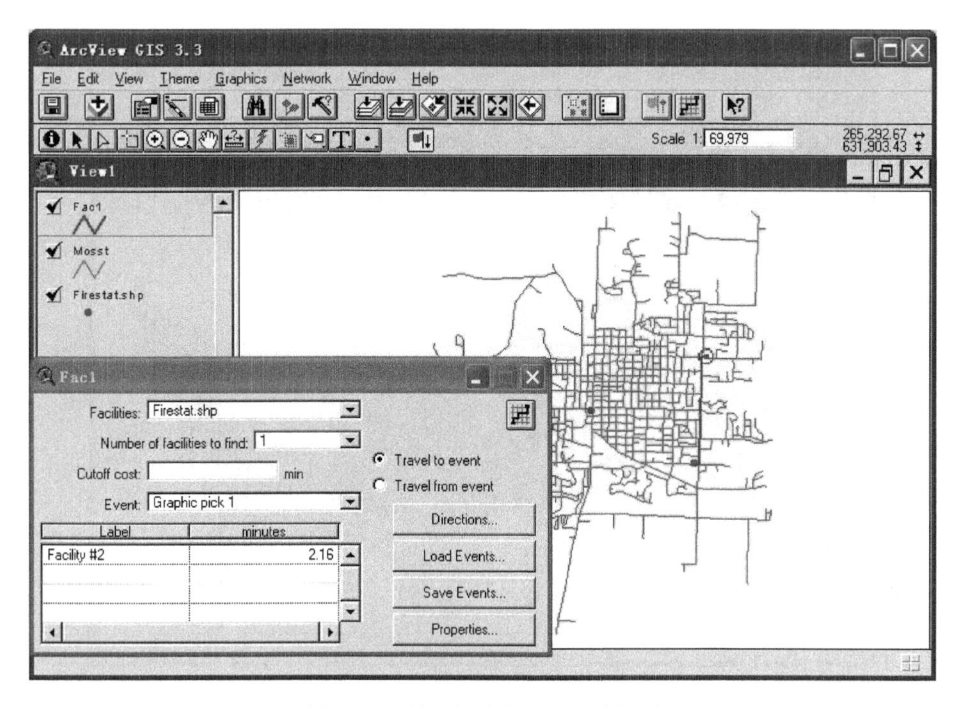

图 5.31　最近的设施和最短路径图

Attributes of Fac1

Shape	Evt_id	Fac_id	Evt_label	Fac_label	Cost
PolyLine	1	2	Graphic pick 1	Facility #2	2.159

图 5.32　设施属性表

（四）利用 ArcView 作最佳路径分析

实验内容：查找两个城市之间的最佳(最短)路径，以英里或分钟表示。计算旅行时间的时速限制为 65miles/h。旅行时间只考虑链路阻抗。

实验目的：通过本实验，掌握网络分析模块的应用及最佳路径的计算，为具体应用提供决策的支持。

所需数据：GIS_data\Data5\Ex3 目录下的点状专题图 Uscities. shp；线状专题 Interstates. shp 和多边形专题图 Lower48. shp。其中图层 Lower48. shp 表示美国本土，Uscities. shp 含有城市，Interstates. shp 包括州际公路。

实验过程：利用 ArcView 作最佳路径分析的步骤如下。

(1) 打开 ArcView GIS 软件，选择"File(文件) | Extensions(扩展)"命令，弹出"Extensions(扩展模块)"对话框，在"Available Extensions(可选的扩展模块)"列表框中选中"Network Analyst(网络分析)"模块，单击"OK(确认)"按钮退出。加载点、线和面所需数据，如图 5.33 所示。

(2) 激活城市点状专题图，选择"View(视图) | Properties(属性)"命令，弹出"View Properties(视图属性)"对话框，并设置地图单位为"meters(米)"，距离单位为"miles(英里)"，单击"OK(确认)"按钮。

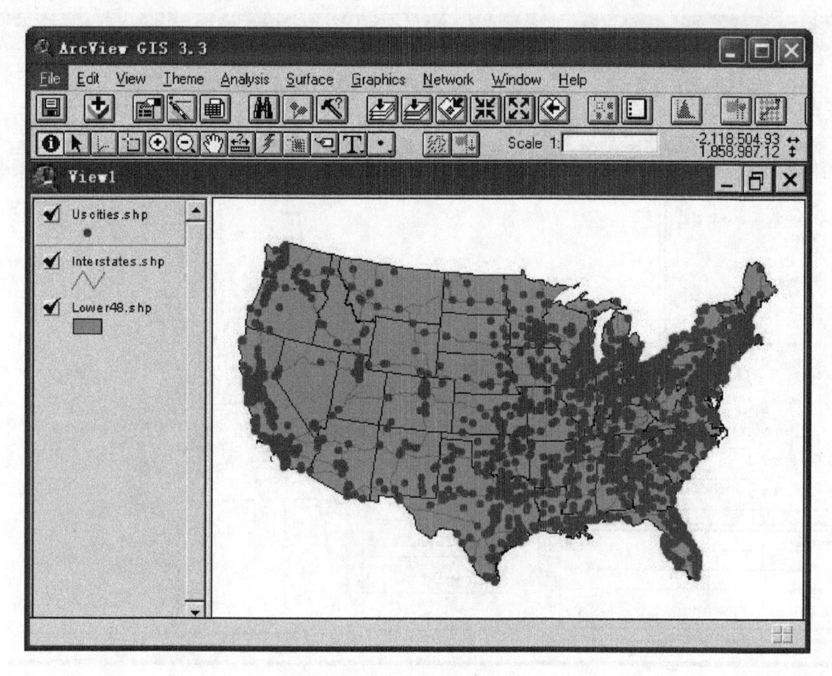

图 5.33 加载数据

(3) 打开工具栏中“Query Builder(查询器)”,查询字段为“City_name(城市名字)”,具体城市为“Helena 和 Raleigh”或者选择多个,如图 5.34 所示。单击“New Set(新集)”按钮并退出。

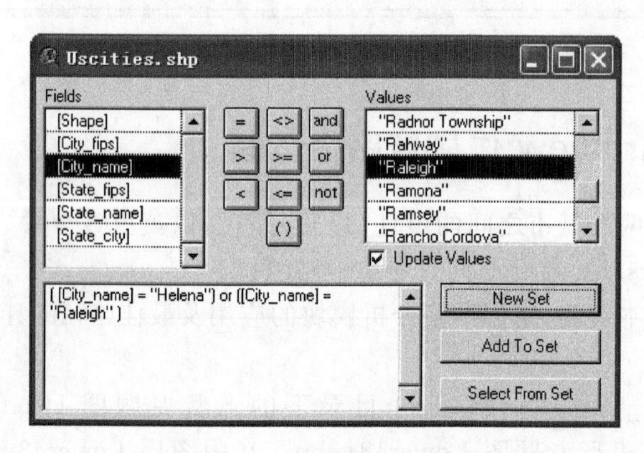

图 5.34 选择两个城市图示

(4) 激活公路专题图层,选择“Network(网络)|Find Best Route(找最佳路径)”命令,弹出“Route3(路径)”对话框,如图 5.35 所示,并设置成本字段;单击“Properties(属性)”按钮,出现属性对话框,如图 5.36 所示,在“Cost field(成本字段)”下拉列表框中选择“Line Length(长度)”或“Minutes(分钟)”,设置“Round values at(精度设置小数点位置)”为 d. dd(小数点后两位),如图 5.36 所示,单击“OK(确认)”按钮完成。

(5) 在图 5.35 中单击“Load Stops(加载站点)”按钮,弹出“Load Stops(加载站点)”对话框,其中选择文件“Uscities. shp”,单击“OK(确认)”按钮,在图 5.35 中,出现指向前两个城市站点,如图 5.37 和图 5.38 所示。

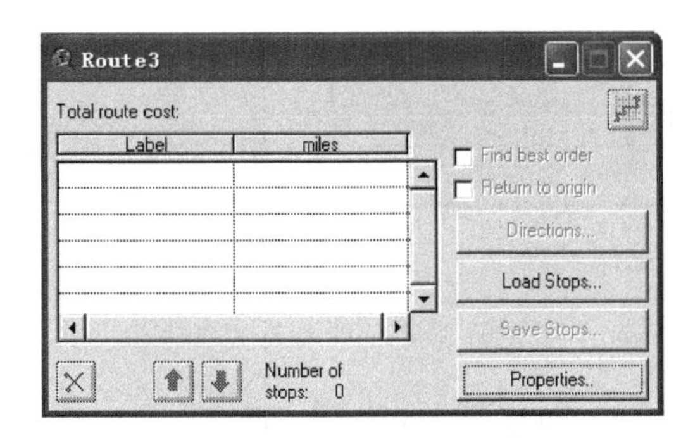

图 5.35 问题定义对话框

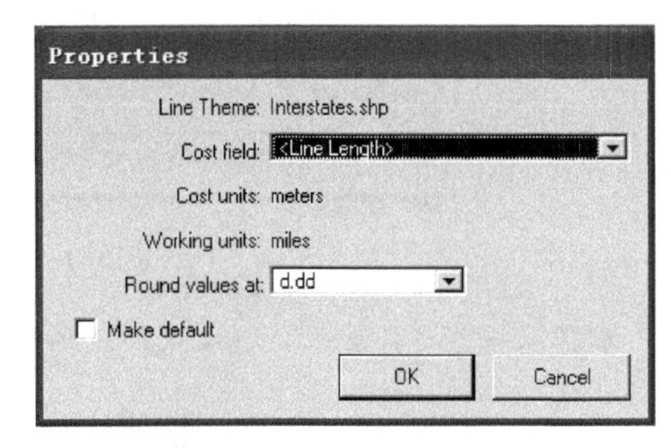

图 5.36 设置成本字段

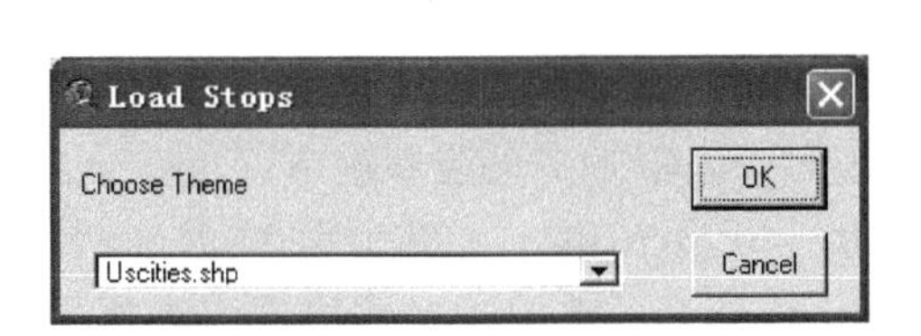

图 5.37 选择站点专题

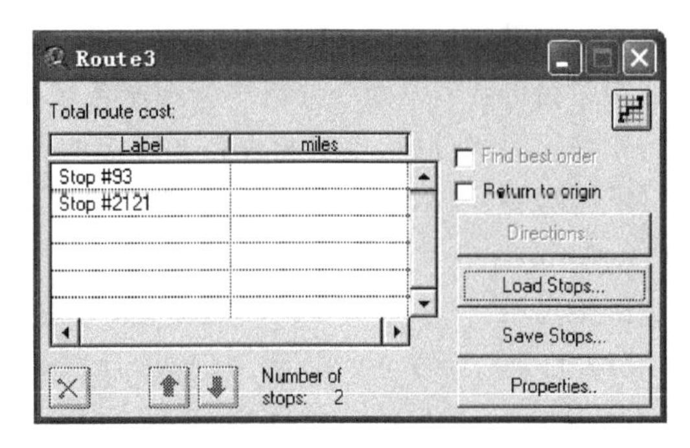

图 5.38 选择两个城市作为站点

(6) 选择"Network(网络)|Solve Problem(解决问题)"命令,或单击图 5.38 中的右上角的小图标,就可查找到最近的设施和最短路径,实验者需打开路径属性表,读取成本,如图 5.39 和图 5.40 所示。

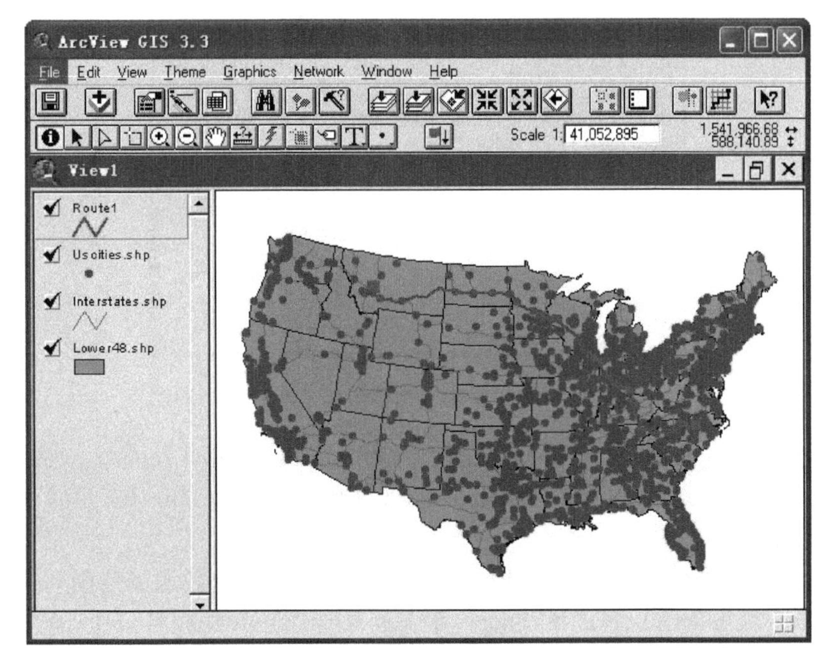

图 5.39 两个城市间的最佳路径

Attributes of Route3

Shape	Path_id	F_label	T_label	F_cost	T_cost
PolyLine	1	Stop # 93	Stop # 2121	0.000	3843020.75

图 5.40 路径属性表截图

本实验提示 7：注意主要站点加载的方法及成本字段的设置和成本的读取方法等。

(五) 利用 ArcView 提供救灾应急(查找服务范围)服务

实验内容：练习网络分析模块的应用，查找消防站的服务范围，估算莫斯科两个消防站的效率并对其进行分析。

实验目的：掌握网络分析中查找服务范围的操作及应用，为现实生活提供了决策支持。如同作最短距离分析，该实验也强调定位问题。

所需数据：GIS_data\Data5\Ex3 目录下的数据线图层 Moscowst 和点状专题图 Firestat.shp。

实验过程：利用 ArcView 提供救灾应急(查找服务范围)服务的步骤如下。

(1) 打开“ArcView GIS”文件，选择“File(文件)|Extensions(扩展模块)”命令，弹出“Extensions(扩展模块)”对话框，在“Available Extensions(可选的扩展模块)”列表框中选中“Spatial Analyst(空间分析)”复选框，单击“OK(确认)”按钮退出。

(2) 在工具栏中单击“加载数据”按钮，打开所需数据“Moscowst”和“Firestat.shp”，如图 5.41 所示。

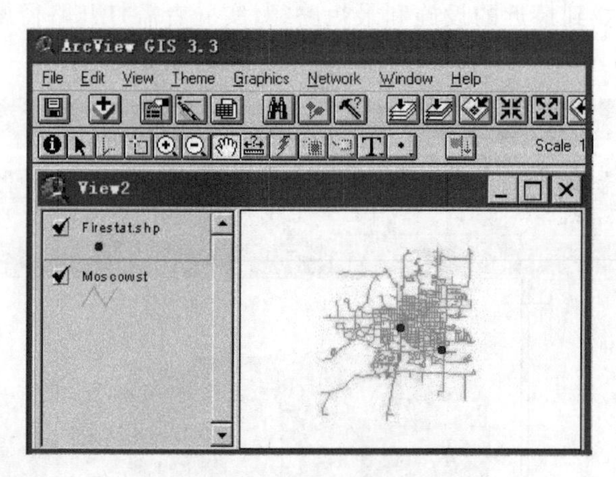

图 5.41 加载数据

(3) 选择“View(视图)|Properties(属性)”命令，弹出“View Properties(视图属性)”对话框，如图 5.42 所示，设置地图单位为 meters(米)，距离单位为 miles(英里)，如图 5.42 所示，单击“OK(确认)”按钮退出。

(4) 激活街道图层，选择“Network(网络)|Find serve area(找服务范围)”命令，建立新的图层“Sarea1(服务范围专题)”和“Snet1(服务网络专题)”并加到目录中。打开问题定义对话框，如图 5.43 所示。

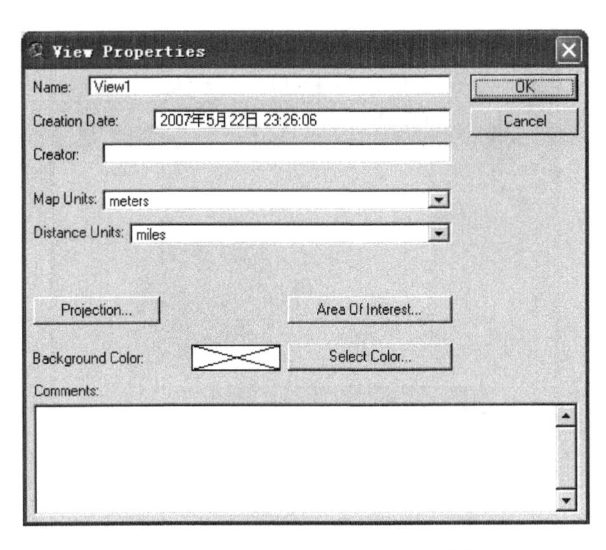

图 5.42 设置地图单位和距离单位

(5) 在图 5.43 中单击“Load Sites(加载站点)”按钮，弹出“Load Sites(加载站点)”对话框，在“选择专题”下拉列表框中选中点图层“Firestat.shp”，如图 5.44 所示。单击“OK(确认)”按钮，则进入图 5.45 所示的 Moscowst(莫斯科街道)线专题“Properties(属性)”设置对话框，在图 5.45 中，对“Cost field(成本字段)”选为“Minutes(分钟)”；其他默认，如图 5.46 所示，单击“OK(确认)”按钮完成。

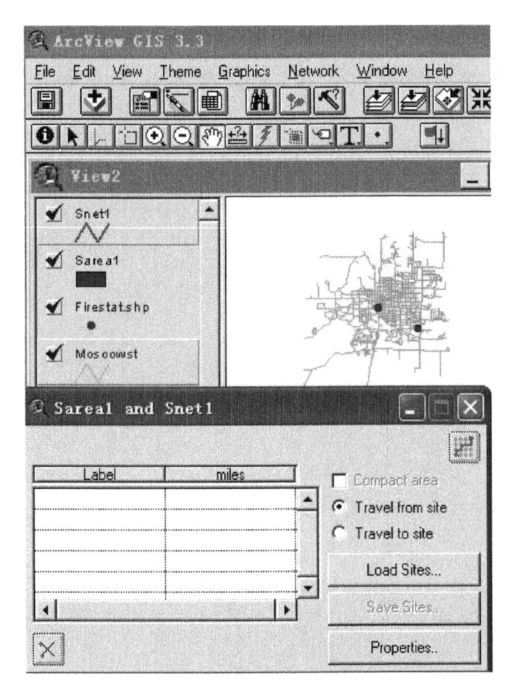

图 5.43 建立图层和打开问题定义对话框

图 5.44 选择站点专题

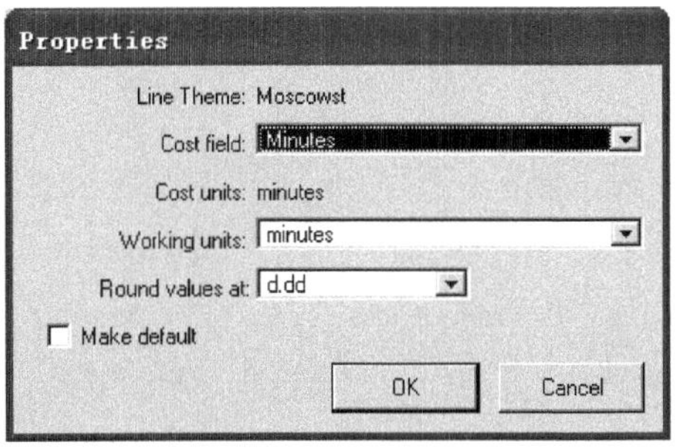

图 5.45 选择成本字段

(6) 在图 5.46 中的设置响应时间框图里，双击字段“Minutes(分钟)”下的第一个单元，输入时间，如 3.00，第二个单元可以依此操作。定义了从消防站出发 3 分钟之内响应时间

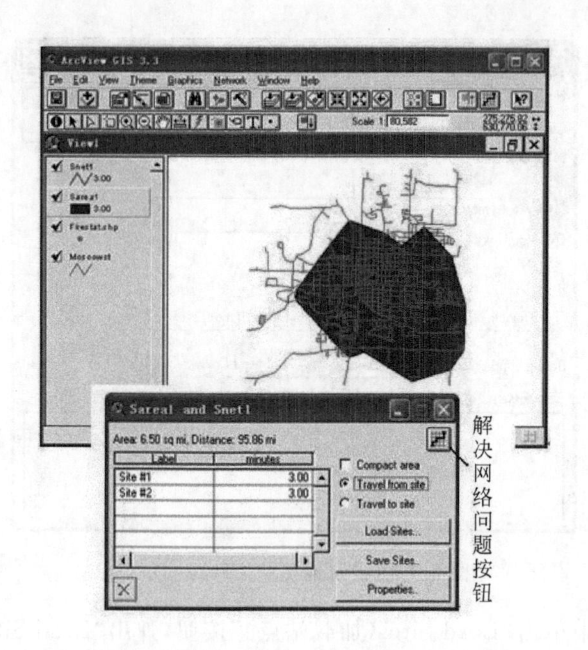

图 5.46　设置响应时间和服务范围的网络分析图

的地区为服务范围。单击“Solve Network Problem(解决网络问题)”按钮，就可实现所要解决的问题哦。在图 5.46 视图上所显示的就是从两个消防站 3 分钟之内响应时间的地区；图 5.46 上的问题定义对话框所显示的“Area：6.50 sq. mi.；Distance：95.86 mi”表示覆盖的总面积 6.50 平方英里和网络的总距离 95.86 英里。

本实验提示 8：要注意相应时间的定义，了解效率的评价方法，站点的加载及成本字段的选择等。

实验六

叠 加 分 析

一、实验内容

(1) 图层叠加操作实验。要求在统一的坐标系下将同一区域的两个图层进行叠加,产生新的空间图形和属性,以提取具有多重指定属性特征的区域,或者根据区域的多重属性进行分级、分类。

(2) 典型 GIS 叠加分析应用——土地适宜性分析。

二、实验目的

通过实验,掌握 GIS 图层及图层叠加后所产生的地理意义及应用。

三、实验指导

(一) 图层叠加分析

实验内容:为计算洪水淹没区域,假设该问题只与地形高程和土地利用有关,再假定地形高程值大于 500 米的范围不受洪水淹没的影响,并由高程多边形的最大高程属性决定;土地利用为住宅用地的考虑对象,由地块多边形的土地利用属性(Landuse=R * 的住宅用地)决定。

实验目的:通过实验,掌握图层的叠加并对叠加后的图层进行分析,能在实际中解决问题。

所需数据:GIS_data\Data6\Ex1 目录下的高程(Contour. shp,其中属性表中的字段 Height 表示该多边形的最大高程)、地块(Parcel. shp,属性表中的字段 Landuse,Value,Class 分别表示土地利用、估计财产、地基类型等属性)两个多边形专题。

实验过程:图层叠加分析的步骤如下。

(1) 打开 ArcView GIS 软件,选择"File(文件)|Extensions(扩展)"命令,弹出"Extensions(扩展模块)"对话框,在"Available Extensions(可选的扩展模块)"列表框中选

中“Geoprocessing(地学处理)”模块,如图 6.1 所示,单击“OK(确认)”按钮退出。

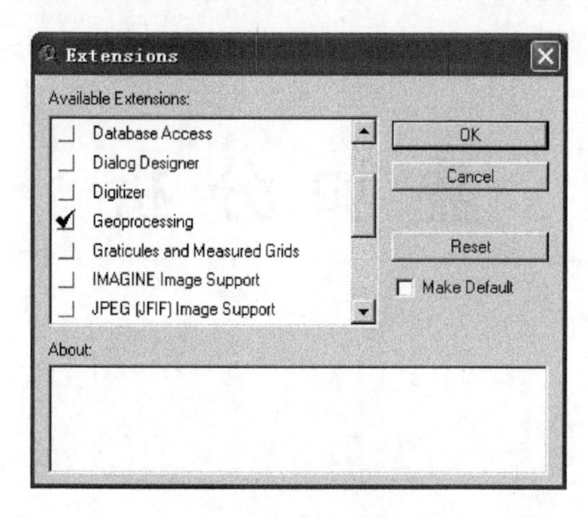

图 6.1　加载地学处理模块

(2) 在工具栏中单击“加载数据”按钮,打开所需的多边形数据“Contour. shp 和 Parcel. shp”。

本实验提示 1:为了更好地了解两图层叠加后的属性,对“Contour. shp 和 Parcel. shp”可通过图例编辑器改变图层的视图表达,步骤 1:加载多边形数据“Contour. shp 和 Parcel. shp”;步骤 2:利用图例修改器,把多边形面对象改为界线表达的线对象;步骤 3:重新加载改变后的数据。如图 6.2 所示。

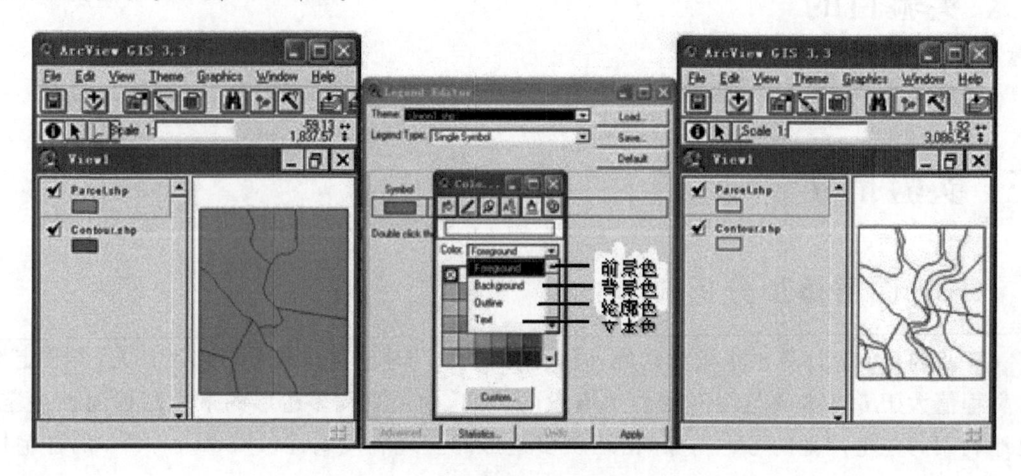

图 6.2　加载数据的步骤图示

(3) 选择“View(视图)|Geoprocessing (地学处理)”命令,弹出“GeoProcessing(地学处理)”对话框,如图 6.3 所示,在该对话框中选中“Union two themes(两个专题联合叠加)”单选按钮,然后单击“Next(下一个)”按钮,进入如图 6.4 所示的界面。

(4) 在图 6.4 中,首先,设置“Select input theme to union(选择输入专题联合叠加)”图层为“Contour. shp(高程)”;其次,设置“Select polygon overlay theme to union(选择叠合的专题)”为“Parcel. shp (地块)”;再次,将“Specify the output file(指定输出文件)”命名为“union1. shp”,并选择存放路径,单击“Finish(完成)”按钮。叠合效果显示如图 6.5 所示。

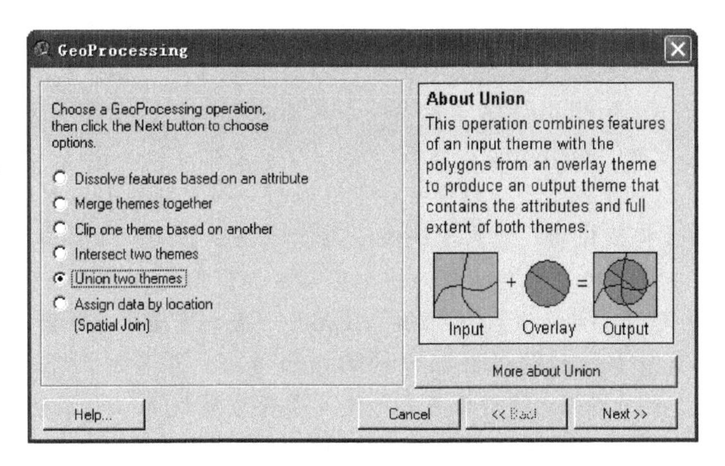

图 6.3　GeoProcessing(地学处理)对话框

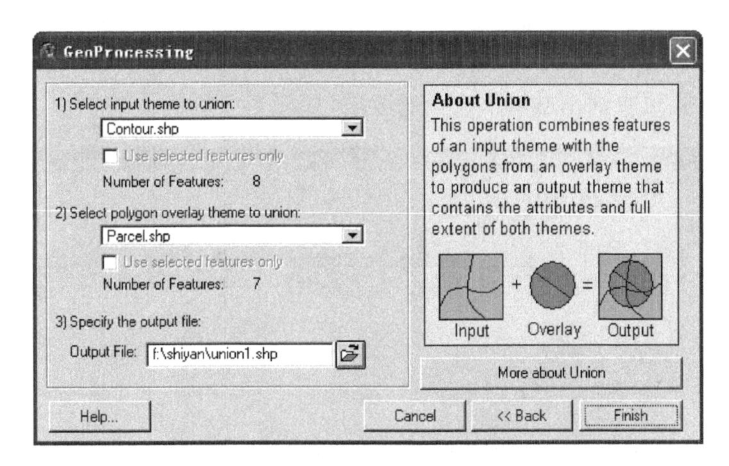

图 6.4　选择输入、联合叠加及输出图层

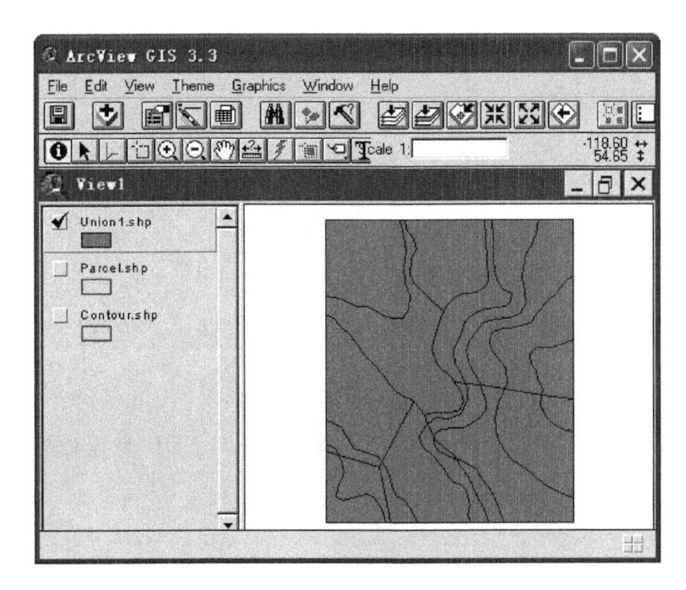

图 6.5　叠合结果图

本实验提示2：不同GIS软件叠加分析的具体操作有差别，值得注意。ArcView在“地学处理”扩展模块支持下，能够执行6种空间过程。①基于一个属性来融合要素(Dissolve Features Based on An attribute)，或者给予一个属性的特征融合，常用于边界融合叠加分析等；②按位置分配数据(distributed data by location)；③把专题合并到一起(Merge Theme Together)，也就是把两个或更多专题中的要素附加到一个单独的专题中，如果它们具有相同的名称，那么属性将被保留；④基于一个专题剪切另一专题(Clip one Themebased on Another)，在输入专题上用一把类似刀的一个剪切主题。输入专题的属性是不可改变的；⑤交集(叉)两个专题(Intersect two Theme)，使用一个叠加专题中的要素来剪切输出专题，从而生成具有这两个专题的属性数据要素的输出专题；⑥合并两个专题(Union two Themes)，使用一个叠加专题的多边形来合并输入专题的要素，从而生成包含这两个专题的属性与全部范围的输出专题。实验者可根据应用目的来选择方法。

(5) 激活union1.shp图层。打开工具栏中的“Table(属性表)”并使用“Quire Builder(查询器)”，对弹出的“字段查询”对话框进行操作，如图6.6所示。其中查询语句为：([Landuse] = "R1") or ([Landuse] = "R2") and ([Hight]< = 500)，单击Add To Set(加入新集)按钮，就可查询出被洪水淹没的区域，如图6.7所示。

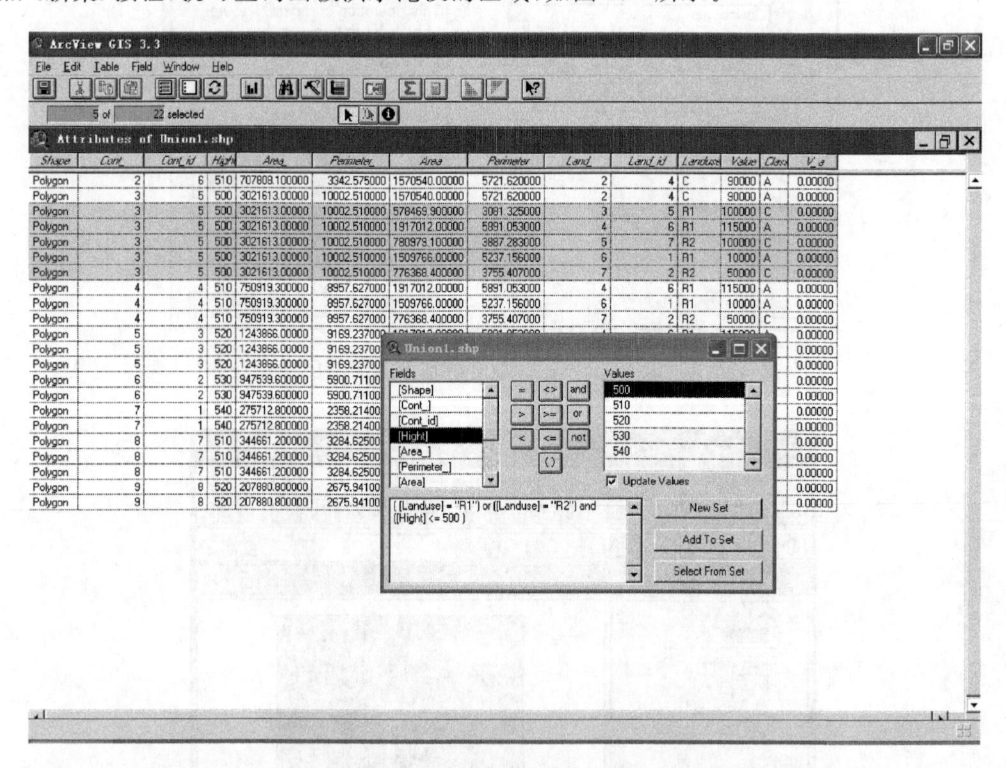

图6.6 打开属性表进行查询

本实验提示3：ArcView GIS软件的“查询器”可使用SQL查询语句。

(二) 属性计算与分析

实验内容：利用现有的属性数据建立和计算新字段的内容。Wp.shp属性表中字段

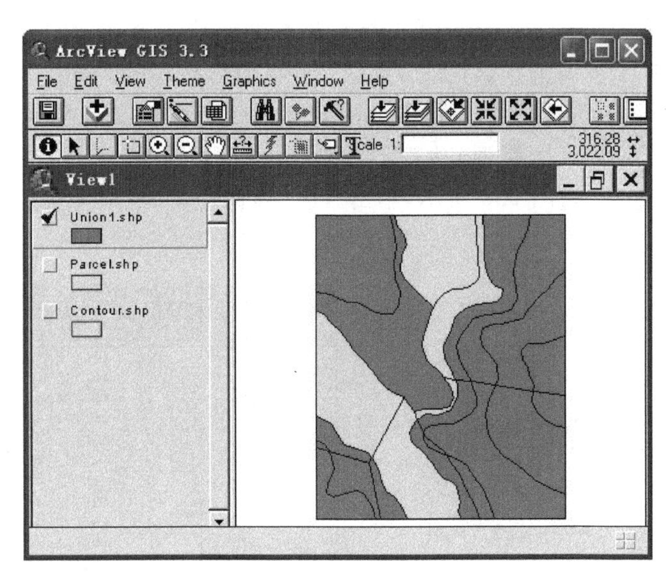

图 6.7　查询结果

Area(面积)是用平方米度量的,实验者要把面积度量单位转化成英亩；主要是属性的计算和分析及属性表格的关联和链接等内容。

实验目的：掌握属性数据的操作,学会简单的数据处理方法以便解决实际问题。

所需数据：GIS_data\Data6\Ex2 目录下的一个森林立地专题(Wp. shp)、Wpdata. dbf 和 Wpact. dbf 两个可被关联到 Wp. shp 的属性数据文件,Wpdata. dbf 包括了植被与土地类型数据,Wpact. dbf 包括了活动记录。

实验过程：属性计算与分析实验步骤及结果分析如下。

(1) 打开 ArcView GIS 软件,在工具栏中单击“加载数据”按钮,打开所需数据 Wp. shp,再打开工具栏中的属性表,如图 6.8 所示。

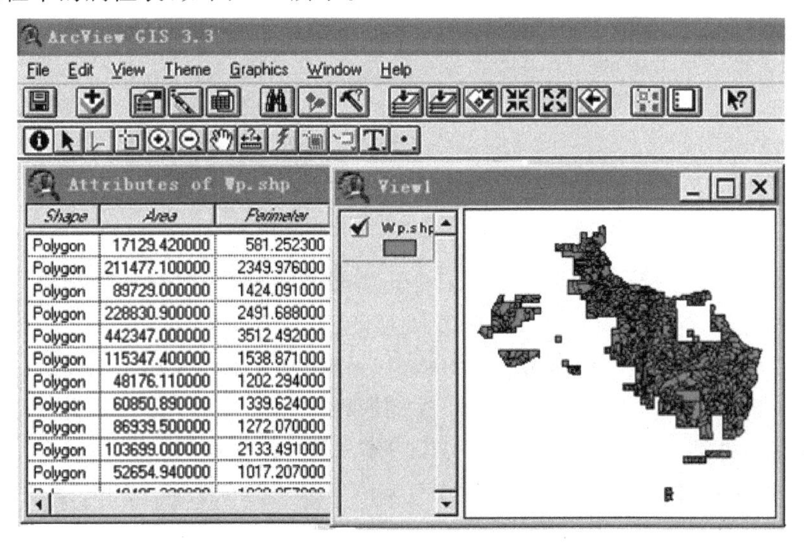

Shape	Area	Perimeter
Polygon	17129.420000	581.252300
Polygon	211477.100000	2349.976000
Polygon	89729.000000	1424.091000
Polygon	228830.900000	2491.688000
Polygon	442347.000000	3512.492000
Polygon	115347.400000	1538.871000
Polygon	48176.110000	1202.294000
Polygon	60850.890000	1339.624000
Polygon	86939.500000	1272.070000
Polygon	103699.000000	2133.491000
Polygon	52654.940000	1017.207000

图 6.8　加载数据和打开工具栏中的属性表

(2) 选择“Table(表格)|Starting Editing(开始编辑)”命令,此时属性表中的字段名由斜体变成正体,即处于可编辑状态;然后选择“Edit(编辑)|Add Field(加字段)”命令,则弹出“Field Definition(字段定义)”对话框,如图6.9所示。在字段定义对话框中设置Name(字段名)为“acres1”,Type(类型)为“数值型(Number)”,Width(宽度)为“8”,小数位(Decimal Places)为“4”,如图6.9所示,单击“OK(确认)”按钮,弹出创建的字段名界面,如图6.10所示。

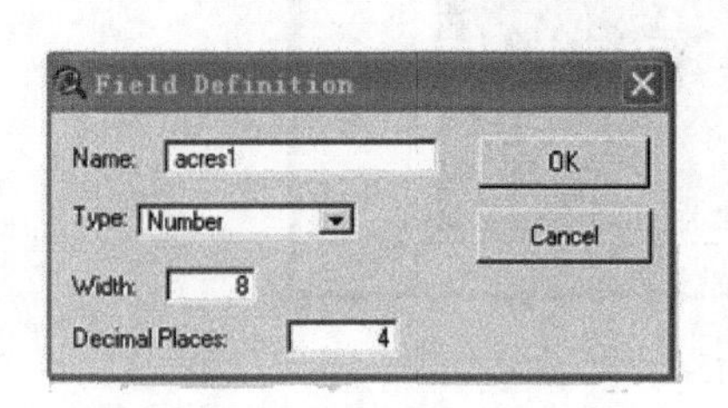

图6.9 字段定义界面

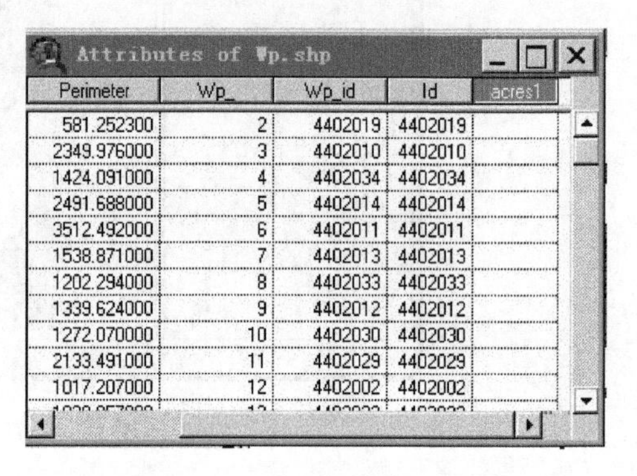

Perimeter	Wp_	Wp_id	Id	acres1
581.252300	2	4402019	4402019	
2349.976000	3	4402010	4402010	
1424.091000	4	4402034	4402034	
2491.688000	5	4402014	4402014	
3512.492000	6	4402011	4402011	
1538.871000	7	4402013	4402013	
1202.294000	8	4402033	4402033	
1339.624000	9	4402012	4402012	
1272.070000	10	4402030	4402030	
2133.491000	11	4402029	4402029	
1017.207000	12	4402002	4402002	

图6.10 添加字段界面

(3) 选择“Field(字段)|Calculate(计算)”命令,弹出“Field Calculator(字段计算)”的对话框,并输入表达式“[Area]/1000000 * 247.11”,如图6.11,单击“OK(确认)”按钮,完成表格字段的记录。

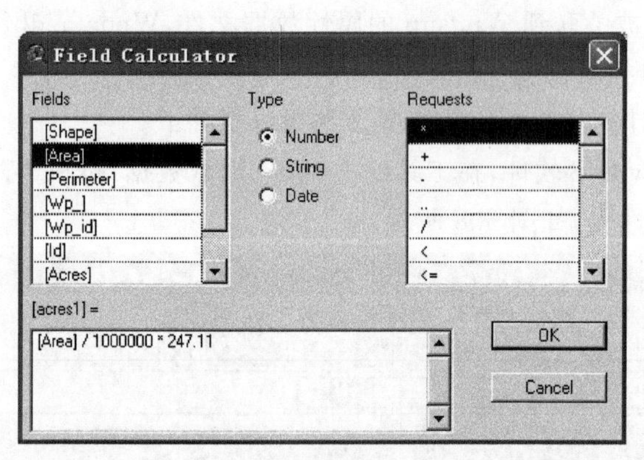

图6.11 字段计算界面图示

(4) 选择“Table(表格)|Stop Editing(停止编辑)”命令,并保存编辑结果,单击“OK(确认)”按钮完成任务,保存表格结果,如图6.12所示。

(5) 激活项目视窗,选择“表格(Table)|Add(添加)”命令,弹出“Add Table(添加表格)”对话框,如图6.13所示。加载两个相关的属性数据文件后,文件名为“wpdata.dbf”和“wpact.dbf”,文件类型为dBASE,单击“OK(确认)”按钮,在视图窗口排好3个属性表的位置,使之在屏幕上都能看得到,wpdata.dbf和wpact.dbf为源表,wp.dbf属性表为目标表,如图6.14所示。

(6) 分别选中源表wpdata.dbf中的Id字段和属性表Attributes of Wp.shp中的Id字

ArcView GIS 3.3

File　Edit　Table　Field　Window　Help

0 of 855 selected

Attributes of Wp.shp

Shape	Area	Perimeter	Wp_	Wp_id	Id	Acres	Elevzone	acres1
Polygon	17129.420000	581.252300	2	4402019	4402019	4.23	1	4.23
Polygon	211477.100000	2349.976000	3	4402010	4402010	52.26	1	52.26
Polygon	89729.000000	1424.091000	4	4402034	4402034	22.17	1	22.17
Polygon	228830.900000	2491.688000	5	4402014	4402014	56.55	1	56.55
Polygon	442347.000000	3512.492000	6	4402011	4402011	109.31	1	109.31
Polygon	115347.400000	1538.871000	7	4402013	4402013	28.50	1	28.50
Polygon	48176.110000	1202.294000	8	4402033	4402033	11.90	2	11.90
Polygon	60850.890000	1339.624000	9	4402012	4402012	15.04	2	15.04
Polygon	86939.500000	1272.070000	10	4402030	4402030	21.48	1	21.48
Polygon	103699.000000	2133.491000	11	4402029	4402029	25.63	2	25.63
Polygon	52654.940000	1017.207000	12	4402002	4402002	13.01	3	13.01
Polygon	40405.220000	1028.957000	13	4402032	4402032	9.98	2	9.98
Polygon	100916.400000	1575.385000	14	4402001	4402001	24.94	2	24.94
Polygon	125557.800000	1525.012000	15	4402027	4402027	31.03	1	31.03
Polygon	199972.200000	2581.353000	16	4402004	4402004	49.42	1	49.42
Polygon	50517.500000	917.977500	17	4402024	4402024	12.48	1	12.48
Polygon	156830.000000	1748.802000	18	4402025	4402025	38.75	1	38.75
Polygon	49222.170000	1042.453000	19	4402020	4402020	12.16	1	12.16
Polygon	50916.830000	977.387900	20	4402023	4402023	12.58	1	12.58
Polygon	106400.900000	1559.360000	21	4402026	4402026	26.29	1	26.29
Polygon	32823.970000	856.446700	22	4402031	4402031	8.11	2	8.11
Polygon	71335.730000	1264.029000	23	4402021	4402021	17.63	1	17.63
Polygon	132729.100000	1502.252000	24	4402028	4402028	32.80	2	32.80
Polygon	68045.250000	1357.614000	25	4402022	4402022	16.81	1	16.81
Polygon	21984.300000	752.651500	26	5305020	5305020	5.43	3	5.43
Polygon	110899.600000	1435.937000	27	5305022	5305022	27.40	3	27.40
Polygon	542551.800000	4072.577000	28	4403001	4403001	134.07	1	134.07
Polygon	43553.880000	1032.596000	29	5305019	5305019	10.76	3	10.76
Polygon	44691.220000	1167.696000	30	4403016	4403016	11.04	2	11.04
Polygon	75270.580000	1470.330000	31	4403017	4403017	18.60	1	18.60
Polygon	78857.950000	1481.799000	32	4403015	4403015	19.49	2	19.49
Polygon	16720.640000	631.232500	33	5305021	5305021	4.13	2	4.13
Polygon	50511.940000	938.106100	34	4403004	4403004	12.48	1	12.48
Polygon	9919.719000	617.989100	35	5305013	5305013	2.45	2	2.45
Polygon	36868.450000	1325.759000	36	5305017	5305017	9.11	2	9.11

图 6.12　保存表格结果显示截图

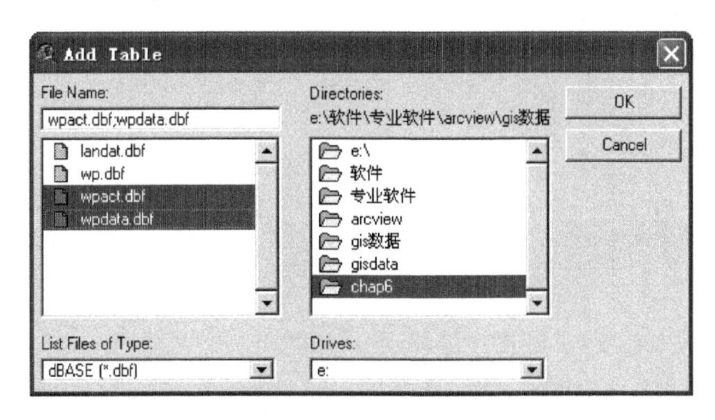

图 6.13　加载表格数据

段，选择"Table(表格)|Link(链接)"，实现 wpdata. dbf 与属性表 Attributes of Wp. shp 的链接，如图 6.14 所示。同理，依次选中 wpact. dbf 中的 Id 字段和属性表 Attributes of Wp. shp 中的 Id 字段，再选择"Table(表格)|Link(连接)"，实现 wpact. dbf 与属性表 Attributes of Wp. shp 的链接，如图 6.15 所示。

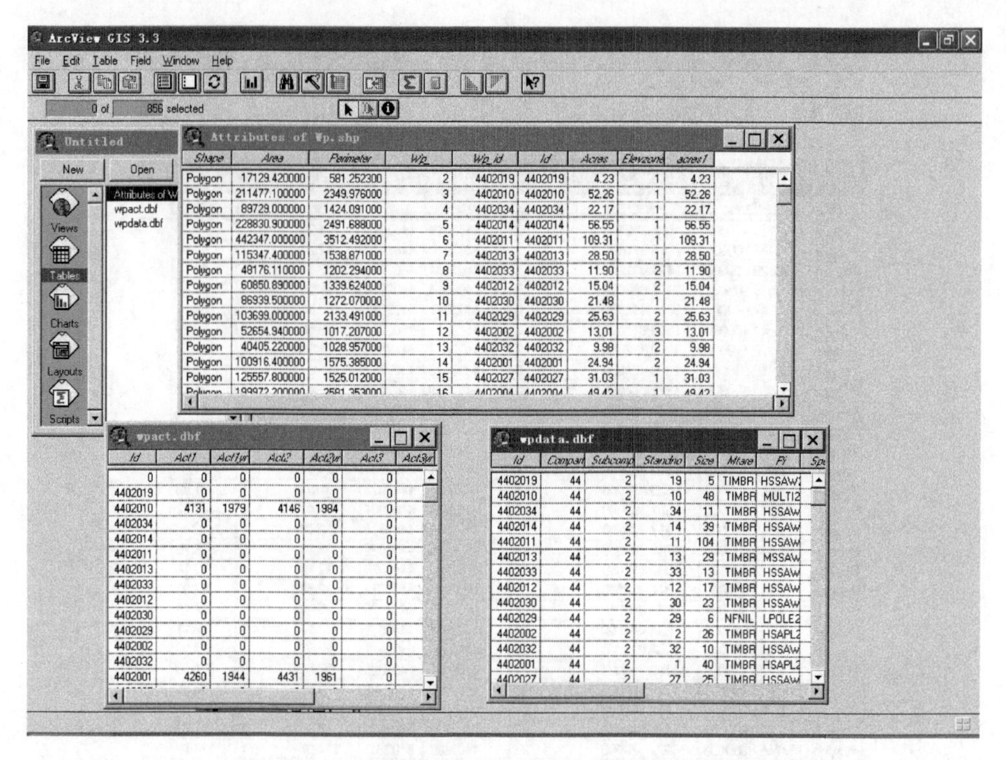

图 6.14　打开表格数据

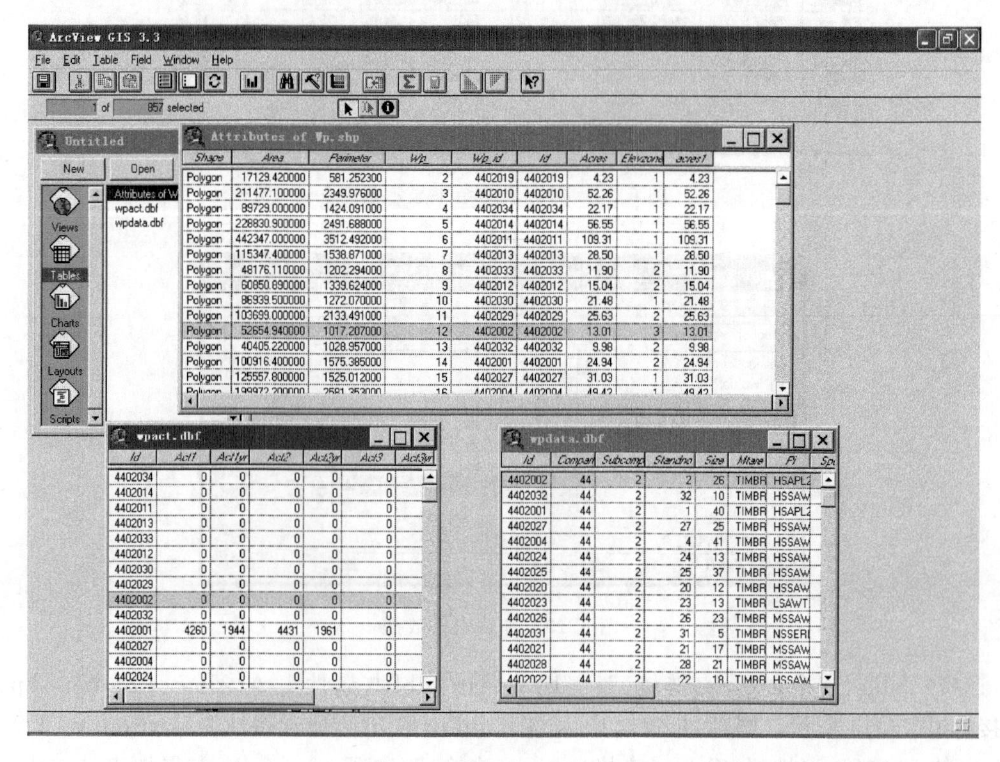

图 6.15　表格关联结果显示

(7) 选择“Table(表格)|Join(连接)”命令，联接两个表，也可将源表加到目标表中，显示结果如图 6.16 所示。

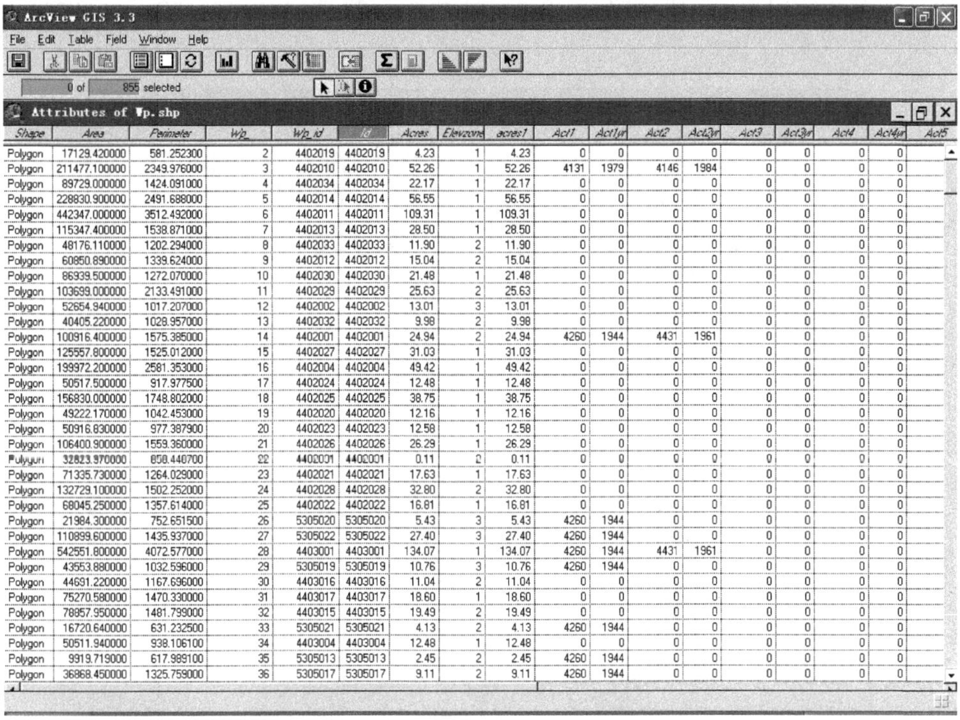

ArcView GIS 3.3

File　Edit　Table　Field　Window　Help

0 of 855 selected

Attributes of Wp.shp

Shape	Area	Perimeter	Wp_	Wp_id	Id	Acres	Elevzone	acres1	Act1	Act1yr	Act2	Act2yr	Act3	Act3yr	Act4	Act4yr	Act5
Polygon	17129.420000	581.252300	2	4402019	4402019	4.23	1	4.23	0	0	0	0	0	0	0	0	
Polygon	211477.100000	2349.976000	3	4402010	4402010	52.26	1	52.26	4131	1979	4146	1984	0	0	0	0	
Polygon	89729.000000	1424.091000	4	4402034	4402034	22.17	1	22.17	0	0	0	0	0	0	0	0	
Polygon	228830.900000	2491.688000	5	4402014	4402014	56.55	1	56.55	0	0	0	0	0	0	0	0	
Polygon	442347.000000	3512.492000	6	4402011	4402011	109.31	1	109.31	0	0	0	0	0	0	0	0	
Polygon	115347.400000	1538.871000	7	4402013	4402013	28.50	1	28.50	0	0	0	0	0	0	0	0	
Polygon	48176.110000	1202.294000	8	4402033	4402033	11.90	2	11.90	0	0	0	0	0	0	0	0	
Polygon	60850.890000	1339.624000	9	4402012	4402012	15.04	2	15.04	0	0	0	0	0	0	0	0	
Polygon	86939.500000	1272.070000	10	4402030	4402030	21.48	1	21.48	0	0	0	0	0	0	0	0	
Polygon	103699.000000	2133.491000	11	4402029	4402029	25.63	2	25.63	0	0	0	0	0	0	0	0	
Polygon	52654.940000	1017.207000	12	4402002	4402002	13.01	3	13.01	0	0	0	0	0	0	0	0	
Polygon	40405.220000	1028.957000	13	4402032	4402032	9.98	2	9.98	0	0	0	0	0	0	0	0	
Polygon	100916.400000	1575.385000	14	4402001	4402001	24.94	2	24.94	4260	1944	4431	1961	0	0	0	0	
Polygon	125557.800000	1525.012000	15	4402027	4402027	31.03	1	31.03	0	0	0	0	0	0	0	0	
Polygon	199972.200000	2581.353000	16	4402004	4402004	49.42	1	49.42	0	0	0	0	0	0	0	0	
Polygon	50517.500000	917.977500	17	4402024	4402024	12.48	1	12.48	0	0	0	0	0	0	0	0	
Polygon	156830.000000	1748.802000	18	4402025	4402025	38.75	1	38.75	0	0	0	0	0	0	0	0	
Polygon	49222.170000	1042.453000	19	4402020	4402020	12.16	1	12.16	0	0	0	0	0	0	0	0	
Polygon	50916.830000	977.387900	20	4402023	4402023	12.58	1	12.58	0	0	0	0	0	0	0	0	
Polygon	106400.900000	1559.360000	21	4402026	4402026	26.29	1	26.29	0	0	0	0	0	0	0	0	
Polygon	32823.970000	858.440700	22	4402001	4402001	0.11	2	0.11	0	0	0	0	0	0	0	0	
Polygon	71335.730000	1264.029000	23	4402021	4402021	17.63	1	17.63	0	0	0	0	0	0	0	0	
Polygon	132729.100000	1502.252000	24	4402028	4402028	32.80	2	32.80	0	0	0	0	0	0	0	0	
Polygon	68045.250000	1357.614000	25	4402022	4402022	16.81	1	16.81	0	0	0	0	0	0	0	0	
Polygon	21984.300000	752.651500	26	5305020	5305020	5.43	3	5.43	4260	1944	0	0	0	0	0	0	
Polygon	110899.600000	1435.937000	27	5305022	5305022	27.40	3	27.40	4260	1944	0	0	0	0	0	0	
Polygon	542551.800000	4072.577000	28	4403001	4403001	134.07	1	134.07	4260	1944	4431	1961	0	0	0	0	
Polygon	43553.880000	1032.596000	29	5305019	5305019	10.76	3	10.76	4260	1944	0	0	0	0	0	0	
Polygon	44691.220000	1167.696000	30	4403016	4403016	11.04	2	11.04	0	0	0	0	0	0	0	0	
Polygon	75270.580000	1470.330000	31	4403017	4403017	18.60	1	18.60	0	0	0	0	0	0	0	0	
Polygon	78857.950000	1481.799000	32	4403015	4403015	19.49	2	19.49	0	0	0	0	0	0	0	0	
Polygon	16720.640000	631.232500	33	5305021	5305021	4.13	2	4.13	4260	1944	0	0	0	0	0	0	
Polygon	50511.940000	938.106100	34	4403004	4403004	12.48	1	12.48	0	0	0	0	0	0	0	0	
Polygon	9919.719000	617.989100	35	5305013	5305013	2.45	2	2.45	4260	1944	0	0	0	0	0	0	
Polygon	36868.450000	1325.759000	36	5305017	5305017	9.11	2	9.11	4260	1944	0	0	0	0	0	0	

图 6.16　表格连接结果显示

本实验提示 4：统计学知识支持 GIS 属性数据计算。有关最大值、最小值、值域、平均值和标准差等统计概念，可与查询语句一体化。例如，利用 ArcView GIS 选择大于平均值的记录，可选择“Field(字段)|Statistics(统计)”命令，根据用途，从属性表中选中字段进行统计描述。

(三) 适宜性分析

实验内容：用指定指标选择寻找一个新的实验适宜地点。限制条件：首先，土地利用为灌木林地(如 landuse.shp 中的 lucode=300)；其次，选择适宜开发的土壤类型(如 soils.shp 中的 suit>=2)；最后，地点必须离下水道管线 300 米范围之内。

实验目的：掌握常用的基于矢量的分析，例如缓冲、地图叠加、边界融合、表格数据处理以及 Avenue Script 样本的应用。模拟实际项目做 GIS 空间分析为实际应用提供了依据。

所需数据：GIS_data\Data6\Ex3 目录下的 Sewers.shp(地下水管线图层)、Landuse.shp(土地利用图层)和 Soils.shp(土壤图层)。

实验过程：适宜性分析的步骤如下。

1. 土地适宜性的缓冲区分析

(1) 打开“ArcView GIS 软件”，选择“Files(文件)|Extensions(扩展)”命令，弹出

“Extensions(扩展模块)”对话框,在“Available Extensions(可选的扩展模块)”列表框中选中“Geoprocessing(地学处理)”复选框,单击“OK(确认)”按钮退出。

(2) 在工具栏中单击“加载数据”按钮,打开所需数据(Sewers. shp,Landuse. shp 和 Soils. shp),如图 6.17 所示。

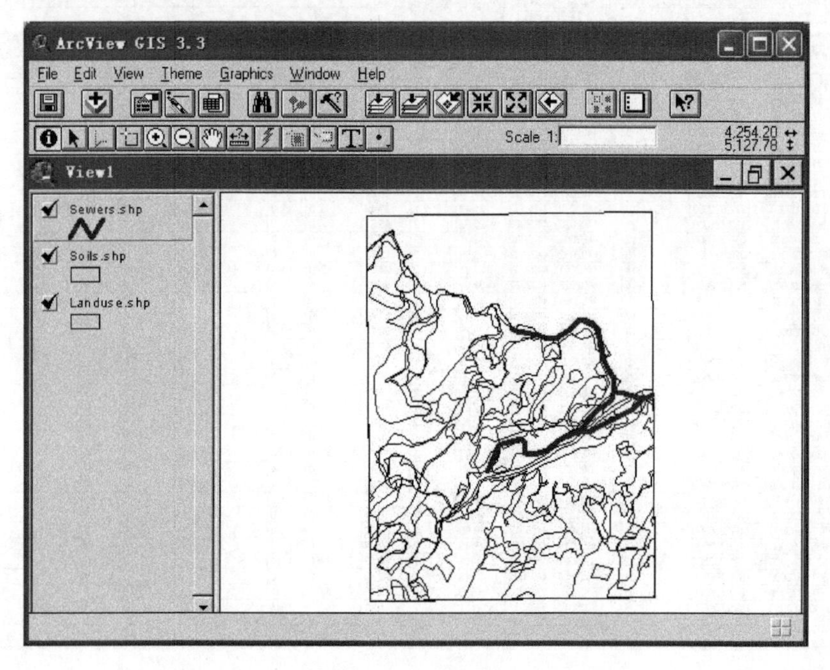

图 6.17 加载数据

(3) 选择“View(视图)|Properties(属性)”命令,并设置地图单位和距离单位都为“Meters(米)”。

(4) 激活 Sewers. shp 图层。选择“Theme(专题)|Create Buffers(创建缓冲区)”命令,弹出“Create Buffers(创建缓冲区)”对话框,如图 6.18 所示。在该对话框中,选中“The feature of a theme(以专题为特征)”单选按钮,然后,单击“Next(下一个)”按钮,弹出如图 6.19 所示对话框。

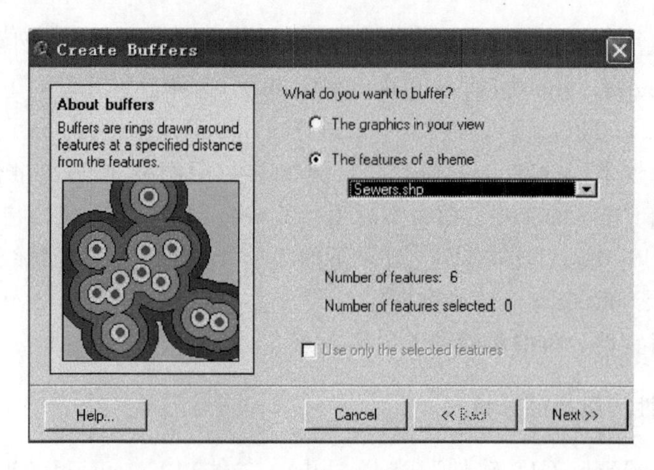

图 6.18 缓冲区分析(1)

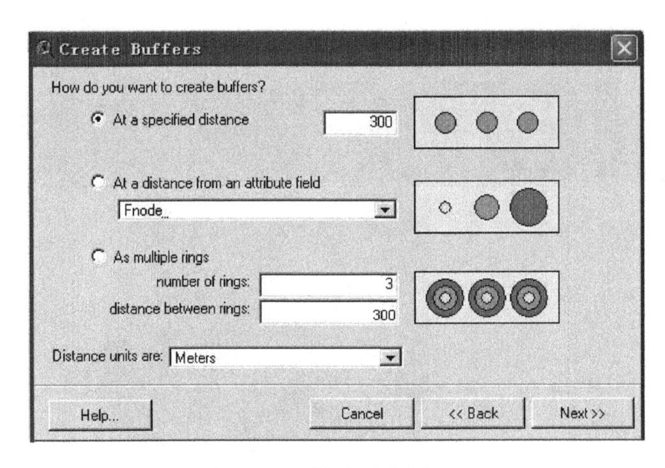

图 6.19　缓冲区分析(2)

(5) 在图 6.19 中设置建地下水管线 300 米的缓冲区，单击“Next(下一个)”按钮。弹出“Create Buffers(创建缓冲区)”对话框，在回答“Dissolve barriers between buffers?(是否消除不同邻近区之间的重合?)”时，选择“Yes(是)”单选框，并把缓冲区保存在“in a new theme(一个新的专题内)”，命名为临时文件“sewerbuf. shp”，如图 6.20 所示，单击“Finish(完成)”按钮，缓冲分析结果如图 6.21 所示。

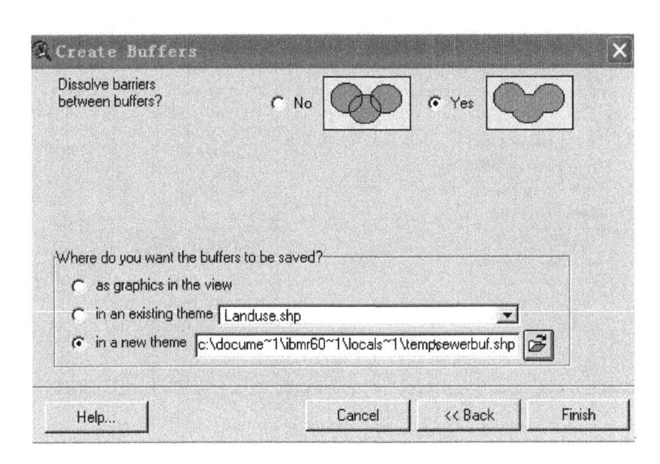

图 6.20　缓冲区分析(3)

2. 土地适宜性的叠加分析

(1) 选择“View(视图)|Geoprocessing(地学处理)”命令，弹出“GeoProcessing(地学处理)”对话框，在该对话框中，选中“Union two themes(两专题联合)”单选按钮，实现土壤和土地利用专题的叠加，如图 6.22 所示。单击“Next(下一步)”按钮，进入如图 6.23 所示的界面。

(2) 在“GeoProcessing(地理处理)”对话框中，选择输入专题“Landuse. shp(土地利用专题图层)”和多边形覆盖专题“Soils. shp(土壤专题图层)”叠加。将结果命名为“landsoil. shp”，如图 6.23 所示。单击“Finish(完成)”按钮，叠加可视化效果如图 6.24 所示。

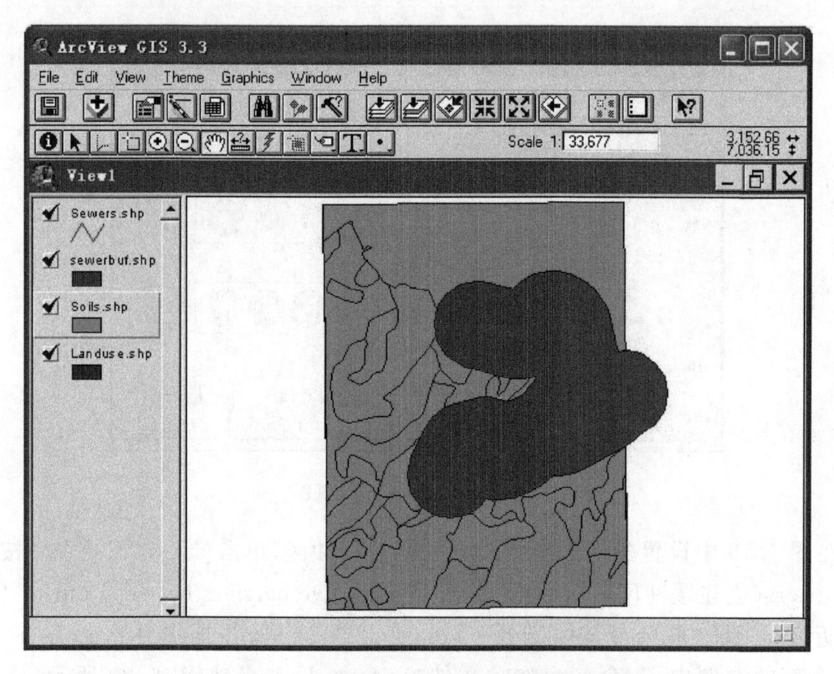

图 6.21 地下水管线缓冲区生成图示

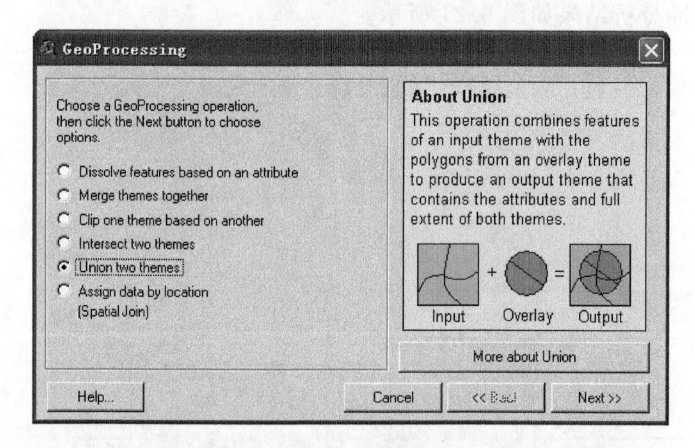

图 6.22 选择叠加方法

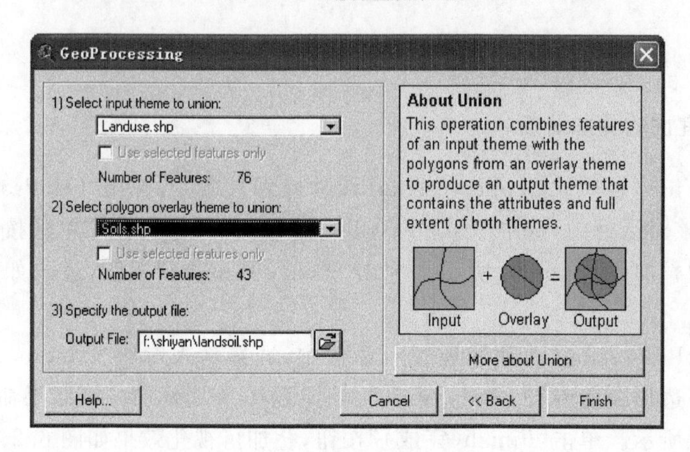

图 6.23 指定叠加图层信息

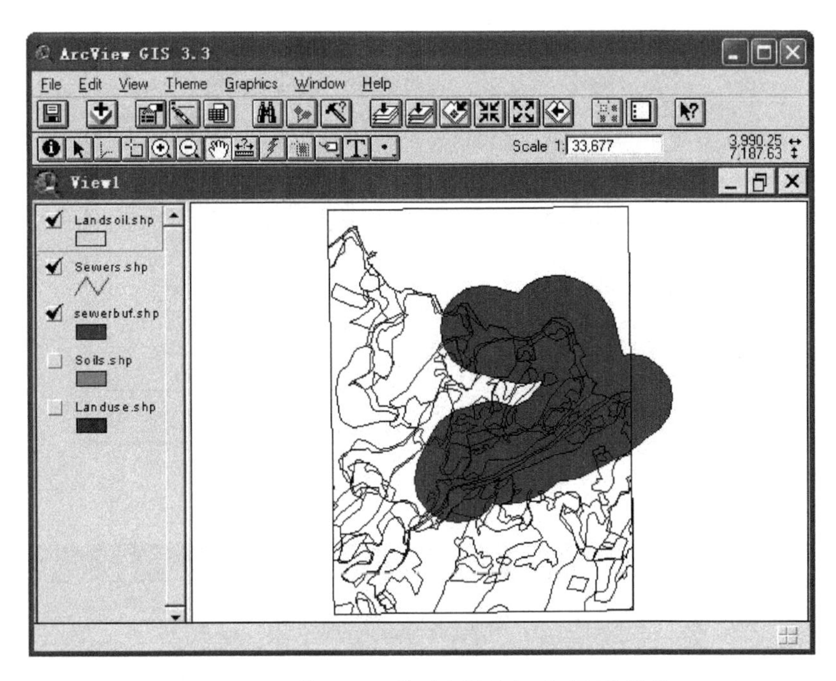

图 6.24　土壤和土地利用专题叠加后可视化效果

(3) 选择"View(视图)|Geoprocessing(地学处理)"命令，在弹出的"GeoProcessing(地学处理)"对话框中，选中"Intersect two themes(两专题交集叠加)"单选按钮，注意选择输入专题"Landsoil. shp"和叠加专题"Sewerbuf. shp"，并指定输出文件名为 finalcov. shp。见图 6.25 和图 6.26。单击"Finish(完成)"按钮，结果显示如图 6.27 所示。

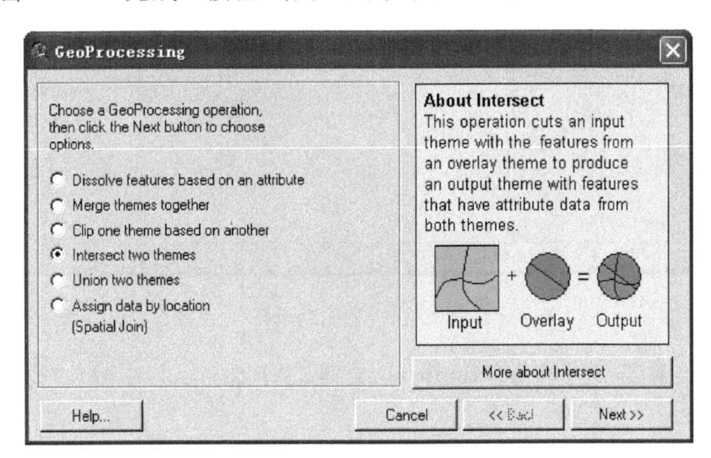

图 6.25　选择叠加方法

本实验提示 5：由于叠加后生成的图层(finalcov. shp)含有适宜性分析的全部属性数据，实验者可通过表格数据处理的查询分析完成适应性分析。

3. 土地适宜性查询分析

(1) 激活 finalcov. shp 图层，打开其属性表。在字段定义对话框中，添加字段 Name

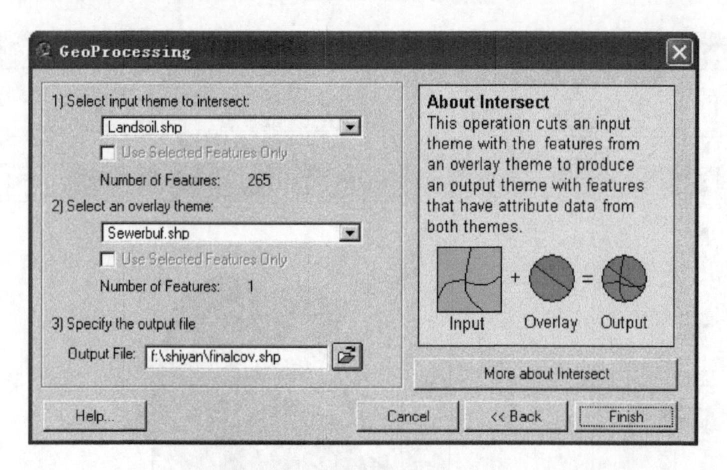

图 6.26 指定叠加图层信息

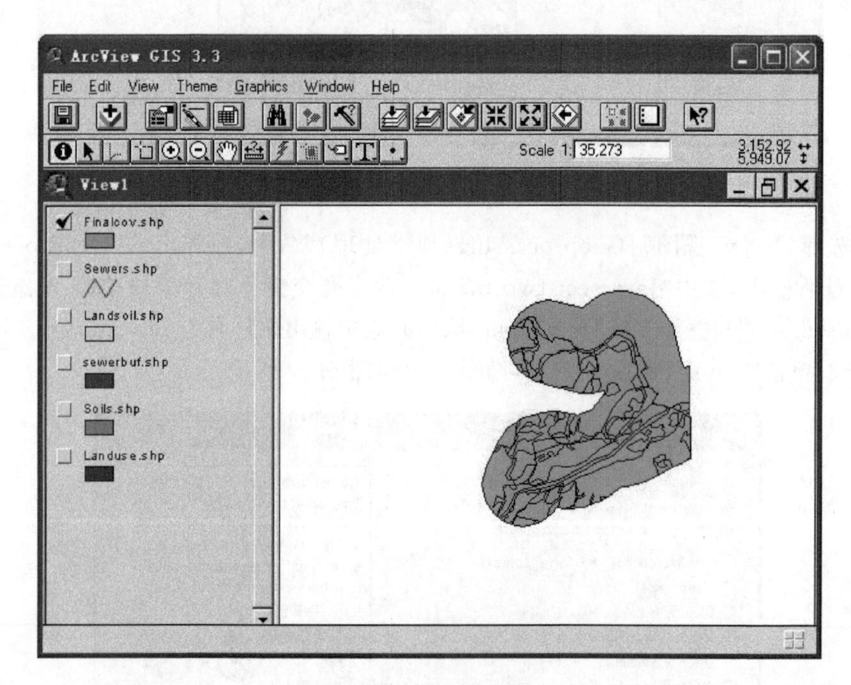

图 6.27 叠加结果图

(名)为"suitable"、类型(Type)为"Number"、宽度(Width)为 2,小数位(Decimal Places)为 0,如图 6.28 所示。

(2) 选择满足条件的区域。可使用查询工具或单击"[icon]"按钮。在属性框图中输入语句:(Lucode=300 and Suit>=2),如图 6.29 所示。单击"New Set(新集)"按钮,再单击"Field Calculate"按钮,出现"Field Calculator(字段计算)"对话框,如图 6.30 所示,给新字段赋值为 1,单击"OK(确认)"按钮,赋值结果显示如图 6.31 所示。

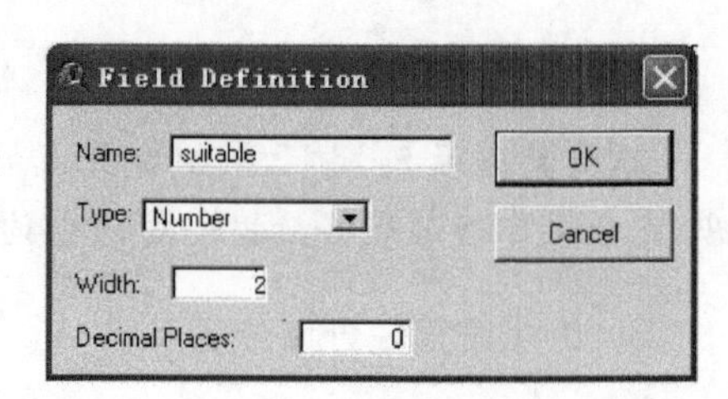

图 6.28 定义新字段

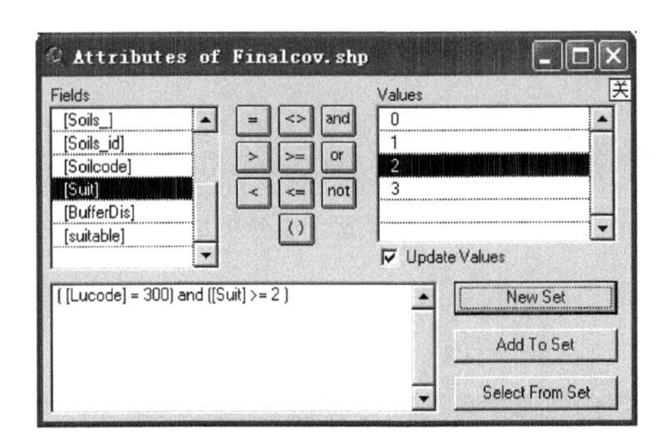

图 6.29　属性数据查询

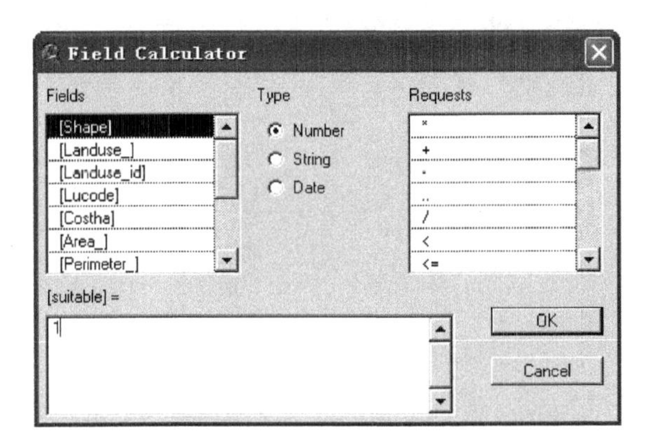

图 6.30　给新字段赋值

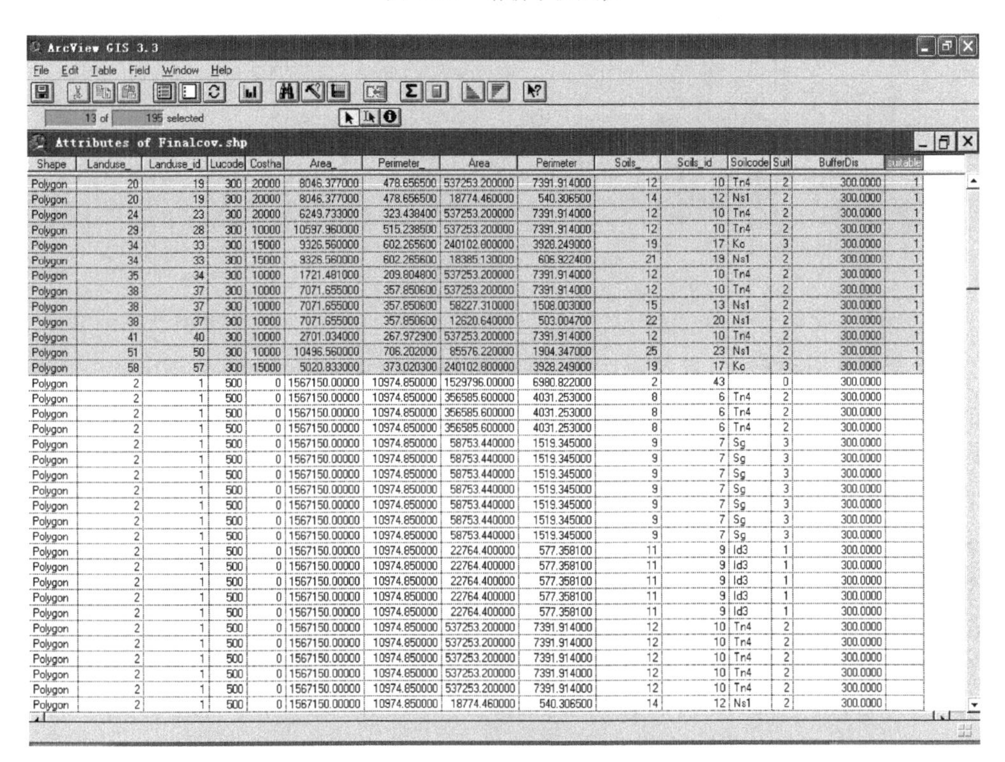

图 6.31　赋值结果显示

本实验提示 6：因 ArcView 的典型格式文件(shapefile)不具有拓扑关系，所以 finalcov. shp 文件属性表中的面积数值在地图叠加操作之后尚未更新，为了功能的实现，需要用 Avenue Script 脚本来计算正确的面积数值。

4. 宏语言脚本(Avenue Script)在土地适宜性分析中的应用

(1) 要把属性表中多余的面积和周长删除，通过选择"Edit(编辑)|Delete Field(删除字段)"命令来完成。如图 6.32 所示，选中要删除的字段。

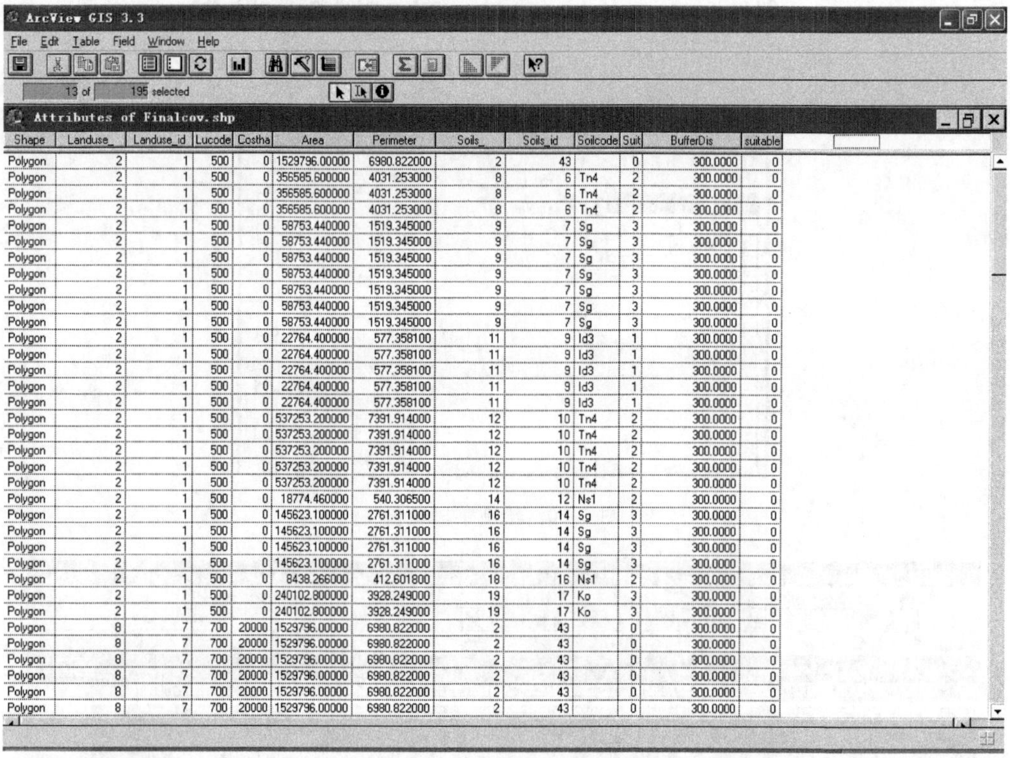

ArcView GIS 3.3
File Edit Table Field Window Help
13 of 195 selected
Attributes of Finalcov.shp

Shape	Landuse_	Landuse_id	Lucode	Costha	Area	Perimeter	Soils_	Soils_id	Soilcode	Suit	BufferDis	suitable
Polygon	2	1	500	0	1529796.00000	6980.822000	2	43		0	300.0000	0
Polygon	2	1	500	0	356585.600000	4031.253000	8	6	Tn4	2	300.0000	0
Polygon	2	1	500	0	356585.600000	4031.253000	8	6	Tn4	2	300.0000	0
Polygon	2	1	500	0	356585.600000	4031.253000	8	6	Tn4	2	300.0000	0
Polygon	2	1	500	0	58753.440000	1519.345000	9	7	Sg	3	300.0000	0
Polygon	2	1	500	0	58753.440000	1519.345000	9	7	Sg	3	300.0000	0
Polygon	2	1	500	0	58753.440000	1519.345000	9	7	Sg	3	300.0000	0
Polygon	2	1	500	0	58753.440000	1519.345000	9	7	Sg	3	300.0000	0
Polygon	2	1	500	0	58753.440000	1519.345000	9	7	Sg	3	300.0000	0
Polygon	2	1	500	0	58753.440000	1519.345000	9	7	Sg	3	300.0000	0
Polygon	2	1	500	0	58753.440000	1519.345000	9	7	Sg	3	300.0000	0
Polygon	2	1	500	0	22764.400000	577.358100	11	9	Id3	1	300.0000	0
Polygon	2	1	500	0	22764.400000	577.358100	11	9	Id3	1	300.0000	0
Polygon	2	1	500	0	22764.400000	577.358100	11	9	Id3	1	300.0000	0
Polygon	2	1	500	0	22764.400000	577.358100	11	9	Id3	1	300.0000	0
Polygon	2	1	500	0	22764.400000	577.358100	11	9	Id3	1	300.0000	0
Polygon	2	1	500	0	537253.200000	7391.914000	12	10	Tn4	2	300.0000	0
Polygon	2	1	500	0	537253.200000	7391.914000	12	10	Tn4	2	300.0000	0
Polygon	2	1	500	0	537253.200000	7391.914000	12	10	Tn4	2	300.0000	0
Polygon	2	1	500	0	537253.200000	7391.914000	12	10	Tn4	2	300.0000	0
Polygon	2	1	500	0	537253.200000	7391.914000	12	10	Tn4	2	300.0000	0
Polygon	2	1	500	0	18774.460000	540.306500	14	12	Ns1	2	300.0000	0
Polygon	2	1	500	0	145623.100000	2761.311000	16	14	Sg	3	300.0000	0
Polygon	2	1	500	0	145623.100000	2761.311000	16	14	Sg	3	300.0000	0
Polygon	2	1	500	0	145623.100000	2761.311000	16	14	Sg	3	300.0000	0
Polygon	2	1	500	0	145623.100000	2761.311000	16	14	Sg	3	300.0000	0
Polygon	2	1	500	0	8438.266000	412.601800	18	16	Ns1	2	300.0000	0
Polygon	2	1	500	0	240102.800000	3928.249000	19	17	Ko	3	300.0000	0
Polygon	2	1	500	0	240102.800000	3928.249000	19	17	Ko	3	300.0000	0
Polygon	8	7	700	20000	1529796.00000	6980.822000	2	43		0	300.0000	0
Polygon	8	7	700	20000	1529796.00000	6980.822000	2	43		0	300.0000	0
Polygon	8	7	700	20000	1529796.00000	6980.822000	2	43		0	300.0000	0
Polygon	8	7	700	20000	1529796.00000	6980.822000	2	43		0	300.0000	0
Polygon	8	7	700	20000	1529796.00000	6980.822000	2	43		0	300.0000	0
Polygon	8	7	700	20000	1529796.00000	6980.822000	2	43		0	300.0000	0

图 6.32 删除多余属性

(2) 选择"Help(帮助)|Help Topics(帮助主题)"命令，在弹出的"ArcView Help(ArcView 帮助)"对话框中，选择路径为：Sample Scripts and Extensions/Sample Scripts/Views/Data Conversion/Alteration，进入如图 6.33 所示的界面，并单击"Calculates feature geometry values(计算几何特征值)"，进入如图 6.34 所示的界面。在图 6.34 中，选择"Help(帮助)|Source Code(源代码)"命令，便可打开一个有源程序的视窗，如图 6.34 右下方所示。选中这些源代码并 Copy(复制)。

(3) 打开一个"New Scripts(新的脚本视窗)"，单击"Paset(粘贴)"按钮或按"Ctrl+C"键，单击"Compile(编译)"按钮来编译该脚本。

(4) 运行该脚本。必须先激活 View(视窗)，并接着激活 Script(脚本)，单击"RUN(运行)"按钮，对是否更新面积和周长的提问给予回答 Yes(确定)。如图 6.35～图 6.39 所示。

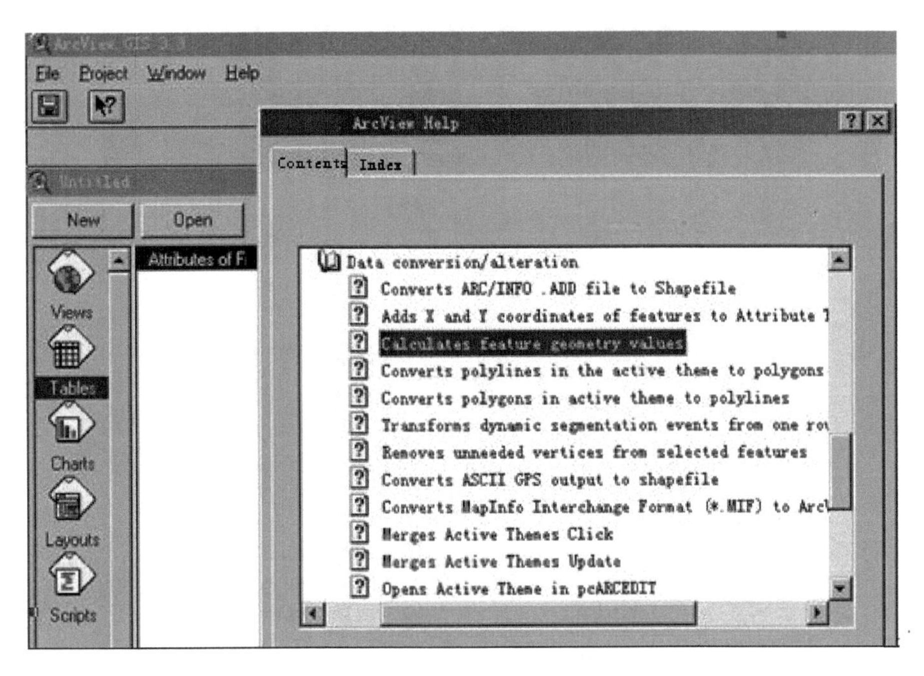

图 6.33　选择计算要素几何特征值的程序名

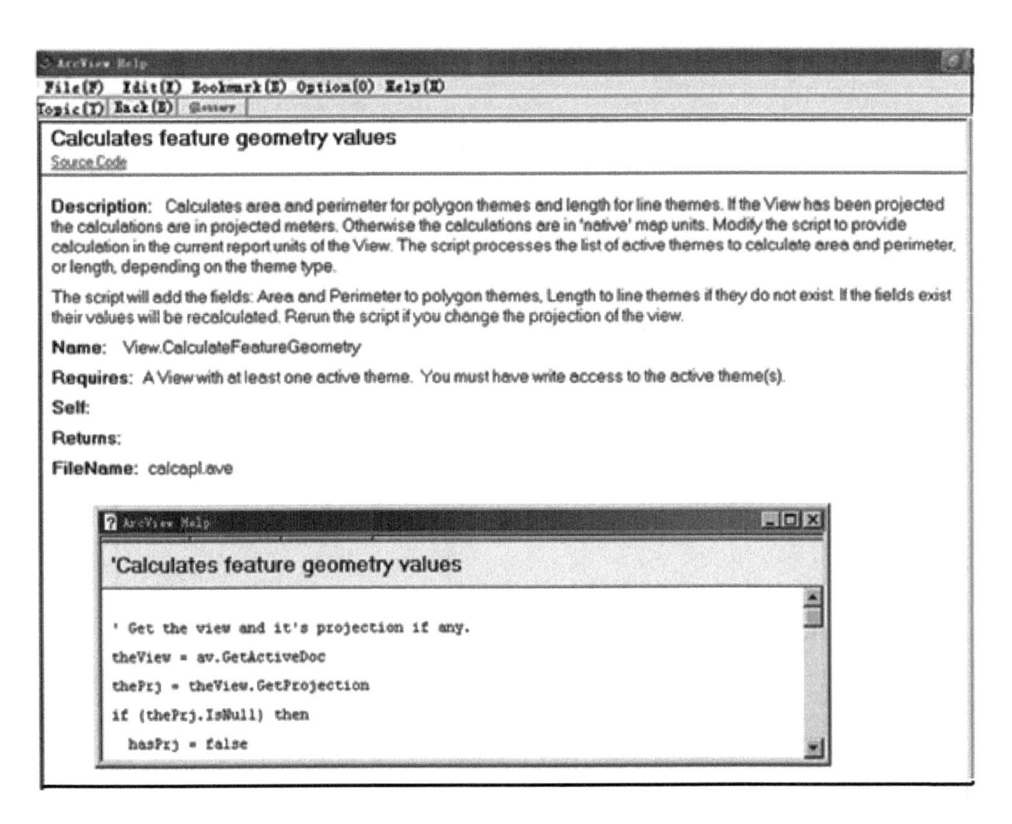

图 6.34　打开源代码

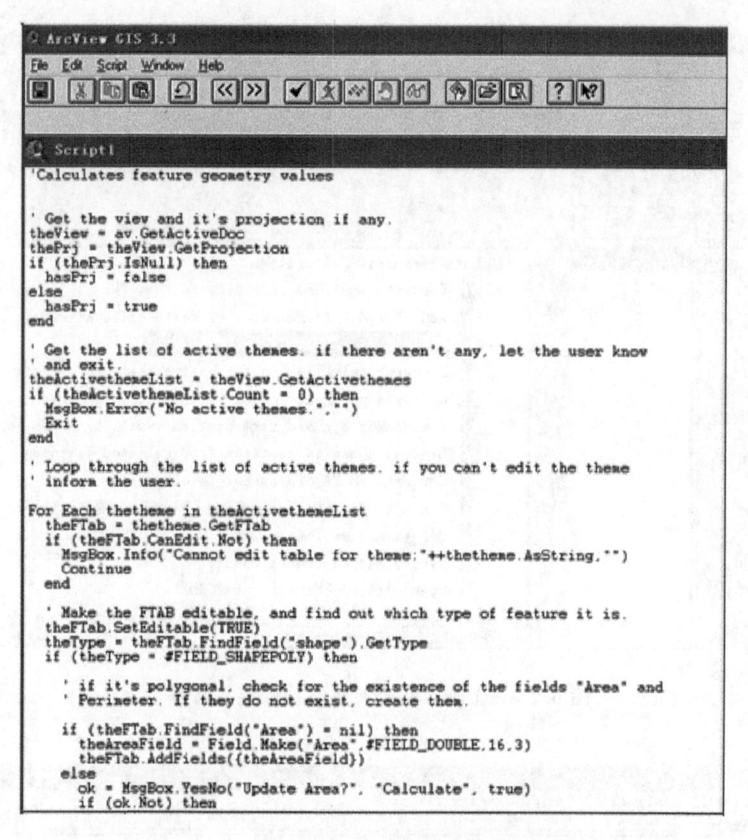

图 6.35　把源代码粘贴到新建脚本程序窗口中

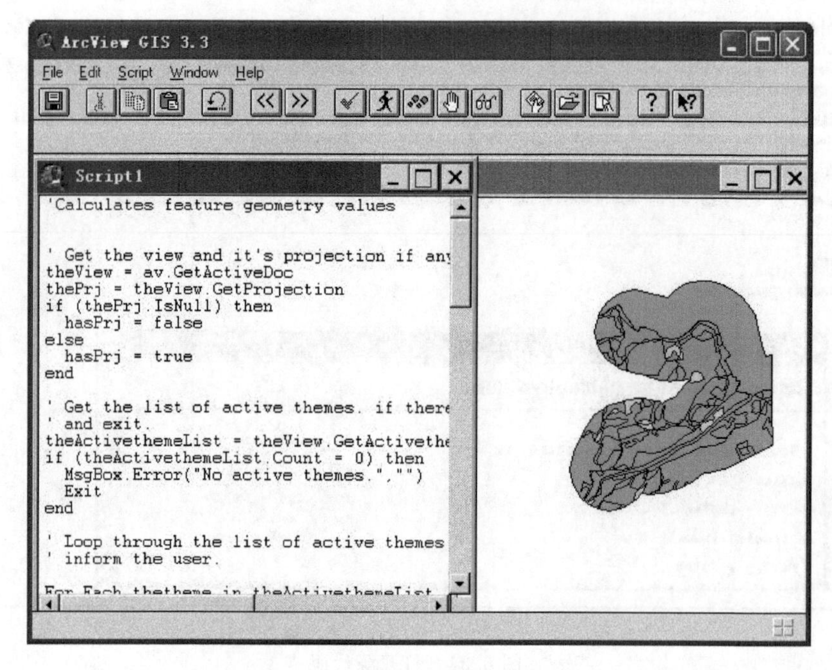

图 6.36　编译并运行脚本程序

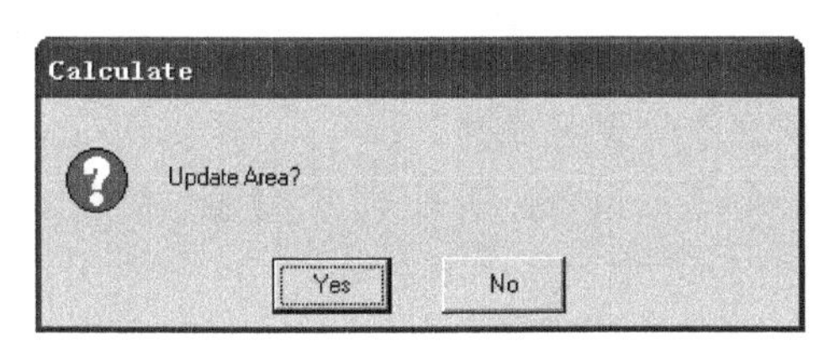

图 6.37　询问是否更新面积框图示

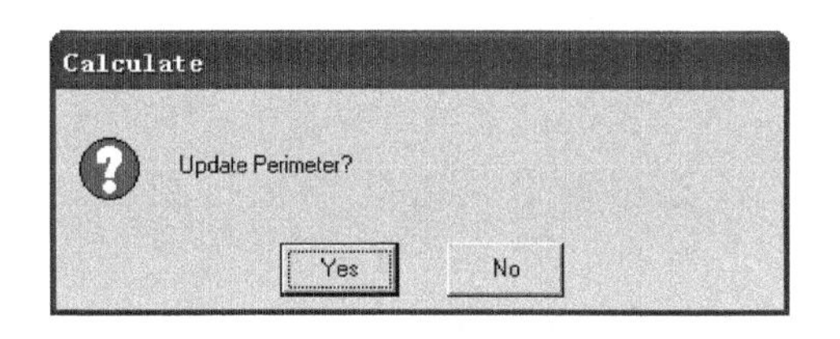

图 6.38　询问是否更新周长框图示

ArcView GIS 3.3

File Edit Table Field Window Help

13 of 195 selected

Attributes of Finalcov.shp

Shape	Landuse_	Landuse_id	Lucode	Costha	Area	Perimeter	Soils_	Soils_id	Soilcode	Sui	BufferDis	suitable
Polygon	2	1	500	0	435196.338292	4018.652307	2	43		0	300.0000	0
Polygon	2	1	500	0	23.598015	52.805359	8	6	Tn4	2	300.0000	0
Polygon	2	1	500	0	28.166586	63.396507	8	6	Tn4	2	300.0000	0
Polygon	2	1	500	0	90.840281	77.171545	8	6	Tn4	2	300.0000	0
Polygon	2	1	500	0	0.000010	0.028915	9	7	Sg	3	300.0000	0
Polygon	2	1	500	0	42.151473	259.225667	9	7	Sg	3	300.0000	0
Polygon	2	1	500	0	0.246619	2.817613	9	7	Sg	3	300.0000	0
Polygon	2	1	500	0	5.062700	61.140714	9	7	Sg	3	300.0000	0
Polygon	2	1	500	0	6.937132	252.564469	9	7	Sg	3	300.0000	0
Polygon	2	1	500	0	3.138849	11.249880	9	7	Sg	3	300.0000	0
Polygon	2	1	500	0	14.986736	29.055059	9	7	Sg	3	300.0000	0
Polygon	2	1	500	0	7.040008	35.711549	11	9	Id3	1	300.0000	0
Polygon	2	1	500	0	0.974295	10.687377	11	9	Id3	1	300.0000	0
Polygon	2	1	500	0	0.000121	1.394161	11	9	Id3	1	300.0000	0
Polygon	2	1	500	0	48.405241	63.917672	11	9	Id3	1	300.0000	0
Polygon	2	1	500	0	126.367041	221.740183	11	9	Id3	1	300.0000	0
Polygon	2	1	500	0	18.476050	37.247137	12	10	Tn4	2	300.0000	0
Polygon	2	1	500	0	15.608327	78.982723	12	10	Tn4	2	300.0000	0
Polygon	2	1	500	0	186.500420	175.478930	12	10	Tn4	2	300.0000	0
Polygon	2	1	500	0	67.423269	101.654866	12	10	Tn4	2	300.0000	0
Polygon	2	1	500	0	43.893584	208.586442	12	10	Tn4	2	300.0000	0
Polygon	2	1	500	0	69.225831	140.060275	14	12	Ns1	2	300.0000	0
Polygon	2	1	500	0	33.694212	46.055576	16	14	Sg	3	300.0000	0
Polygon	2	1	500	0	4.155608	10.555928	16	14	Sg	3	300.0000	0
Polygon	2	1	500	0	0.020340	99.957755	16	14	Sg	3	300.0000	0
Polygon	2	1	500	0	0.000005	0.044000	16	14	Sg	3	300.0000	0
Polygon	2	1	500	0	0.692561	7.403160	18	16	Ns1	2	300.0000	0
Polygon	2	1	500	0	32215.431419	3106.305470	19	17	Ko	3	300.0000	0
Polygon	2	1	500	0	68.341253	96.551462	19	17	Ko	3	300.0000	0
Polygon	8	7	700	20000	1.848040	17.185616	2	43		0	300.0000	0
Polygon	8	7	700	20000	35.534999	43.333104	2	43		0	300.0000	0
Polygon	8	7	700	20000	8.566419	38.684499	2	43		0	300.0000	0
Polygon	8	7	700	20000	48.739077	85.044537	2	43		0	300.0000	0
Polygon	8	7	700	20000	9.206171	78.258498	2	43		0	300.0000	0
Polygon	8	7	700	20000	9.590735	38.570464	2	43		0	300.0000	0

图 6.39　面积、周长更新结果显示图表

(5) 要想获得潜在地点的总面积，应先选择 suitable=1，激活 Area(面积)字段，选择“Field(字段)|Statistics(统计)”命令；在出现的字段下拉列表框选中“suitable”，且 Values=1，如图 6.40 所示，单击“Select From Set(从表中选择)”按钮，可显示出符合条件的查询，如图 6.41 所示。

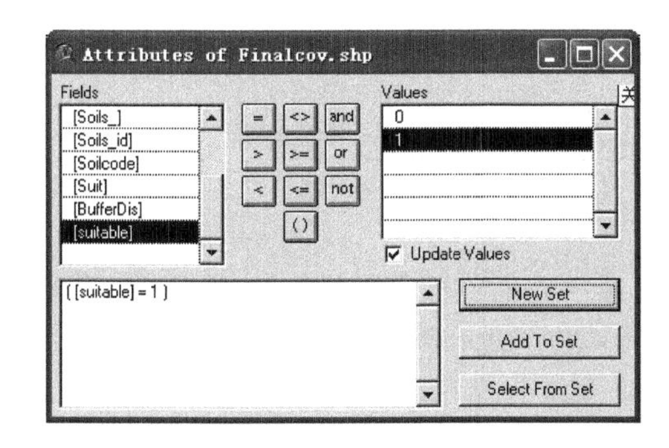

图 6.40　查询潜在地点

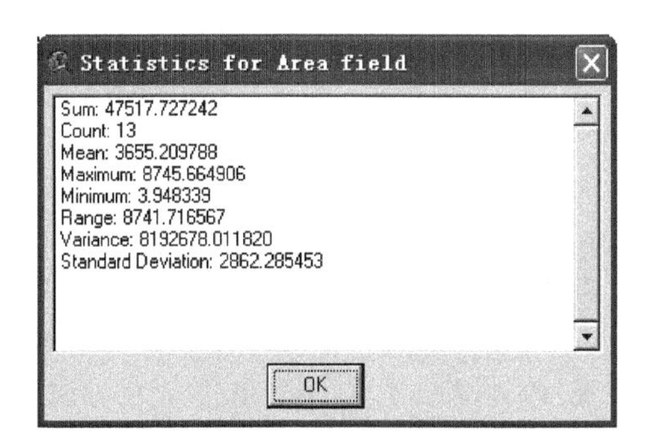

图 6.41　面积统计

本实验提示7：文件 finalcov. shp 中包含适宜性取值为1和0的多边形。利用地学处理(Geoprocessing)能够执行基于一个属性来融合要素的叠加操作。

(6) 边界融合。选择“View(视图)|Geoprocessing(地学处理)”命令，在弹出的“GeoProcessing(地学处理模块)”单选框中，选中“Dissolve features based on an attribute(给予一个属性的特征融合)”，可生成仅包含潜在地点(suitable＝1)的新专题，如图6.42所示。

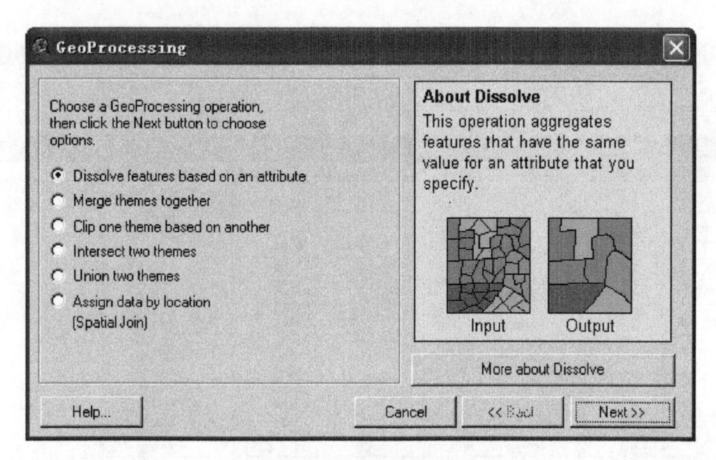

图6.42 选择融合要素

其中，①选择专题融合专题的文件为 Finalcov. shp；②作为边界融合的字段属性为 suitable；③并指定边界融合的输出文件名为 finaldis. shp，单击“下一步(Next)”，如图6.43所示。选择输出文件中附加的属性，如图6.44所示，可得到仅含潜在地点的多边形结果，如图6.45所示。

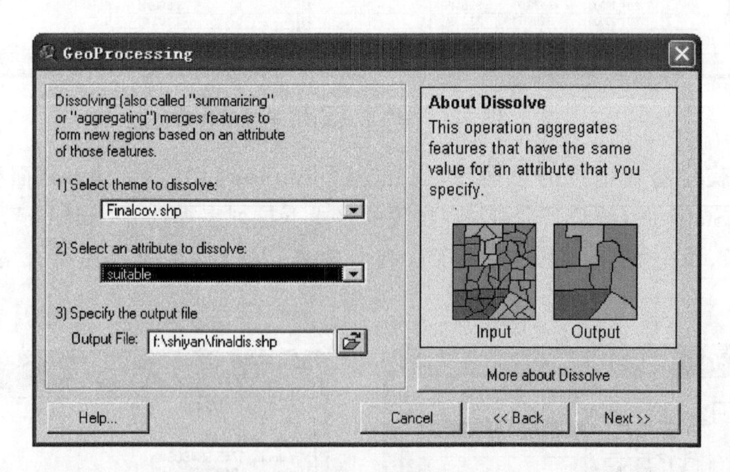

图6.43 指定融合专题和字段

本实验提示8：适宜性分析主要涉及多边形叠加。但如果各图层投影、坐标变换等没处理好，会有误差产生。多边形叠置误差有三种，①几何误差：新边界可能会偏离已制图的边界位置(或真实位置)。为了保证人们习惯上认为重要的边界线的精度，如境界、河流、主要道路等，处理时应对这些边界上的点加权使它们能尽可能地不被移动。②属性误差：实际

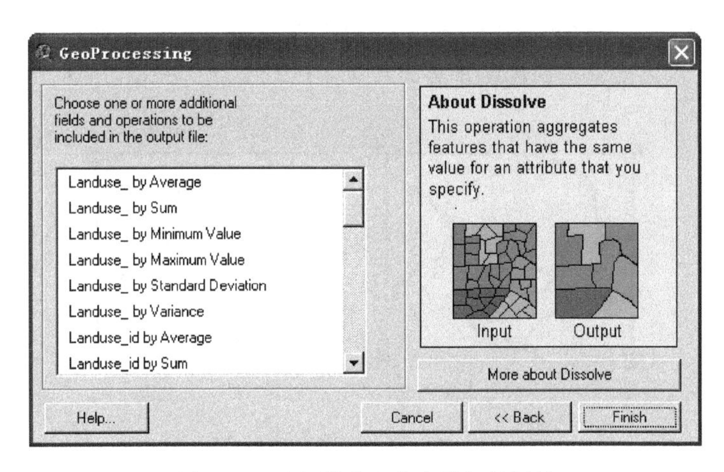

图 6.44　选择输出文件中附加的属性

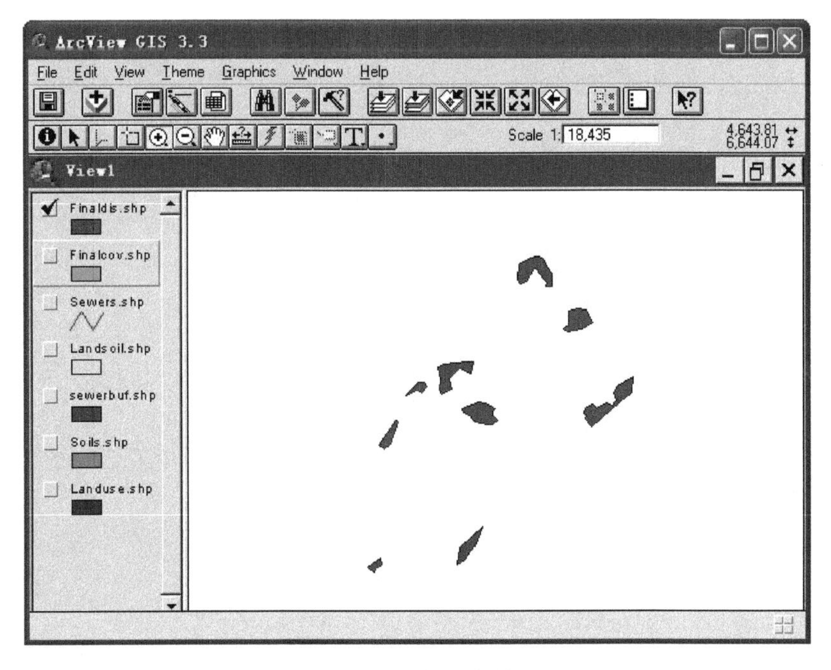

图 6.45　数据融合结果

上每个进行叠置的多边形本身的属性就是有误差的，因为属性值是分类的结果(如把植被分为不同的类别)，而分类就会产生误差。多幅图的叠置会使误差急剧增加，以致使叠置出的结果不可信。③拓扑匹配误差：多边形叠置往往是不同类型的地图、不同的图层，甚至是不同比例尺的地图进行叠置。因此，同一条边界线往往是不同的数据，这样在叠置时必然会出现一系列无意义的多边形。所叠置的多边形的边界越精确，越容易产生无意义的多边形。这就是拓扑匹配误差。

本实验提示 9：多边形叠置所形成的多边形的数量与原多边形边界的复杂程度有关。如果多边形之间具有统计独立性时，产生中等数量的多边形；如果是高度相关的，则产生大量无意义的多边形。误差检验需要合并无意义的多边形。合并无意义的多边形的方法：

①用人机交互的方法把无意义的多边形合并到大多边形中；②根据无意义多边形的临界值,自动合并到大多边形中；③用拟合后的新边界进行合并。如图 6.46 所示,请实践。

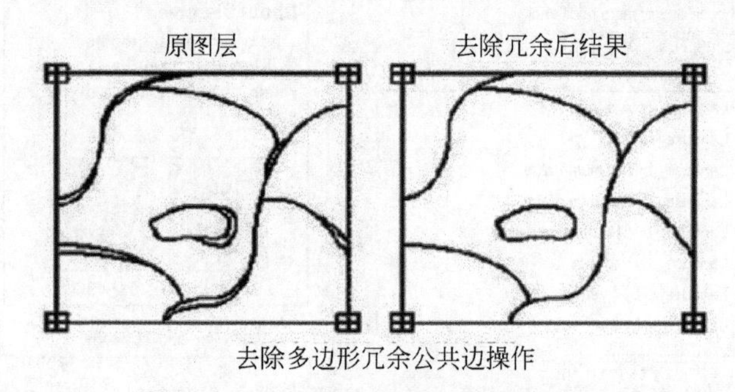

图 6.46 数据编辑处理示例

实验七

地图设计与输出

一、实验内容

(1) 基础地图的编制。
(2) 专题地图的编制。
(3) 系列图的生成。
(4) 数字地图输出。

二、实验目的

(1) 巩固地图学基础知识。
(2) 掌握用 GIS 工具实现数字地图布局设计和输出。

三、实验指导

(一) 用 ArcView 实现地图设计与输出

1. 编制基础地图

实验内容:根据所给数据完成基础地图的编制及设计。
实验目的:初步了解基础地图的编制及设计,为地图的输出做准备。
所需数据:GIS_data\Data7\Ex1 目录下的村庄(Sub_con. shp)。
实验过程:编制基础地图的步骤如下。

(1) 打开 ArcView GIS 软件,在工具栏中单击"加载数据"按钮,打开所需输出的图层(数据),或显示完成实验后的数据,如图 7.1 所示。在菜单栏中选择"View(视图)|Properties(属性)"命令,弹出"View Properties(视图属性)"对话框,其中地图单位设为 meters(米)。

(2) 选择"Theme(专题)|Edit Legend(编辑图例)"命令,弹出"Legend Editor(图例编辑)"对话框,如图 7.2 所示,其中 Theme(专题)选为"Sub_con. shp",Legend Type(图例类

型)选“Unique Value(唯一值)”,Values Field(值字段)为“Name”,单击“Apply(应用)”按钮,完成修改图例,就可制作出村庄的数字基础地图,如图 7.3 所示。

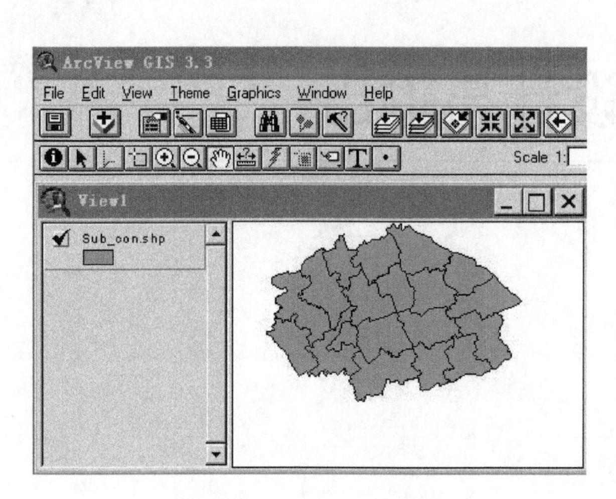

图 7.1 加载数据

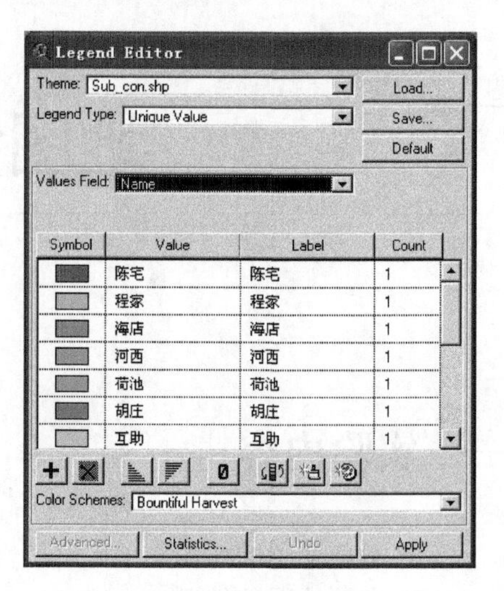

图 7.2 修改图例

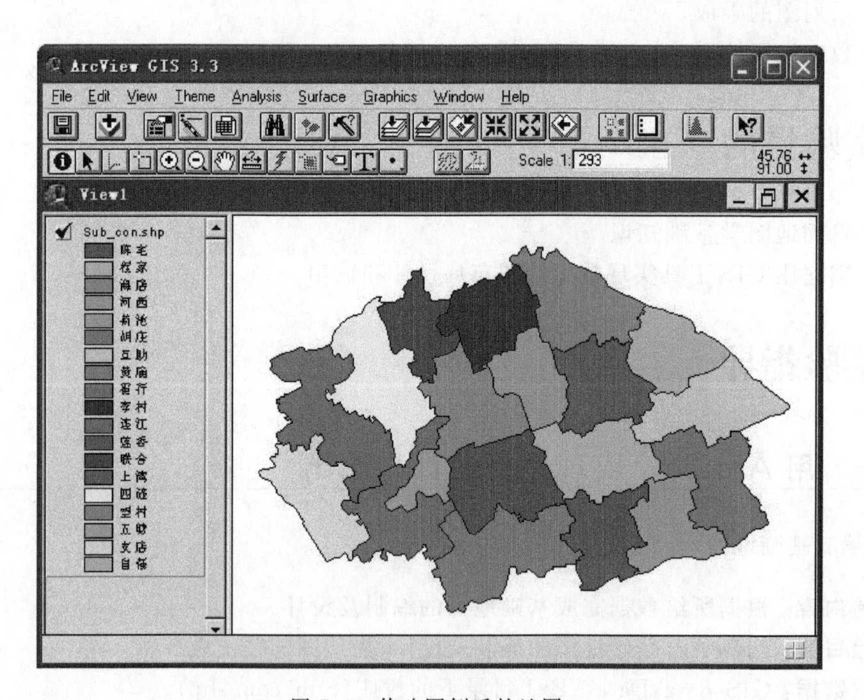

图 7.3 修改图例后的地图

(3) 打开工程窗口,双击“Layout(布局)”按钮,弹出布局模板,选择“Layout(布局)|Use Template(应用模板)”命令,则弹出“Template Manager(模板管理器)”对话框,如图 7.4 所示,其中选一种自己满意的模式(如 Landcape),单击“OK(确认)”按钮,就可看到一幅带有图名、图例、条状比例尺和指北针的村庄地图版式,如图 7.5 所示。若不满意,可在模板管理器对话框中通过双击要改变的要素(如地图版式、指北针式样、图形的位置和尺寸等)重新选择显示风格。

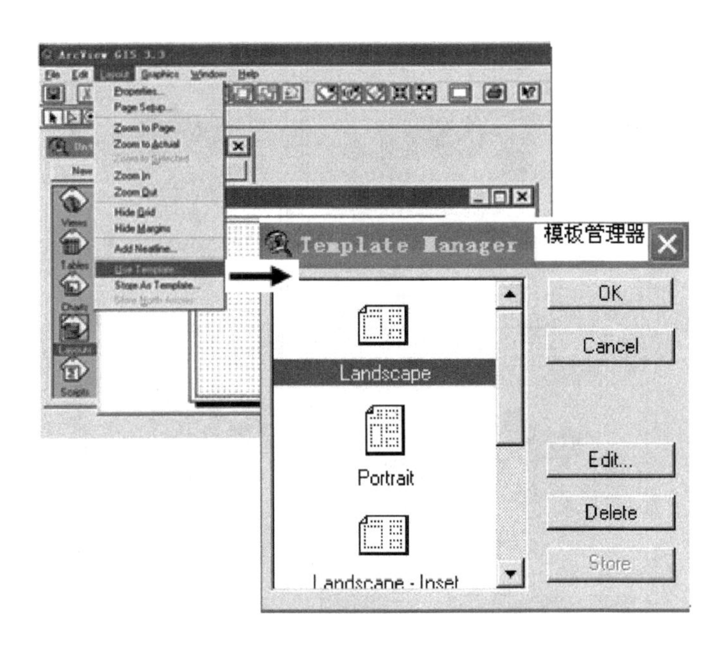

图 7.4　模板管理器及选择地图布局版式

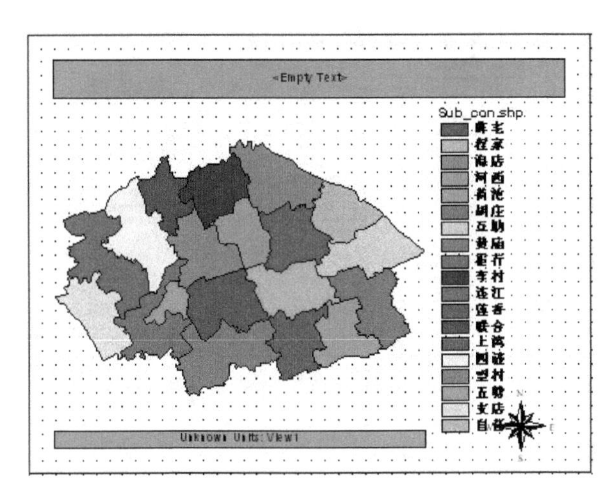

图 7.5　地图版式(1)

(4) 在模板管理器(Template Manager)中重新选取,可改变地图版式,如图 7.6 所示。在图 7.5 中,单击指北针,弹出“North Arrow Manager(指北针管理器)”,如图 7.7 左侧所示,选择一种满意的图例后,单击“OK(确认)”按钮,改变其风格,如图 7.7 右侧所示。

本实验提示 1:除了实验内容外,还可用多种方法来操纵一个激活的图形元素,拖到任何位置,可以放大和缩小,或者激活视图框并选择菜单 Graphics(图形)下的 Size and Position(大小和位置),并在“View Frame Size and Position(视图大小和位置框架)”对话框中,指定各图形(要先激活该图形)元素的高度和宽度及相对位置(均以英寸为单位)。若无法选中要素,可使用菜单 Graphics(图形)下的 Bring to Front and Send to Back(向前或退后)命令。

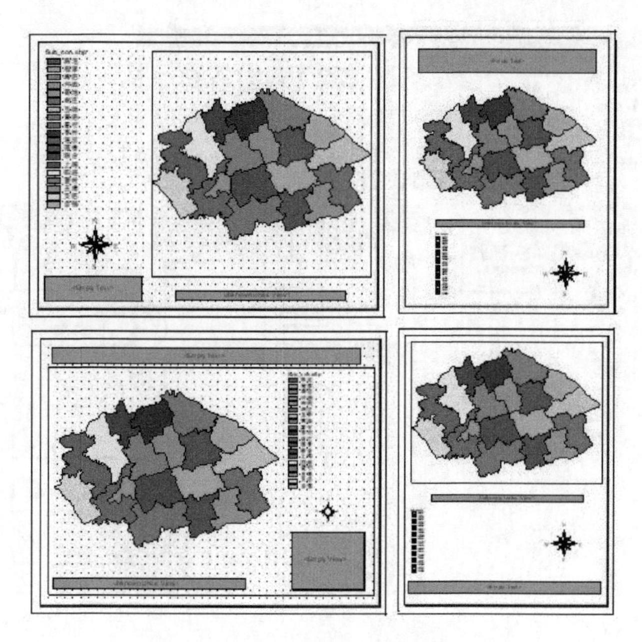

图 7.6 多种地图版式

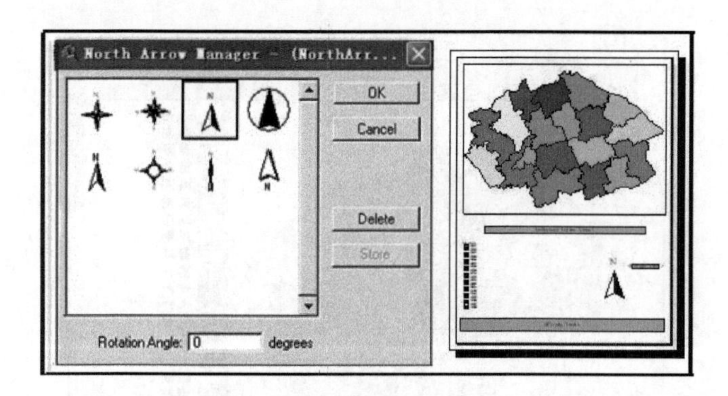

图 7.7 选择指北针样式和改变指北针

本实验提示 2：条状比例尺是唯一较难进行放大或缩小的图形元素；建议多用数字比例尺，如图 7.8 所示。

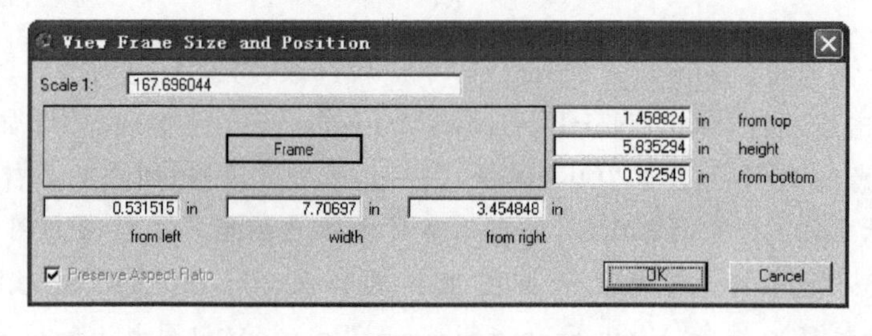

图 7.8 设置图形的位置与尺寸

(5) 选择工具栏中的"Text(文本器)"按钮，在需要输入文字的地方把光标放在文字串的起始位置，单击鼠标即可，并添加文字。选择 Horizontal Alignment(水平对齐方式)、Vertical Spacing(垂直间距)、Rotation Angle(旋转角度)等,摆放好后,可以放大、缩小或移动文字,完成文本注记,如图 7.9 所示。满意后单击“OK(确认)”按钮。

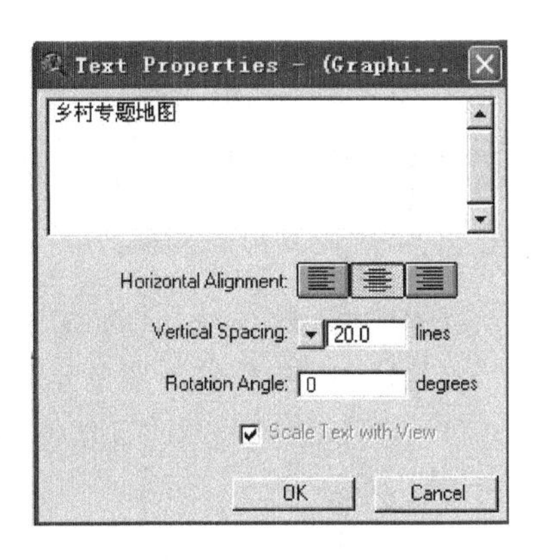

图 7.9 输入文本

(6) 单击工具栏中的“画图工具”按钮,选择“矩形画”,向下拖拽即可添加轮廓线,如图 7.10 所示。

本实验提示 3:其他图形如点、线和圆也可用于地图设计,通常这些图形的默认线宽都很细,可根据需要进行选择,并在“Show Symbol Window(显示符号窗口)”对话框中来改变调色板的颜色(Fill Palette)和线的宽度(Outline),如图 7.11 所示。

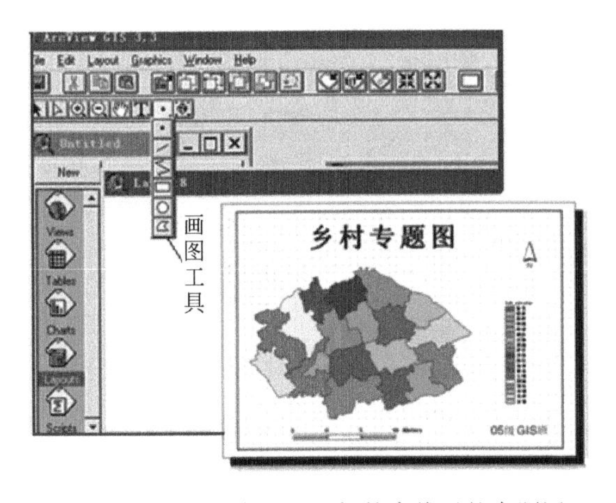

图 7.10 添加轮廓线及添加轮廓线后的专题图

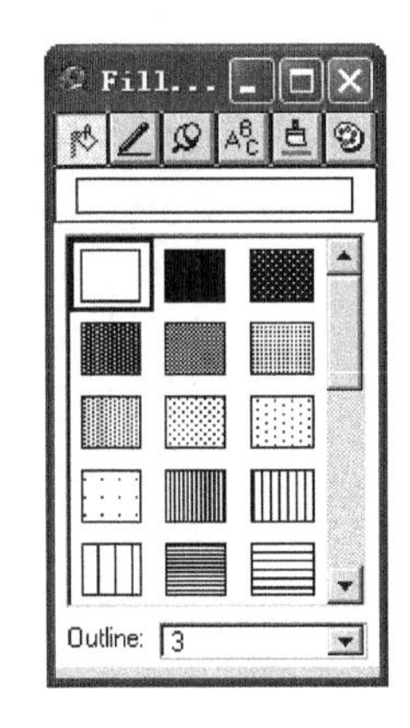

图 7.11 设置图轮廓线样式

(7) 选择“File(文件)|Print(打印)”命令,可输出(Export)地图或存为图形文件,效果如图 7.12 所示。

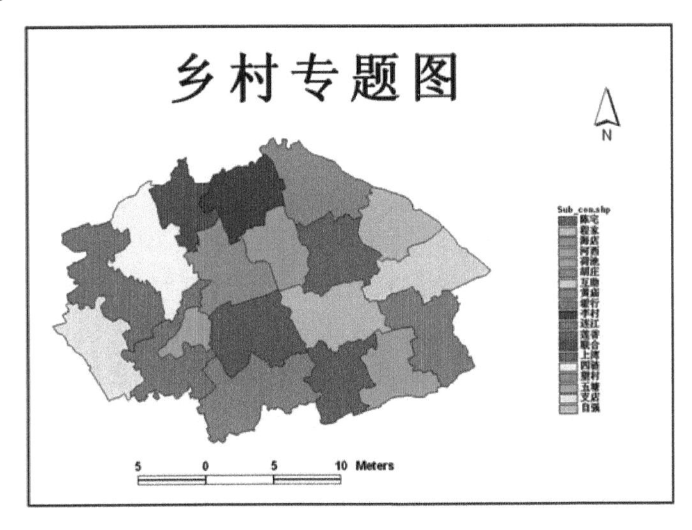

图 7.12 输出地图

2. 制作统计图

实验内容：本制作要求产生选择乡镇的面积统计图。

实验目的：通过本实验了解统计图的制作过程；生成满足条件的统计图；为地图输出做准备。

所需数据：GIS_data\Data7\Ex2 目录下的乡镇图(Townshp. shp，人口密度专题)。

实验过程：制作统计图的步骤如下。

(1) 打开 ArcView GIS 软件，加载所需的图层(Townshp. shp)，如图 7.13 所示。并打开属性表，单击"Area(面积)"字段。

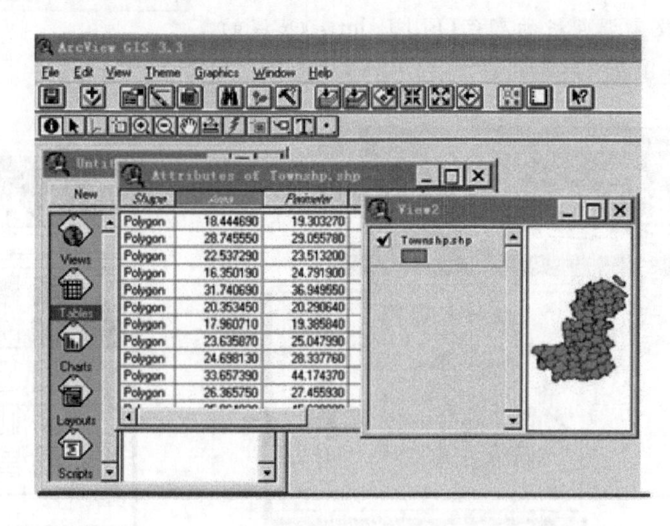

图 7.13 加载数据并打开属性表

(2) 在表中用选择工具和 Shift 键，选择若干条记录(10 条左右)；图表双向显示，如图 7.14 所示。

(3) 选择"Table(表格)|Create Chart(创建图表)"命令，弹出"Chart Properties(图表属性)"对话框，如图 7.15 所示，其中，Name(名称)为"乡村面积"，Table(表格)选择"township. dbf"，Fields(字段)选择"要统计的乡村面积 Area"，并单击"Add(加入)"按钮；在图表属性设置"Label series using(框图上的标签)"为"Con_name"，单击"OK(确认)"按钮，即可生成统计图，如图 7.16 所示。

(4) 实验者可以单击"Con_name"字段，选择"Field(字段)|Summarize(汇总)"命令，对生成的统计图表进行分类汇总，如图 7.17 和图 7.18 所示。

(5) 选择"File(文件)|Print(打印)"命令，即可完成输出打印。

本实验提示 4：要注意在制作统计图之前激活的字段为要统计的字段，选择要统计的字段和图例标签是按照标签字段进行统计；汇总前激活的字段是分类字段，汇总字段和汇总类型在汇总对话框中选择。

3. 制作专题地图

实验内容：等值区域图按行政单元显示统计图，在本制作中，你将对 1990—1998 年间

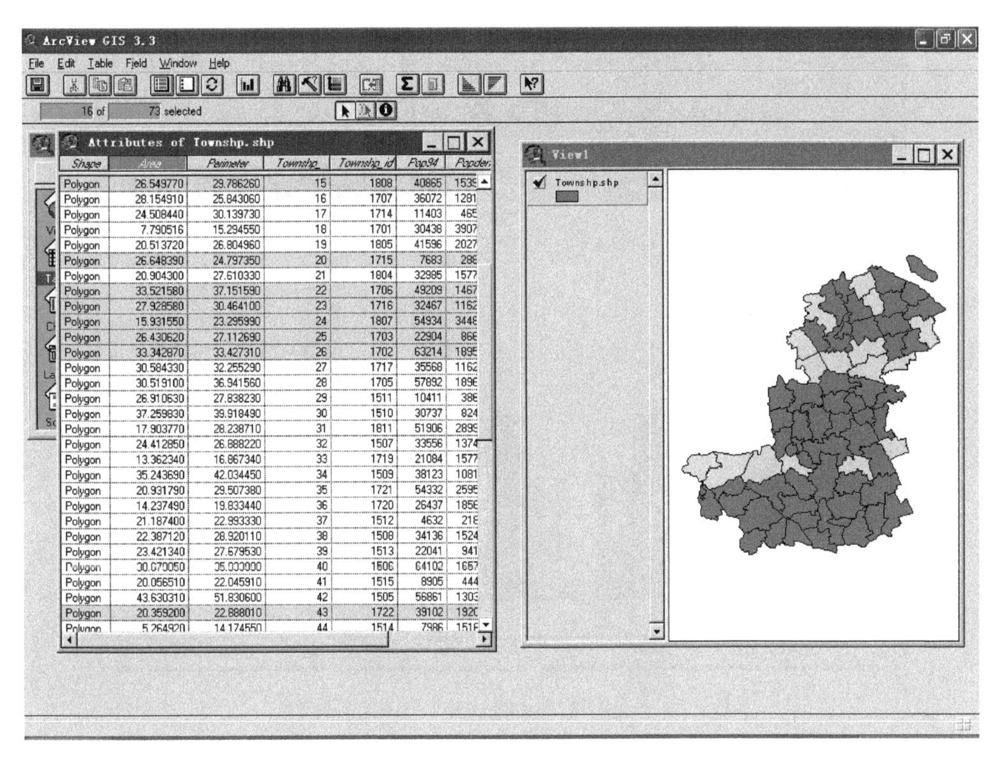

图 7.14　选中若干条记录

Chart Properties

Name: 乡村面积　　OK

Table: townshp.dbf　　Cancel

Fields: Area, Perimeter, Townshp_, Townshp_id, Pop94　　Add　Delete　　Groups: Area

Label series using: Con_name

Comments:

图 7.15　设置图表属性

美国各州人口的变化率作图。

实验目的：练习专题图的制作及输出，熟悉地图设计中的各种操作，最终能完成专题图的输出。

所需数据：GIS_data\Data7\Ex3 目录下的 Us. shp，一个显示 1990—1998 年间美国各州人口变化专题的 shapefile，该专题的投影为阿伯斯等积投影，单位是米。

实验过程：制作专题地图的实验步骤及结果分析如下。

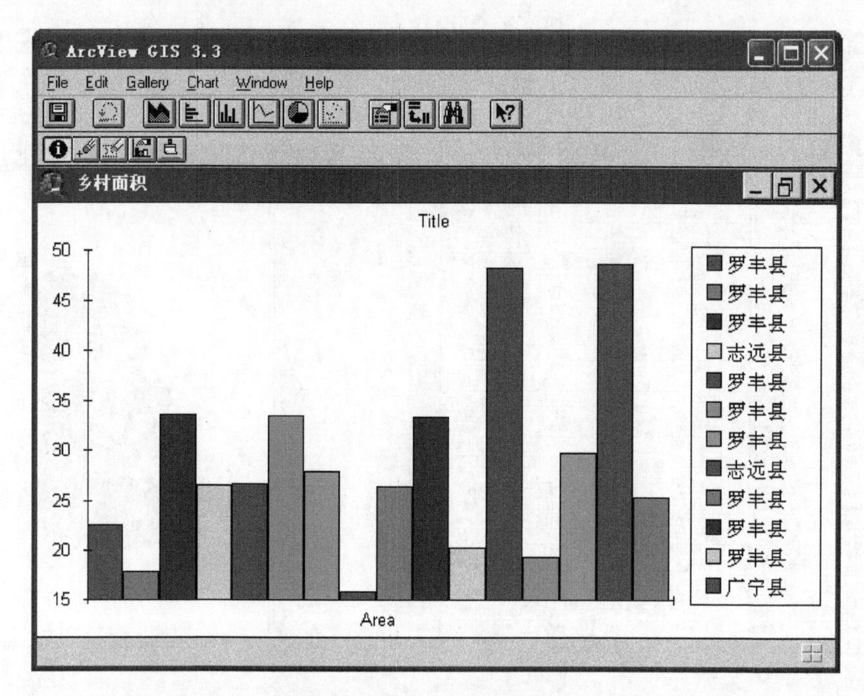

图 7.16 生成统计图

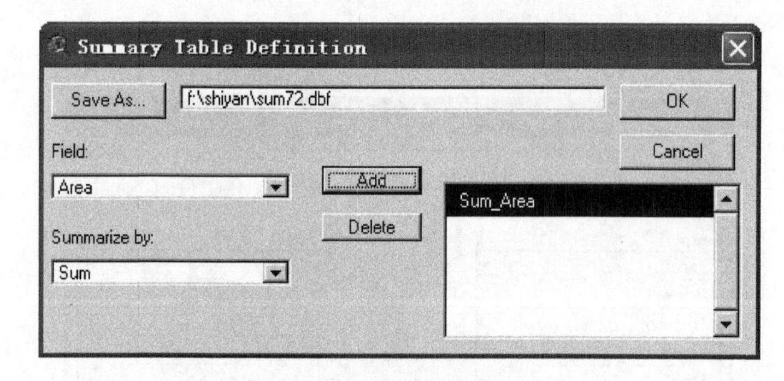

图 7.17 定义汇总字段

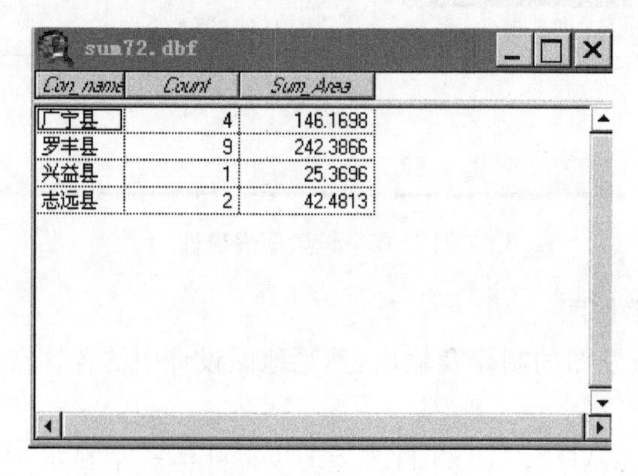

Con_name	Count	Sum_Area
广宁县	4	146.1698
罗丰县	9	242.3866
兴益县	1	25.3696
志远县	2	42.4813

图 7.18 分类汇总表

(1) 打开 ArcView GIS 软件,打开工程 View(视图),加载所需数据,如图 7.19 所示。

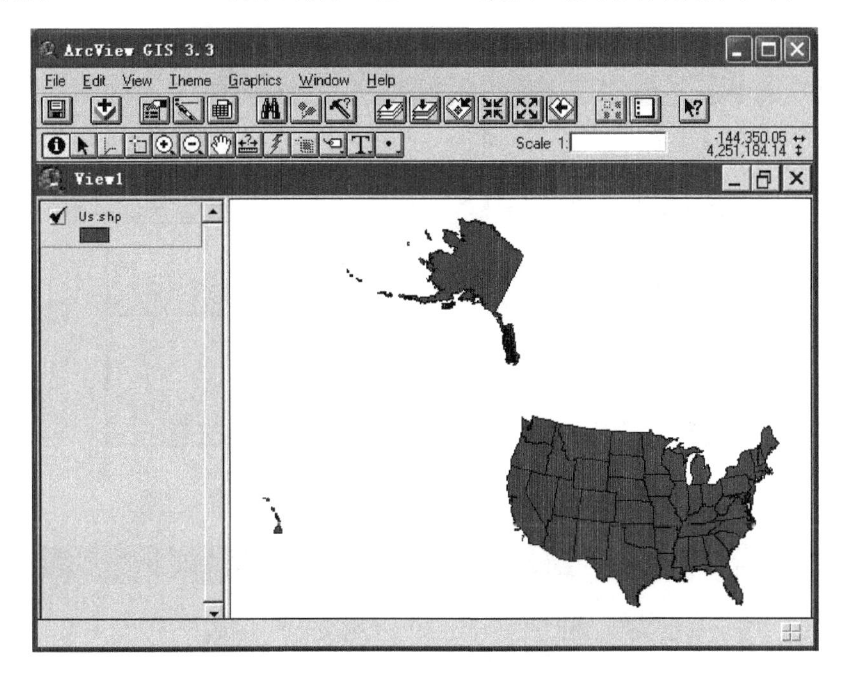

图 7.19　加载数据

(2) 选择"View(视图)|Properties(属性)"命令,在弹出的"View Properties(视图属性)"对话框中将名字(Name)改为"Population Change By State,1990—1998(从 1990—1998 年州人口变化)",地图单位改成"meters(米)",单击"OK(确认)"按钮。这样,视图名称就变成所需的地图名称,如图 7.20 所示。

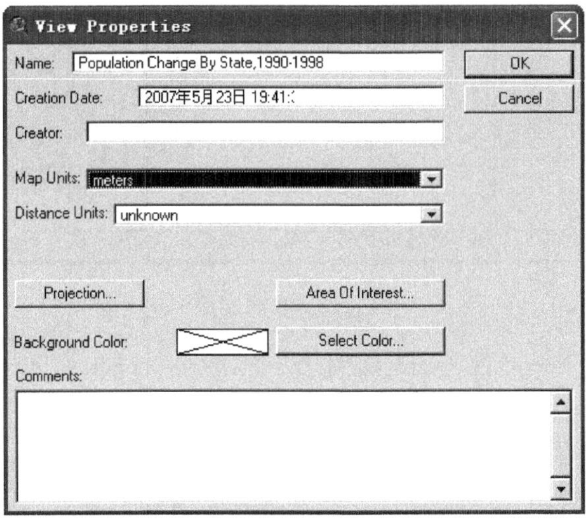

View Properties
Name: Population Change By State,1990-1998
OK
Creation Date: 2007年5月23日 19:41:
Cancel
Creator:
Map Units: meters
Distance Units: unknown
Projection...
Area Of Interest...
Background Color:
Select Color...
Comments:

图 7.20　改变视图名称与地图单位

(3) 选择"Theme(专题)|Properties(属性)"命令,弹出"Theme Properties(专题属性)"对话框,其中的专题名(Theme Name)改为"Percentage Change(百分率变化)",单击"OK

(确认)"按钮,该专题名称应成为该专题图例的注释,如图 7.21 所示。视图效果如图 7.22 所示。

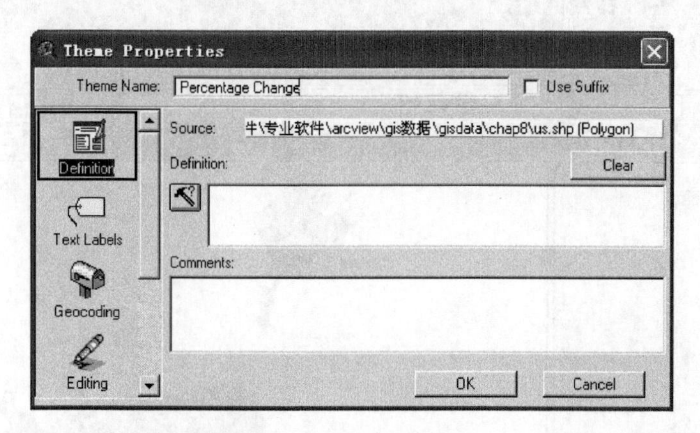

图 7.21 改变专题名称

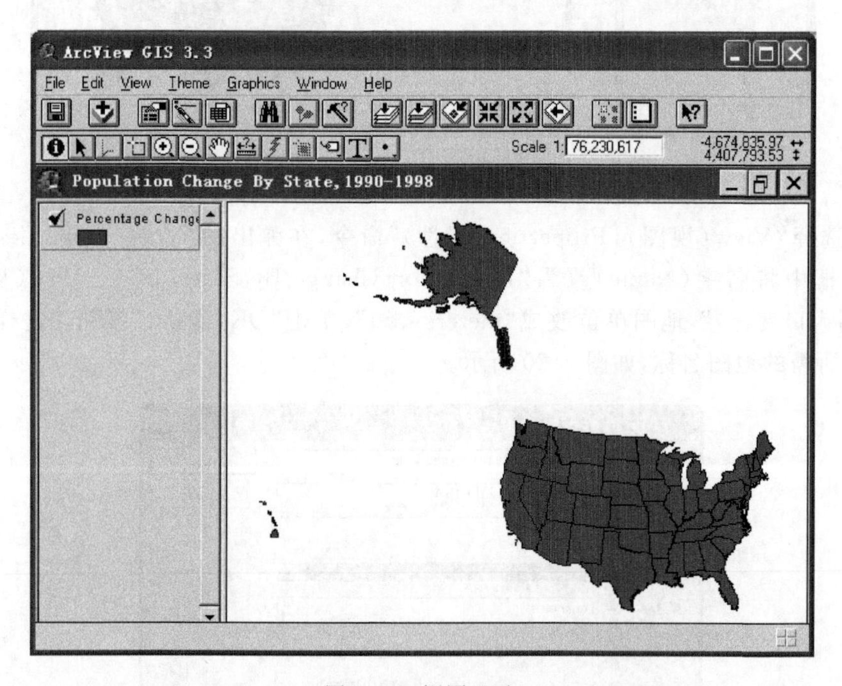

图 7.22 视图显示

(4) 选择"专题(Theme)|Legend(图例)"命令,弹出"Legend Editor(图例编辑器)"对话框,其中,专题(Theme)为"Percentage Change",图例类型(Legend Type)为"Graduated Color(渐变颜色)",分级字段栏(Classification Field)选择"Zchange",该字段包含了 1990—1998 年百分率变化的数据,默认设置分为"5 种类型",分类方法为"Natural Breaks(自然断点法)",采用的是"Red Monochromy(红色的单色)"的方案;单击"Apply(应用)"按钮,如图 7.23 左图所示。完成修改图例。

(5) 在图例编辑器中单击"Classify(分类)"按钮,弹出"Classification(分类)"对话框,其中类型(Type)为"Natural Breaks"(自然断点法)",分类数(Number of classes)为"5",精度

(Round values at)为小数点后两位,如图 7.23 右图所示。单击"OK(确认)"按钮,可改变类型。

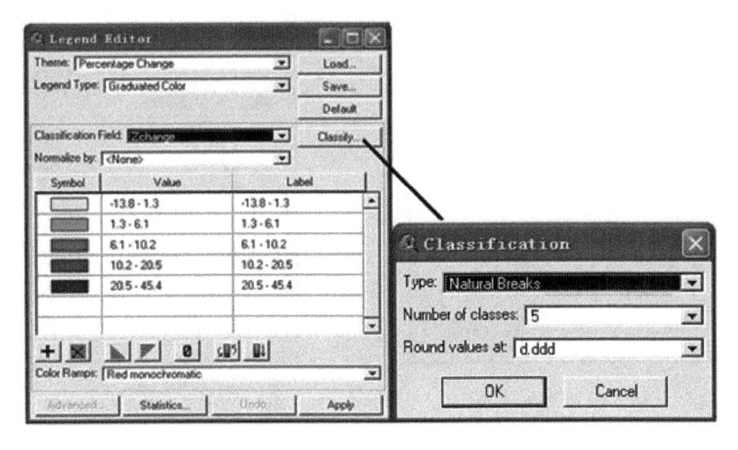

图 7.23　修改图例和类型及分类对话框

本实验提示 5:在"Classification(分类)"对话框中可改变类型数和分类方法。其一,改变类型分割点,单击 Value 栏下的单元格,输入用户希望的类型分割点,然后单击 Apply(应用)按钮;其二,改变分割点使用小数位为 0 的数,采用逻辑断点(如 0),这样负值与正值可以被清楚地分开,如图 7.24 所示。

(6) 选择颜色。在"Color Ramps(颜色变化)"对话框中包含了适于定量数据制图的各种色彩方案,也可以双击 Symbol(符号)单元格以打开调色板,逐个进行调色。单击"Custom(自定义)"按钮,可以打开"Specity Color(定义颜色)"对话框,它是基于 HSV(色相、饱和度、色值)色彩模式的,每个色彩维度的值域为 0～255,如图 7.25 所示。可以设置用户需要的颜色为色彩方案,如图 7.26 所示。

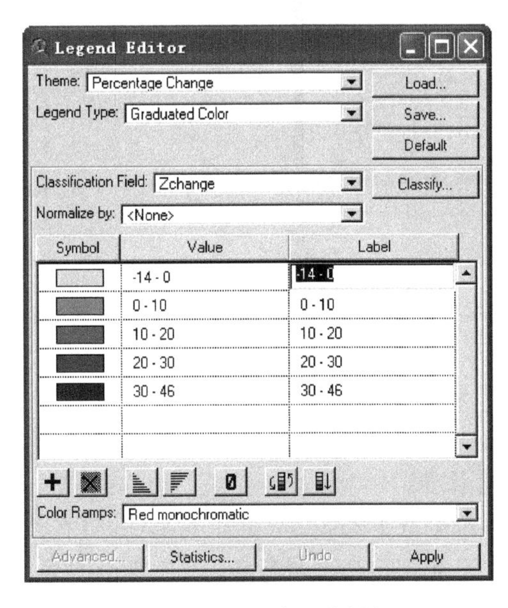

图 7.24　改变类型分割点

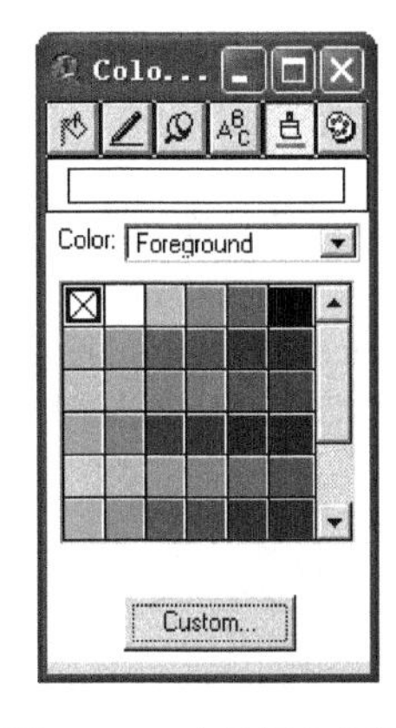

图 7.25　选择颜色框图

(7) 布局模板选择。在菜单视图(View)中单击 Layout(布局)图标,在 ArcView 模板管理器中有 5 种默认的模板,选择其中一种“Portrait(肖像)”,单击“OK(确认)”按钮,就看到一幅带有图名、图例、条状比例尺和指北针的美国地图的版面,如图 7.27 和图 7.28 所示。

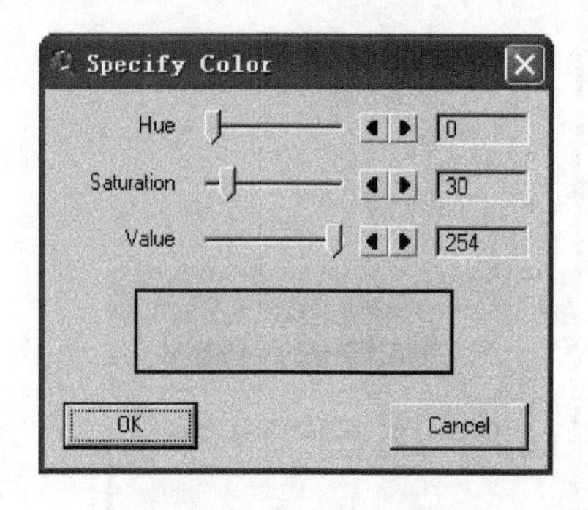

图 7.26 设置颜色界面

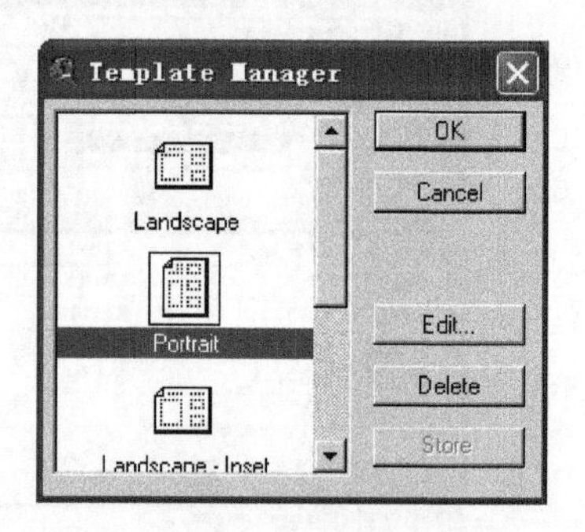

图 7.27 选择地图布局版式

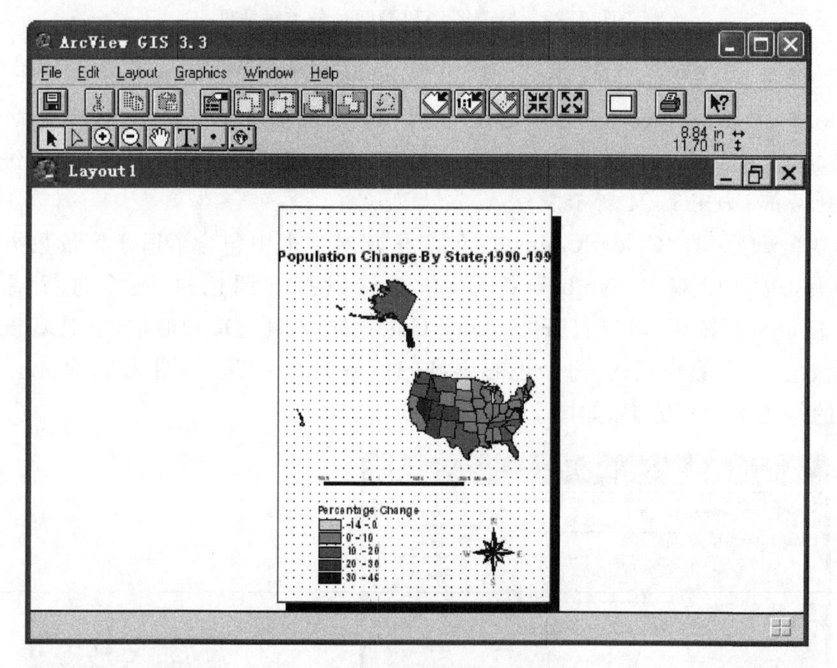

图 7.28 未修改的地图版面

本实验提示 6:地图版图格网控制着各个地图要素的排列,若要调整格网,可在 Layout Properties 布局属性对话框中调整水平和垂直的间隔,如图 7.29 所示。

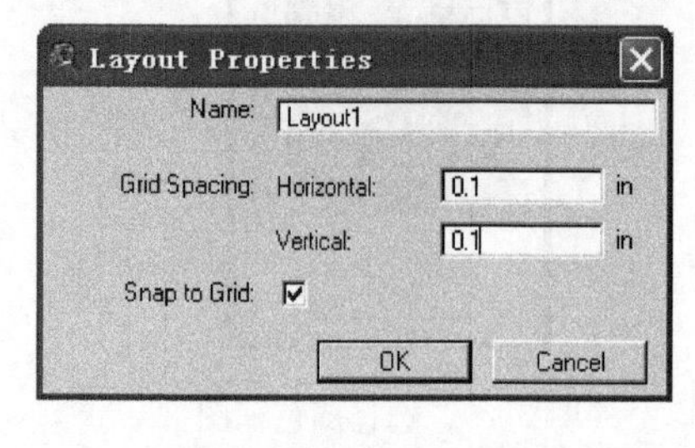

图 7.29 调整格网属性

本实验提示 7:如何编制基础地图后面谈及,有许多种方法来操纵一个激活的图形元素,拖拽移动到任何位置,可以放大和缩小,或者选择“Graphics(图形)|Size and Position(大小和位置)”,在弹出的对话框中指定图形元素的高度和宽度及相对位置(均以英寸为单位),条状比例尺是唯一较难进行放大或缩小的图形元素;无法选中要素,使用“Graphics(图形)|

Bring to front(向前)或 Send to back(退后)”命令；Text 工具可在图上添加文字，把光标放在文字串的起始位置，单击鼠标即可，选择水平对齐方式、垂直间距、旋转角度等，摆放好后，可以放大、缩小或移动文字；要添加轮廓线，使用 Draw Point 工具并选择矩形向下拖拽即可，其他图形如点、线和圆也可用于地图设计，通常这些图形的默认线宽都很细，选择 Windows/Show Symbol Window 来改变 Fill Palette 中的 Outline 宽度，从而改变线宽。

(8) 地图编排。在未修改的地图版面上把图名、图例，指北针、比例尺和制图者放置在适当的位置。如指北针有很多种款式可以用，选中并双击可以打开指北针选项，选择喜欢的款式，单击“OK(确认)”按钮，修改页和地图版图如图 7.30 所示。

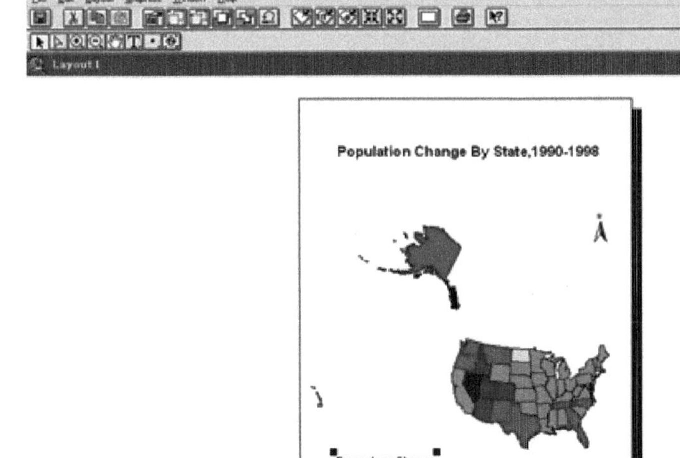

图 7.30　设计好的地图版面

(9) 打印地图。选择“File(文件)|Print(打印)”命令，或选择“File(文件)|Export(输出)”命令，可输出打印地图或存为图形文件。效果如图 7.31 所示。

4. 生成系列地图

利用地图数据库中的数据(或文件)，在 GIS 软件支持下，可生成时态变化的系列地图。图 7.32 是福州 1989 年和 2000 年土地利用变化系列地图。请结合遥感数据处理进行实践。

5. 输出地图

在编制基础地图和专题地图时已介绍过输出地图的步骤，这里作为“输出地图”一个完整的内容提供实验者实习。尤其是页面设置和新建布局特征，对地图的进一步处理，模板的设计及保存再调用等操作。

实验内容：练习地图布局(版面)的设置和地图的输出。

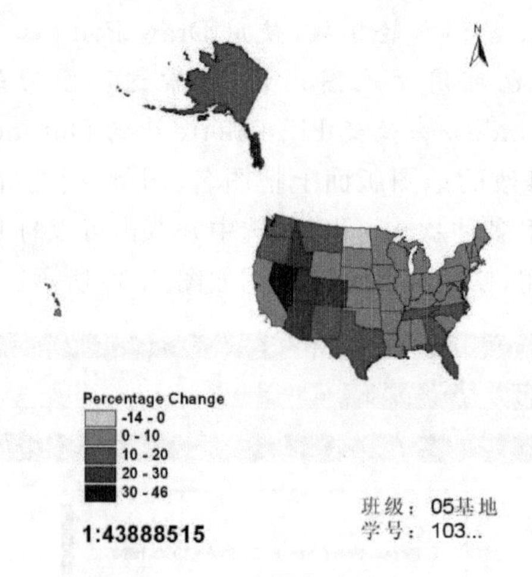

图 7.31 地图打印输出

时间(年)	耕地	园地	林地	居工矿地	水体	未利用地
1989	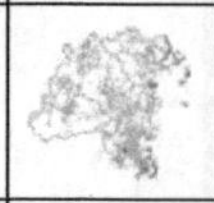		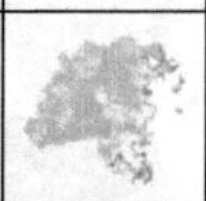		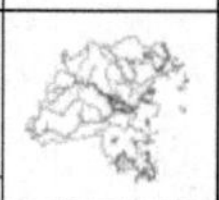	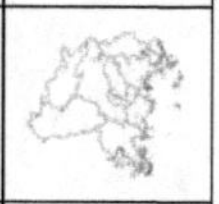
2000	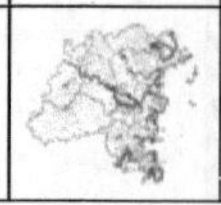	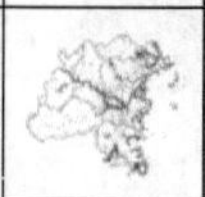		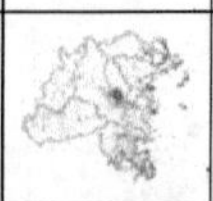	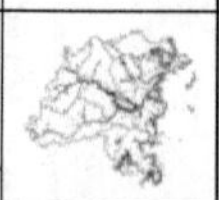	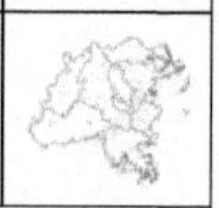

图 7.32 系列动态地图

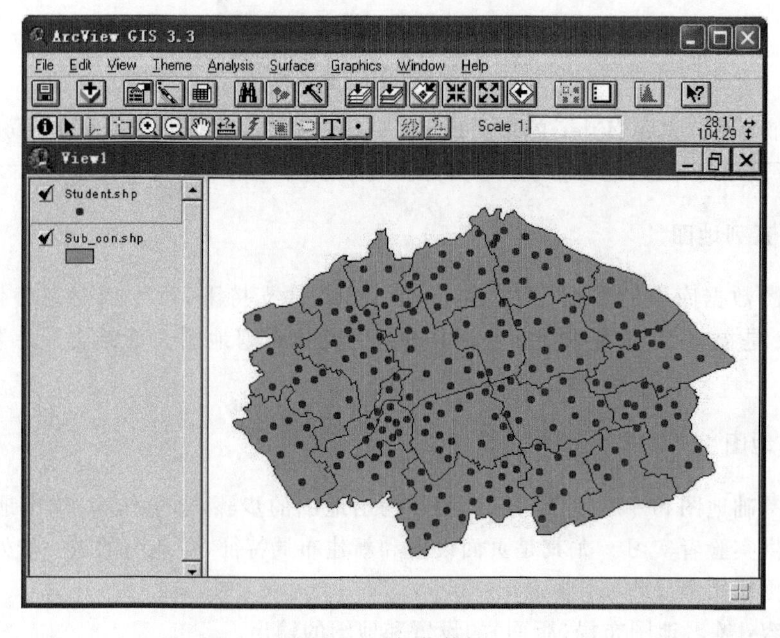

图 7.33 加载数据

实验目的：通过实验，了解新建布局的设置，并能初步掌握自己制作地图模板及地图输出的设计。

所需数据：GIS_data\Data7\Ex1 目录下的学生(Student.shp)和村庄(Sub_con.shp)。

实验过程：输出地图实验步骤及结果分析如下。

(1) 加载数据(Student.shp 和 Sub_con.shp)，如图 7.33 所示，并设置地图单位为 km(千米)。

(2) 在工程窗口中，单击"Layout(布局)"图标，单击"New(新建)"按钮；新建布局如图 7.34 所示。

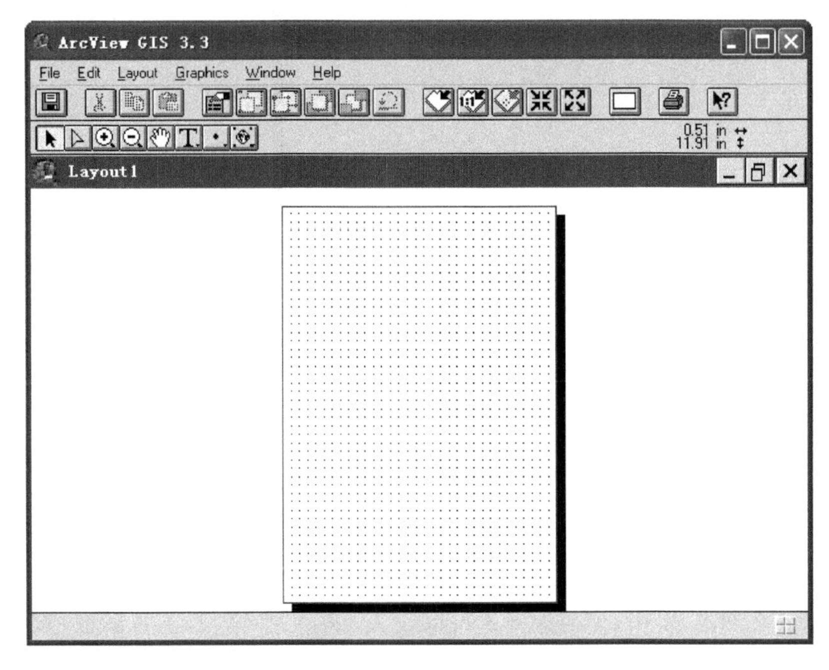

图 7.34　空地图版面

(3) 选择"Layout(布局)|Page Setup(页面设计)"命令，在弹出的"Page Setup(页面设计)"对话框中，选择"Page Size(纸张的大小)"，包括度量单位(Centimeters)、宽(Width)和高(Height)；"Orientation(纸张的方向)"，是横排还是竖排；"Margins(页面边距)"，可以使用打印机的默认方式，也可以用键盘输入上："0.4"，下："0.8"，左："0.4"，右："0.4"；"Output Resolution(输出图形的分辨率)"，有高、正常、低选项。选择后单击"OK(确认)"按钮，如图 7.35 和图 7.36 所示。

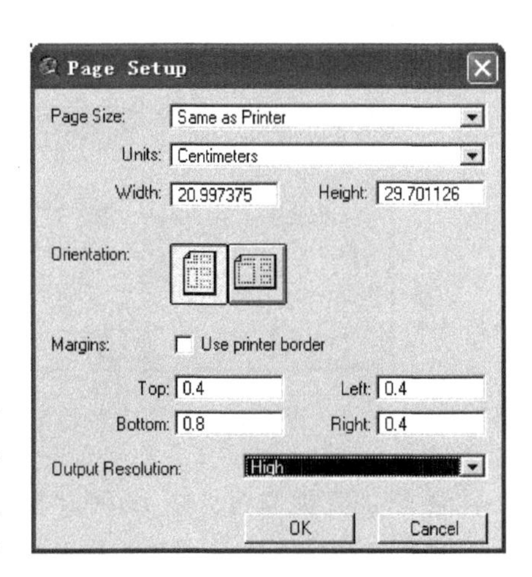

图 7.35　设置地图页面

(4) 选择"Layout(布局)|Properties(属性)"命令，在弹出的"Layout Properties(布局属性)"对话框中，设置特征，横向格网间距和纵向格网间距，并选中"Snap to Grid(捕捉格网)"，单击"OK(确认)"按钮，如图 7.37 所示。

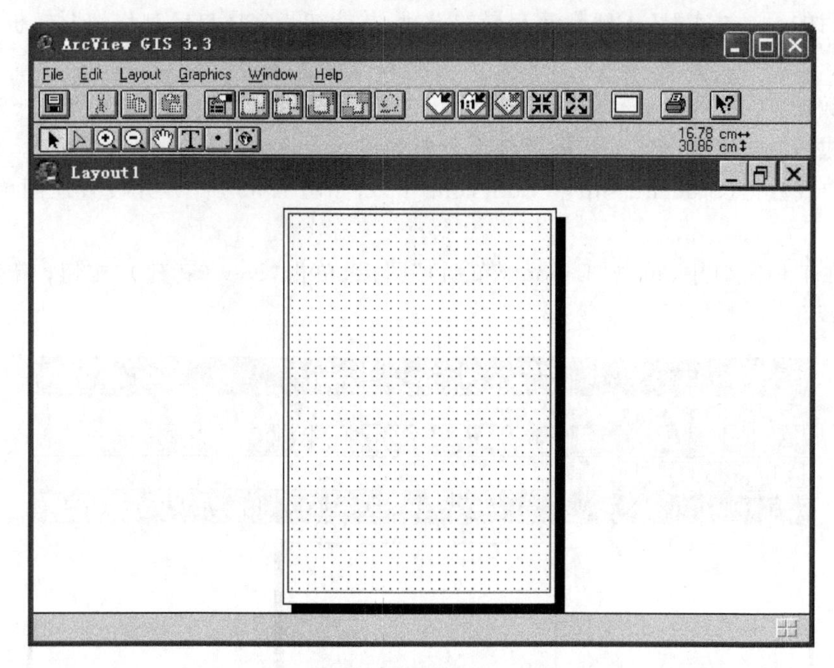

图 7.36 设置好的地图页面

(5) 添加专题图。在 Frame Tool(框架工具)图标上选择 View Frame(视图的框架),用鼠标在 Layout(布局)中拖动出一个视图框;选择工程中已经定义的视图,选中 Live Link(实时链接)复选框,Scale(比例尺)Automatic(自动)生成,Extent(范围)选择让专题图 Fill View Frame(充满图框),Display(显示)选择 When Active(当激活时),Quality(显示质量)为 Presentation(正式表达方式);单击"OK(确认)"按钮,如图 7.38 所示。加入视图,如图 7.39 所示。在图 7.39 中,使用选择键可以放大、缩小、平移、删除视图框,双击可修改曾经输入的设置。

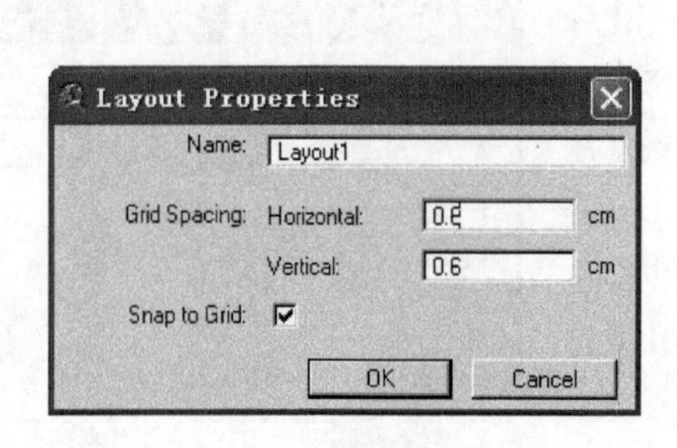

图 7.37 设置布局特征

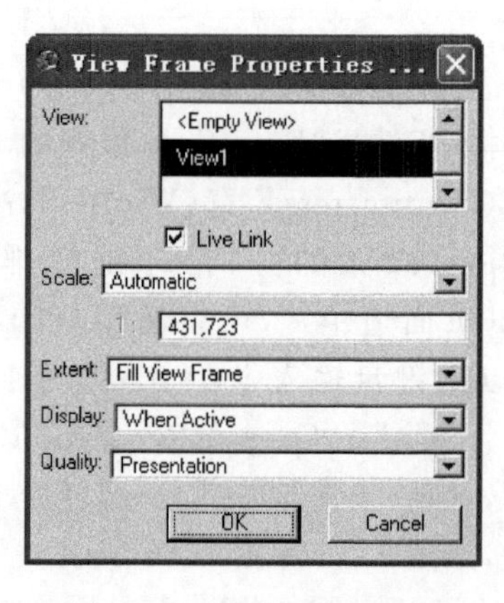

图 7.38 设置视图框属性

(6) 添加其他内容。在 Layout 窗口中工具栏的 Frame Tool(框架工具)图标上选择图例、比例尺、指北针、统计图、表、图片(扫描图像、数字照片、遥感图像);用 Drawing Tool(绘图工具)选择矩形添加图框线,也可用选择工具调整图框线,如图 7.40 所示。

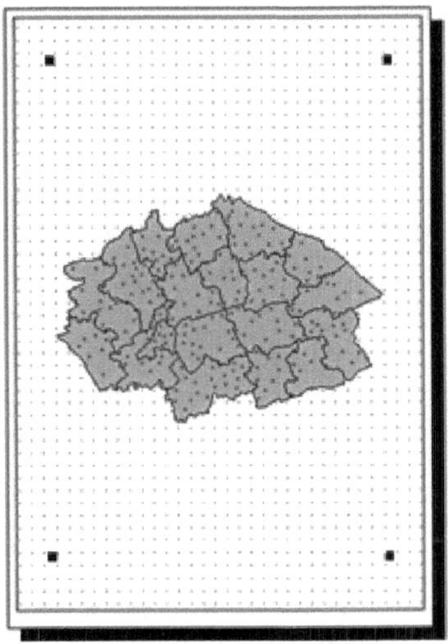

图 7.39　加入视图

图 7.40　加入各种地图要素

(7) 进一步处理。

首先，设置地图背景。可在 View(视图)窗口中设置。选择“(View)视图 | Properties(属性)”命令，单击“Background Color(背景颜色)”选择所要的颜色(Color)，单击“OK(确认)”按钮后视图背景色就变化了，在 Layout(布局)中地图背景色也相应地改变，如图 7.41 所示。

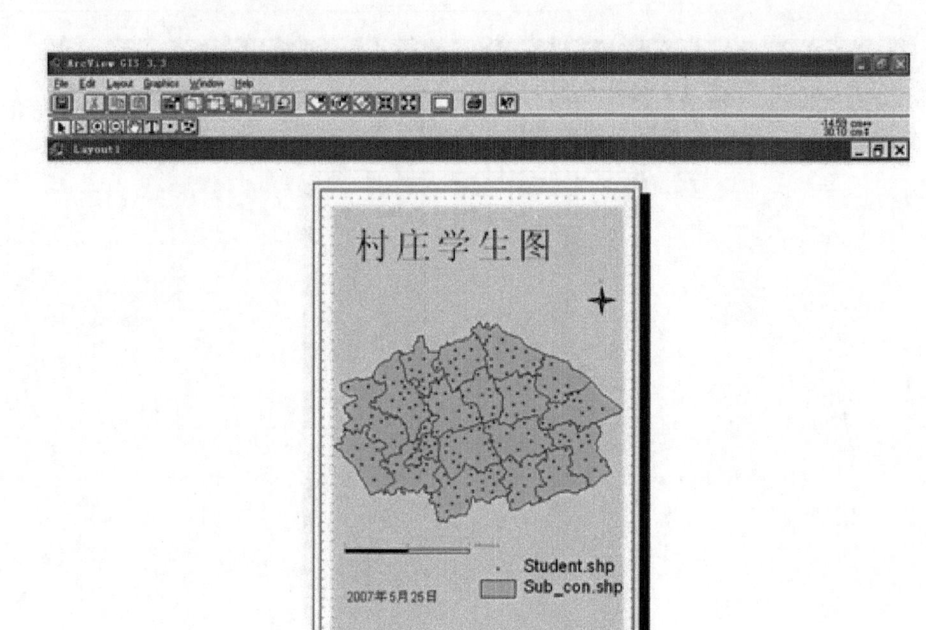

图 7.41 设置地图背景

其次，精确比例绘图。选择“Graphics(图形)|Size and Position(大小和位置)”命令，在“View Frame Size and Position(视图框大小和位置)”对话框中输入确切的地图比例尺(Scale)和视图框边距，包括左、右、宽(Left、Right、Width)、顶、底、高(Top、Bottom、Height)，可以按精确比例缩放地图，精确定位地图。从很大的空间数据库中选出一个局部，又要求精确输出时，这种方法比较方便，如图 7.42 所示。

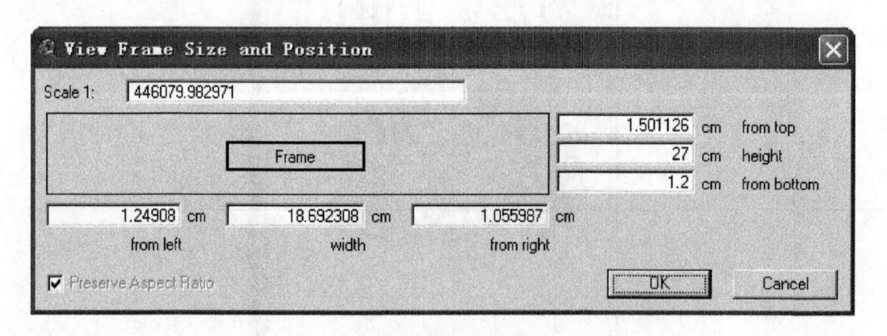

图 7.42 设置视图位置和尺寸

最后，模板保存后再调用。选择“Layout(布局)|Store As(模板保存)”命令，即完成模板保存。

本实验提示 8：在保存模板之前，建议清空布局中各种图文框里的内容。具体操作：选择“Layout(布局)|Use Template(利用模板)”命令，在弹出的“Template Properties(模板属性)”对话框中，可命名模板且双击所需要的模板 Icon(图标)，单击“OK(确认)”按钮，进入模板管理器选中所要的模板。可再到模板属性框中修改模板的名字，或删除已选的模板，或在现成的模板中添加图形、文字等，比从头做起方便得多，而且输出的地图风格、样式统一，见图 7.43～图 7.46。

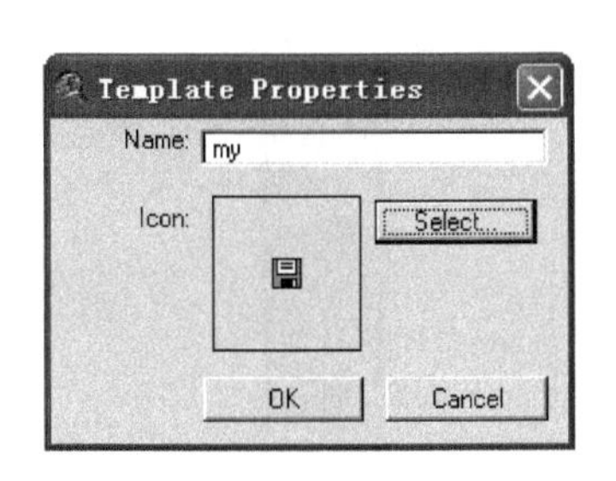

图 7.43 修改模板的名称

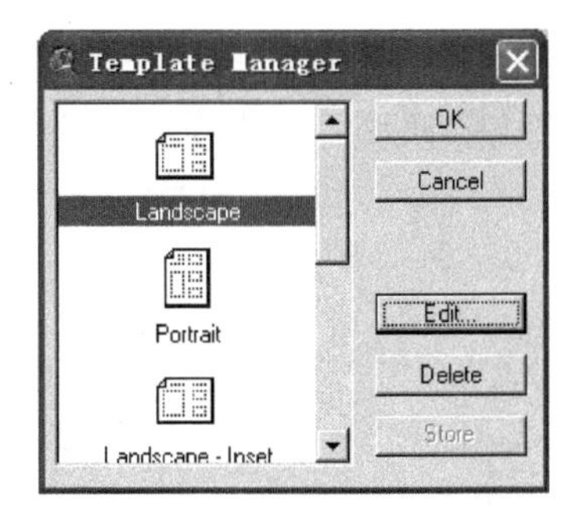

图 7.44 选择模板图示

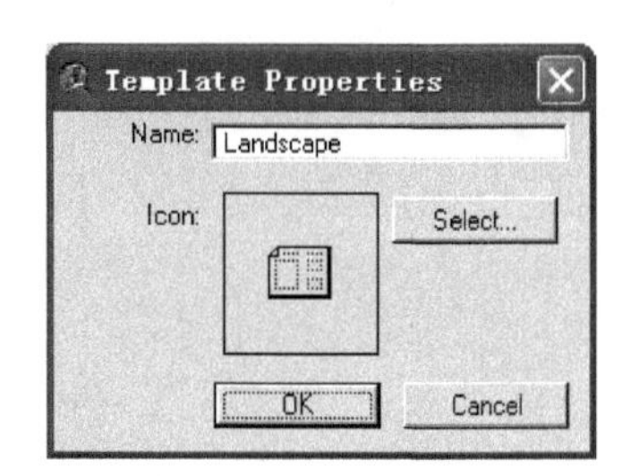

图 7.45 确认模板图示

(8) 打印或输出中间文件。选择"File(文件)|Print(打印)"命令,在弹出的"File Print(文件打印)"对话框中,输入打印选项,一般这些选项由打印机的类型决定。或选择"File(文件)|Export(输出)"命令,在弹出的"File Export(文件输出)"对话框中选择输出的中间文件格式(如 *.JPG 或 *.BMP 等),通过选项(Option)键可调整将输出的中间文件的分辨率(Resolution),如图 7.47 所示。最后以 JPG 格式保存输出地图的效果,如 7.48 所示。

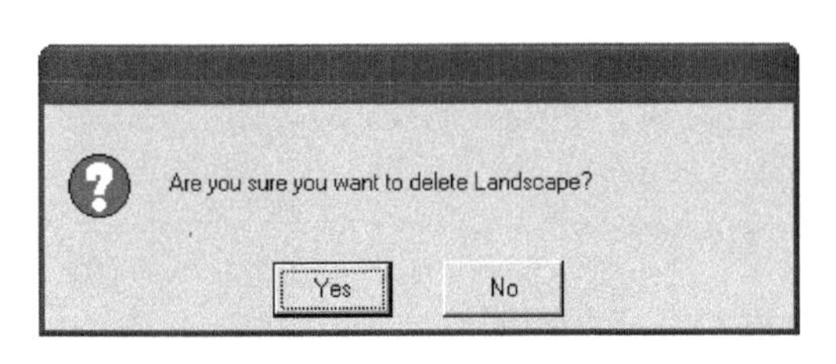

图 7.46 单击确认图示

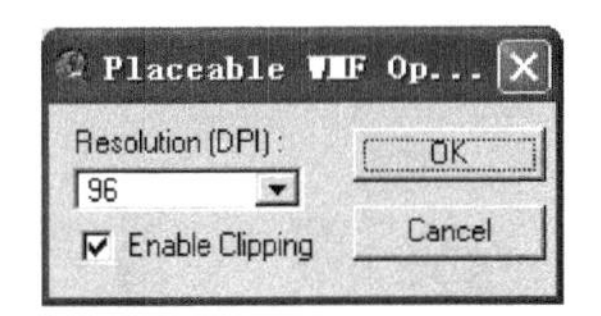

图 7.47 设置分辨率

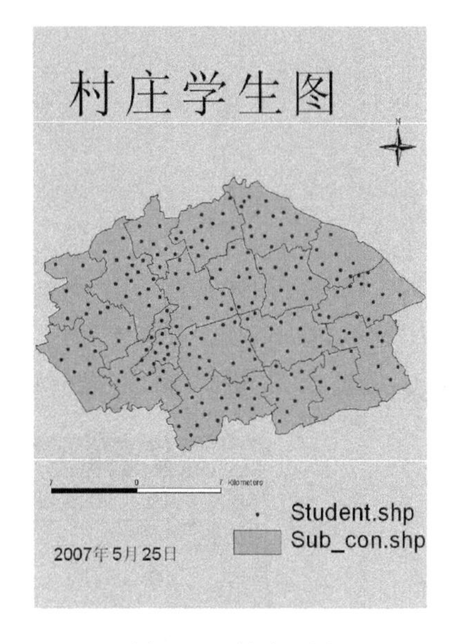

图 7.48 输出地图

(二) 用 MapInfo 实现地图设计与输出

实验内容:利用 MapInfo 创建专题地图以及进行地图输出设计。
实验目的:掌握利用 MapInfo 完成地图设计和输出。
所需数据:GIS_data\Data7\Ex4 目录下的 Fz_xzq.tab 或 Fz_szh1。
实验过程:用 MapInfo 实现地图设计与输出的步骤如下。

1. 创建专题地图

(1) 启动软件。打开 MapInfo 软件,添加所需数据(Fz_xzq.tab 或 Fz_szh1),如图 7.49 所示。

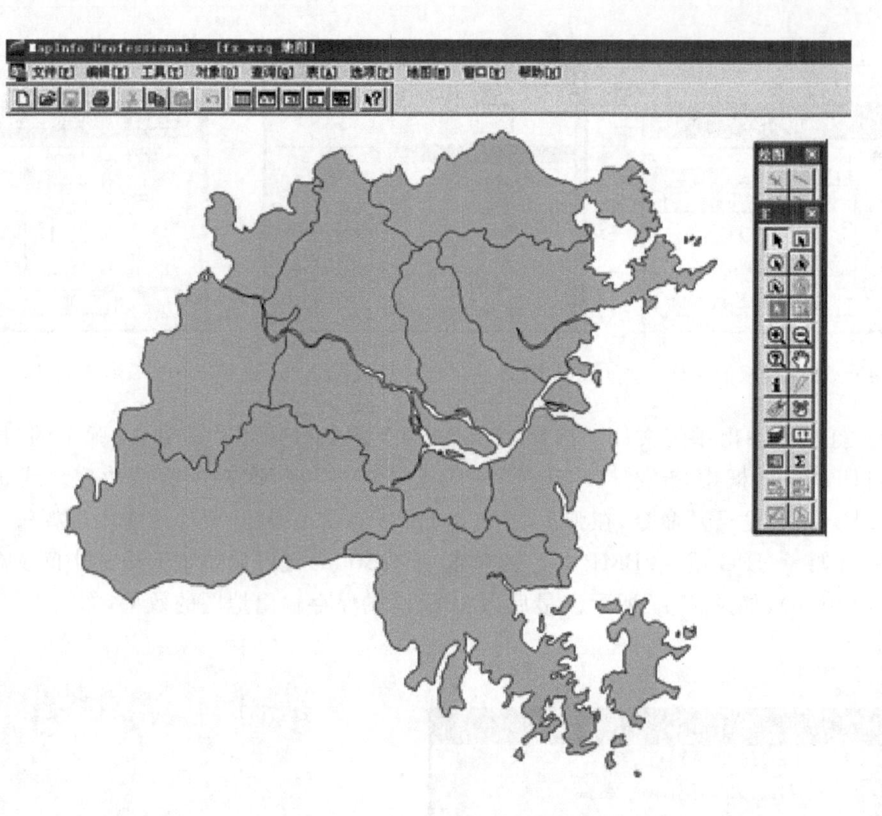

图 7.49　加载数据

(2) 选择要创建的专题图类型。选择“地图(Map)|创建专题地图(Create Thematic Map)”命令，在出现的“创建专题地图(Create Thematic Map)”对话框中，可分三步完成。

① 选择类型“饼图”中的“缺省饼图”，然后单击“下一步(Next)”按钮，如图 7.50 所示。

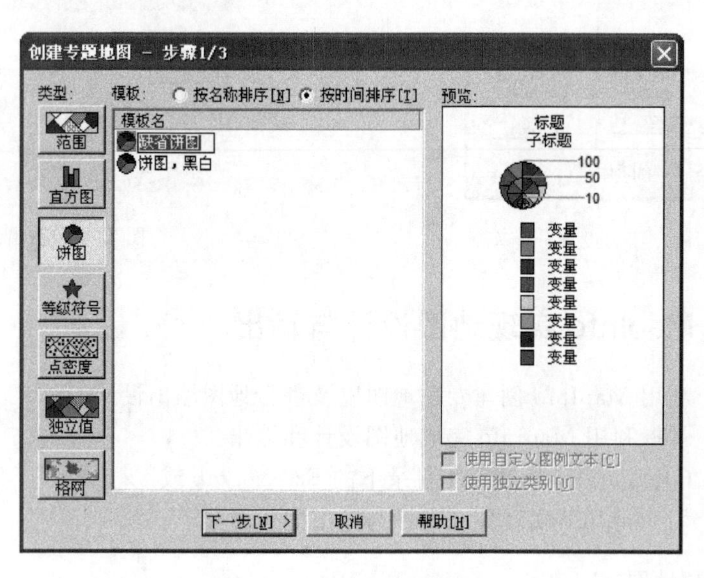

图 7.50　选择专题图类型

② 选择要创建专题图的表和字段。在“创建专题地图”对话框中，选择要创建专题图的表名称(fz_xzq.tab)，在字段列表框中，选中来自表中字段“GDP_total_2001”，单击“添加(Add)”按钮，该字段名就从左侧的方框移到右侧的方框中。如果字段选错了，也可以选用“重移(Remove)”按钮把字段从右侧移到左侧。选好后单击“下一步(Next)”按钮，如图 7.51 所示。

③ 设置专题图样式及图例。在“创建专题地图”对话框中(如图 7.52 左侧所示)中，单击自定义(Customize)选项组中的“样式(Styles)”按钮，设置饼图的样式，单击“图例(Legend)”按钮，设置图例。在图例标注顺序(Legend Label Order)选项组中可选中“升序(Ascending)”或“降序(Descending)”来排列，也可以单击“模板(Template)”选项组中的“存为(Save As)”按钮，把设置保存成一个模板，以便下次创建专题图时再引用。在预览框(Preview)中可看到设置的结果是否满意，如果满意，单击“确定”按钮退出，此时看到的专题图效果如图 7.53 所示。

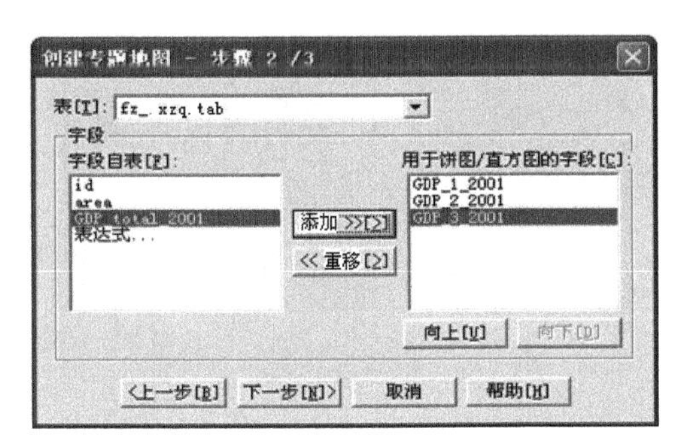

图 7.51　选择创建专题图的表和字段

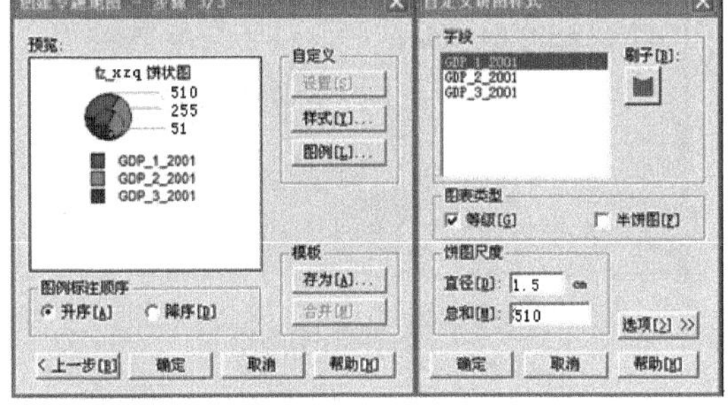

图 7.52　设置专题图的样式及图例

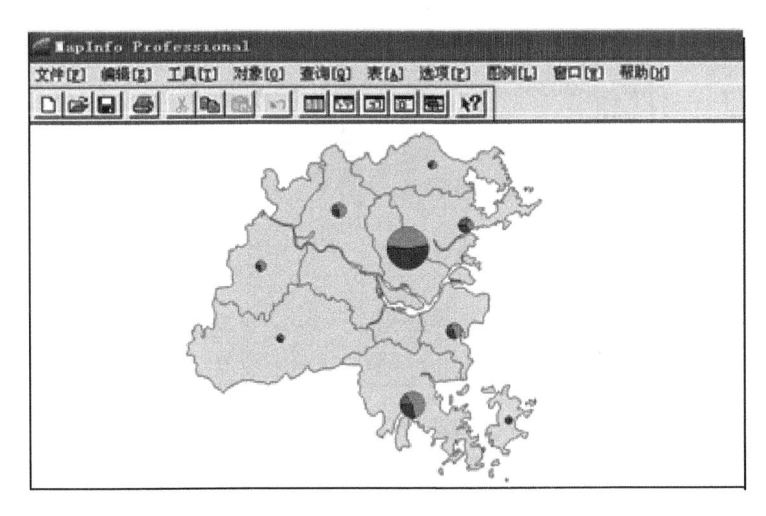

图 7.53　饼状专题图生成

2. 地图输出设计

(1) 添加标注

首先，选择“地图(Map)|图层控制(Layer Control)”命令，在弹出的“图层控制(Layer

Control)”对话框中选中要进行标注的图层(fz_xzq),并选中可视和编辑选项状态,如图 7.54 所示,单击“标注(Label)”按钮,进入标注对话框。

其次,在如图 7.55 所示的 fz_xzq 标注选项对话框中,在“标注项(Label with)”下拉列表框中选择需要标注的字段;在“可视性(Visibility)”选项组中设置对话框中设置标注的可视性以及是否允许标注相互重复或重叠;在“样式(Styles)”下拉列表框中设置标注的样式;在“位置(Position)”下拉列表框中设置标注的摆放位置,用户设置完后单击“确定”按钮退出。

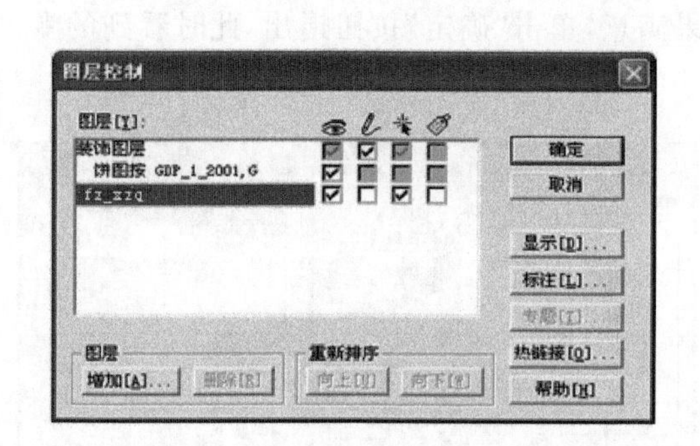

图 7.54 选择标注的图层

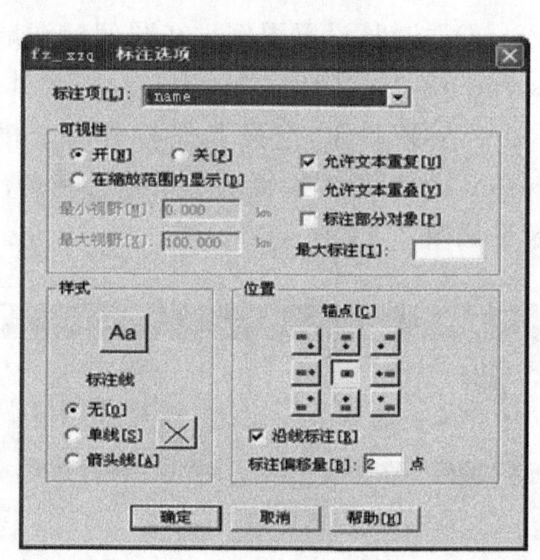

图 7.55 设置标注选项对话框

最后,回到“图层控制(Layer Control)”对话框,选中“自动标注(Auto Label)”状态,如图 7.56 所示,单击“确定”按钮回到地图窗口,此时看到的专题图如图 7.57 所示,根据需要可适当调整标注位置。

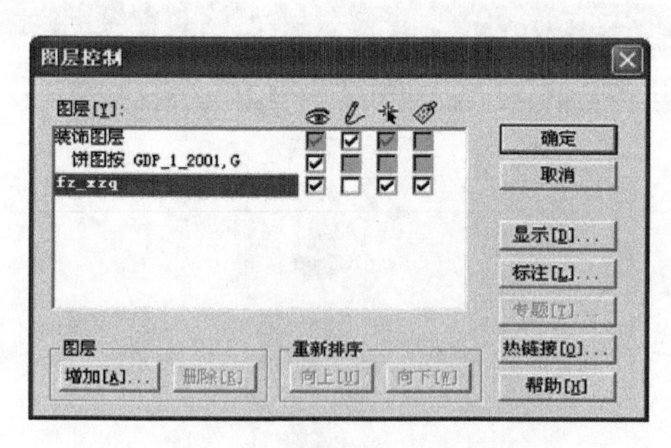

图 7.56 选择自动标注的图层

本实验提示 9:*MapInfo 的指北针是作为点符号放在符号库的“MapInfo Arrows”中。*

(2) 添加指北针

单击绘图工具栏中的“点样式”按钮,出现“符号样式(Symbol Style)”对话框,在这里可以设置指北针样式。在“字体(Font)”下拉列表框中选择“指北针(MapInfo Arrows)”选项,在其右侧下列表框中设置指北针符号的尺寸,在“符号(Symbol)”下列表框中选择喜欢的指北针符号,在“颜色(Color)”中设置颜色。如果对符号进行旋转,可设置旋转的角度

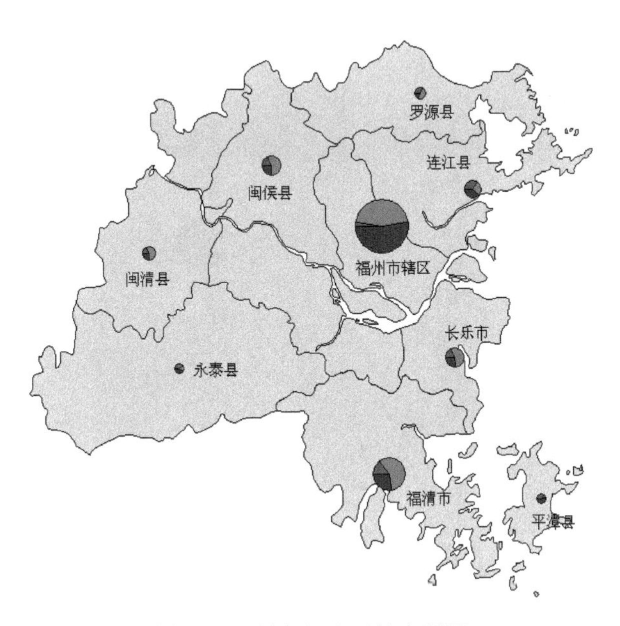

图 7.57　添加标注后的专题图

(Rotation Angle),此外,还可以为指北针设置背景(Background)以及显示效果(Effects),在“样本(Sample)”中可预览设置效果,如图 7.58 所示。设置完后单击“确定”按钮退出,回到地图窗口。在放指北针的位置单击,指北针就被添加到地图上,如图 7.59 所示。

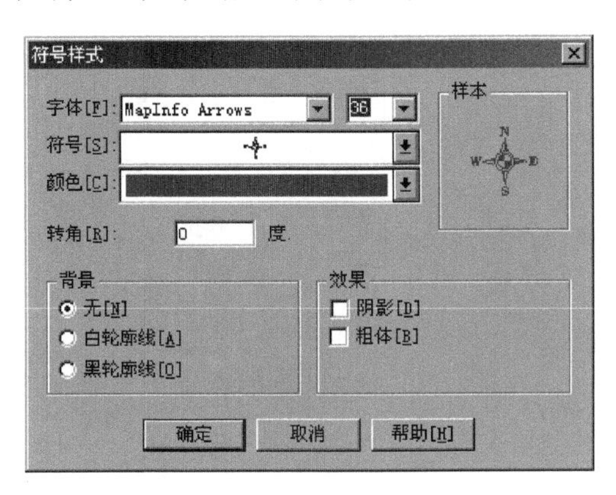

图 7.58　设置指北针样式

(3) 输入地图标题

用文本(Text)工具在地图上方适当位置输入标题,如图 7.60 所示,对于标题的字体样式可通过单击“文本样式”进行设置。

本实验提示 10:利用 MapInfo 设置地图比例尺之前要先把 MapInfo 中的比例尺工具添加进来。

(4) 放置比例尺

① 选择“工具(Tools)|工具管理器(Tool Manager)”命令,在“工具管理器(Tool Manager)”对话框中(如图 7.61 所示),选中“比例尺条(Scale Bar)”,单击“确定”按钮后退出。这时在地图窗口中会出现带有比例尺工具的工具栏,如图 7.62 所示。

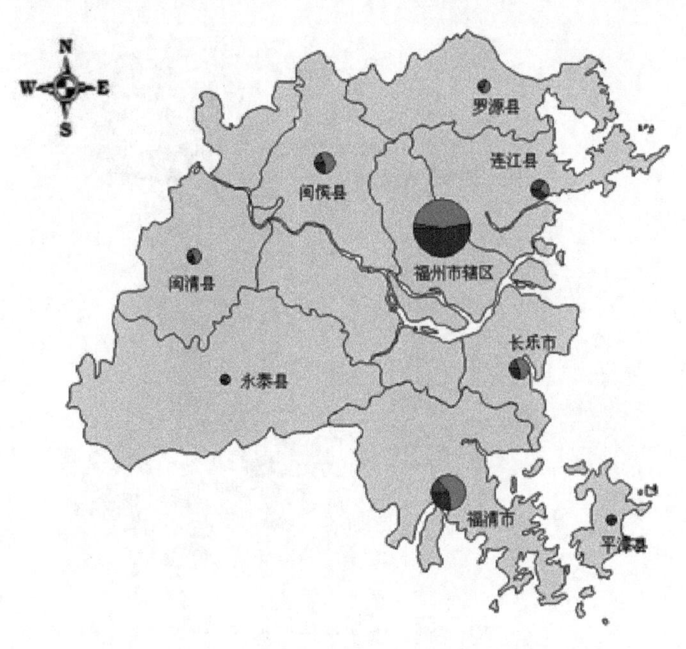

图 7.59 在地图上添加指北针

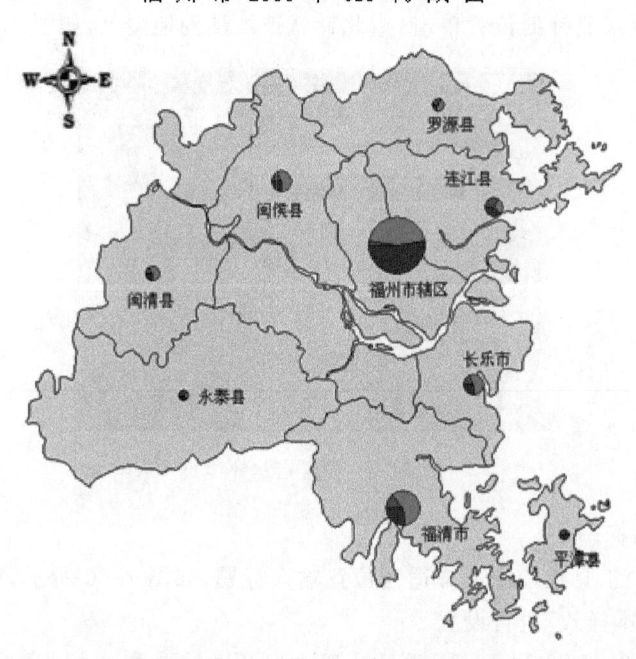

图 7.60 在地图上输入地图标题

② 选择"地图(Map)|选项(Options)"命令，在"地图选项(Map Option)"对话框中确认地图坐标单位"米(Meters)"和距离单位"公里(Kilometers)"，面积单位"平方公里(Square Kilometers)"，如图 7.63 所示。

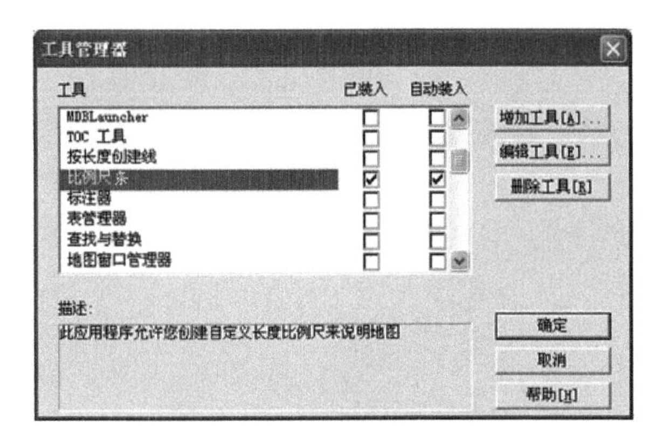

图 7.61　工具管理器对话框

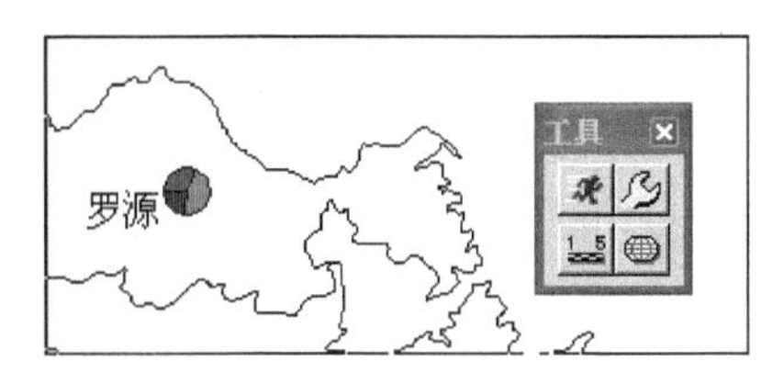

图 7.62　带比例尺的工具栏

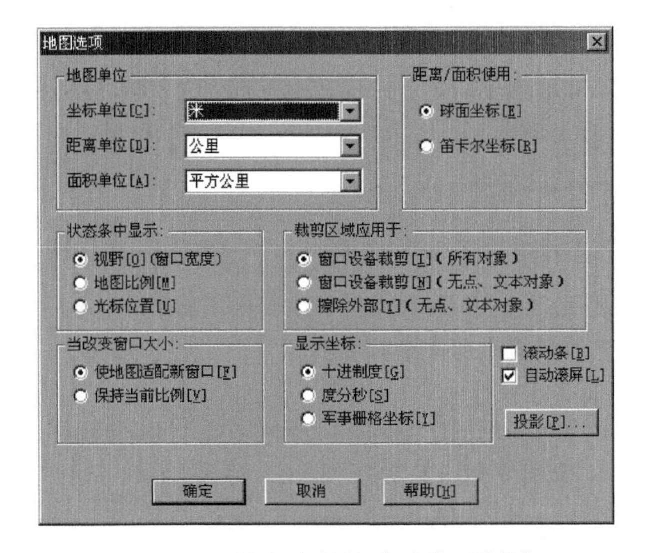

图 7.63　地图选项对话框中确认地图单位

③ 在如图 7.61 所示的工具栏中单击比例尺工具，在地图窗口中放置比例尺的位置单击，在出现的如图 7.64 所示的对话框中设置比例尺的样式以及它的距离单位。设置好后单击“确定”按钮退出，一个比例尺条即出现在地图窗口，如图 7.65 所示。

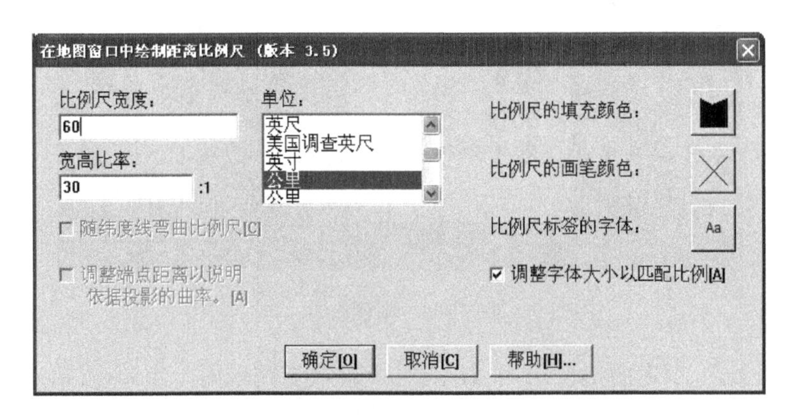

图 7.64　设置比例尺对话框

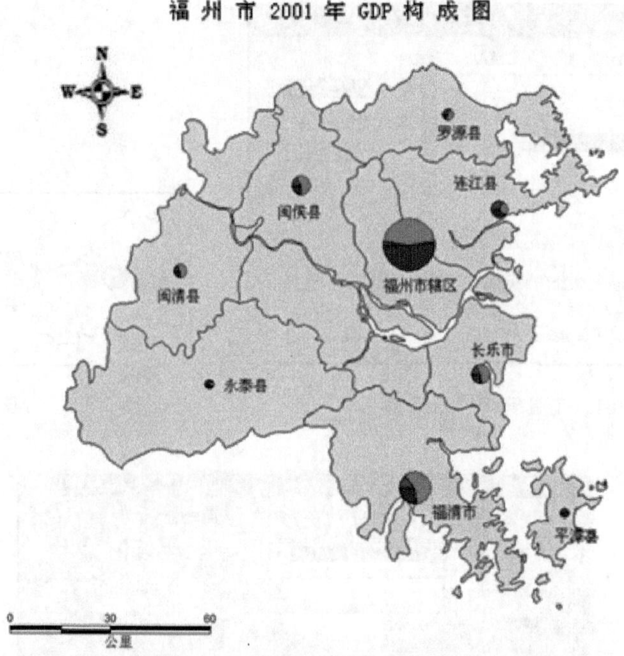

图 7.65 在地图上添加比例尺

本实验提示 11：通过选择"地图(Map)|创建图例(Create legend)"命令，创建图例向导会引导用户一步一步地创建自己所满意的图例。

(5) 设置图例

此处实验是在上述创建专题图已设置好的图例基础上，实验者通过修改它来完成图例设置。最小化地图窗口，即可看到图例窗口，如图 7.66 所示。

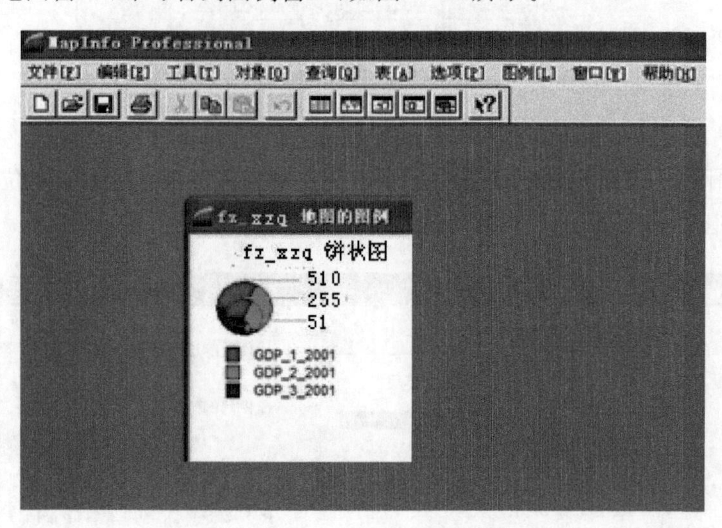

图 7.66 图例窗口

选中图例，如图 7.67 右侧所示，并双击进入"修改专题地图(Modify Thematic Map)"对话框，如图 7.67 左侧所示，单击"图例(Legend)"按钮，进入"自定义图例"对话框，这里主要修改图例标注如图 7.68 所示，修改完后单击“确定”按钮退出。回到图例窗口，这时可根据需要调整图例。

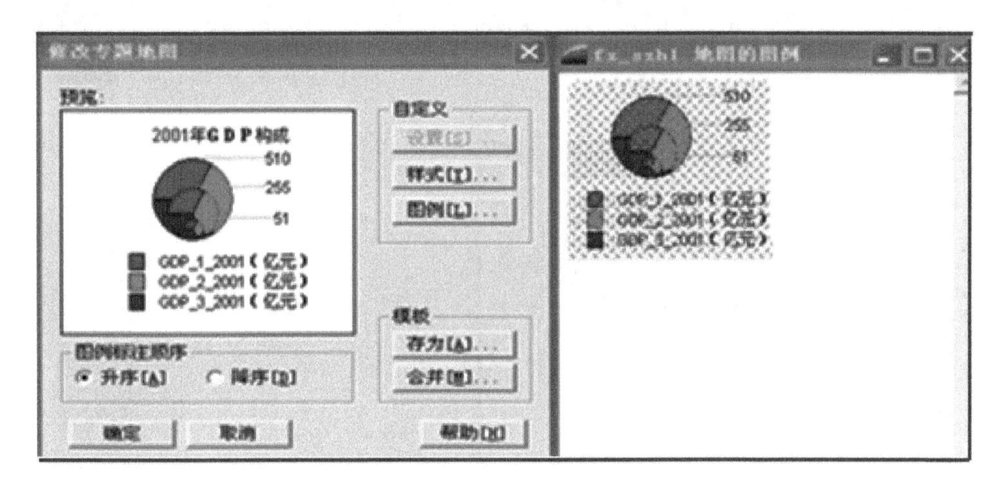

图 7.67　修改图例对话框及图例显示

（6）地图输出

选择“窗口（Window）|新建布局窗口（New Layout Window）”命令，在出现的“新建布局窗口（New Layout Window）”对话框中选中“所有当前打开窗口的框架（Frames for All Currently Open Windows）”单选按钮，如图 7.69 所示，单击“确定”按钮，进入布局窗口，如图 7.70 所示。

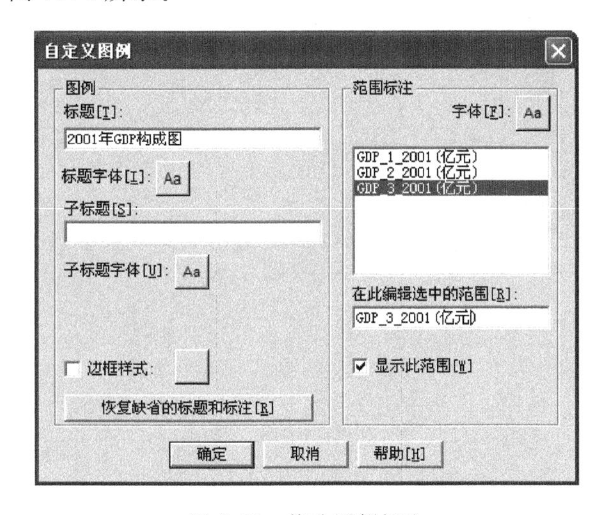

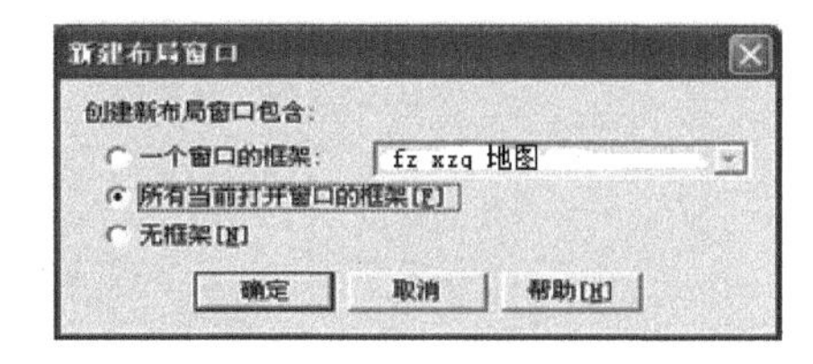

图 7.68　修改图例标注

图 7.69　选择包含当前所有打开的窗口

在地图布局窗口中，把图例窗口插到地图窗口中适当的位置，查看地图的整体设计效果，如图 7.71 所示。如果满意，即可选择“文件（File）|打印（Print）”命令，输出地图。如果你的电脑没有连接打印机，也可以选择“文件（File）|另存（Save Window As）”命令，把设计好的地图保存为栅格图像，以便下次打印输出。

本实验提示 12：注意选择合适的专题图来表达不同的数据特征，在地图设计过程中注意地图符号的设计，颜色的选择以及各地图要素位置的摆放等。

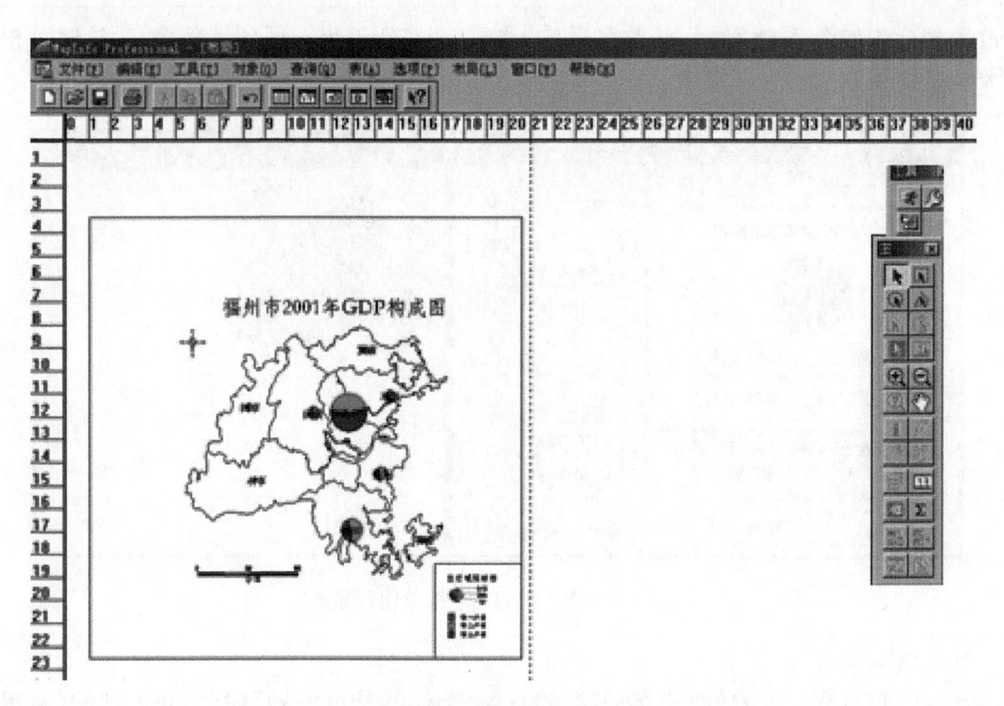

图 7.70　地图布局窗口显示

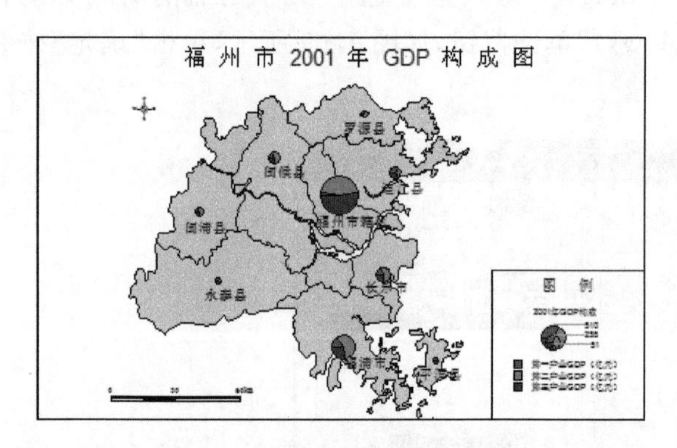

图 7.71　设计完成的专题地图

实验八

基于ArcGIS平台完成的实验操作

（一）数字化采集数据

实验目的：通过实验了解数字化的含义和操作步骤。

实验内容：屏幕跟踪数字化。

实验主要步骤：

(1) 打开 ArcGIS 10.1 软件，加载实验所需数据。

(2) 右键单击工具栏空白处，勾选地理配准，右键单击图层选择属性，单击坐标系标签，选择地理坐标系为“WGS 1984”，如图 8.1 所示，设置完毕后，单击应用并单击“确定”按钮。

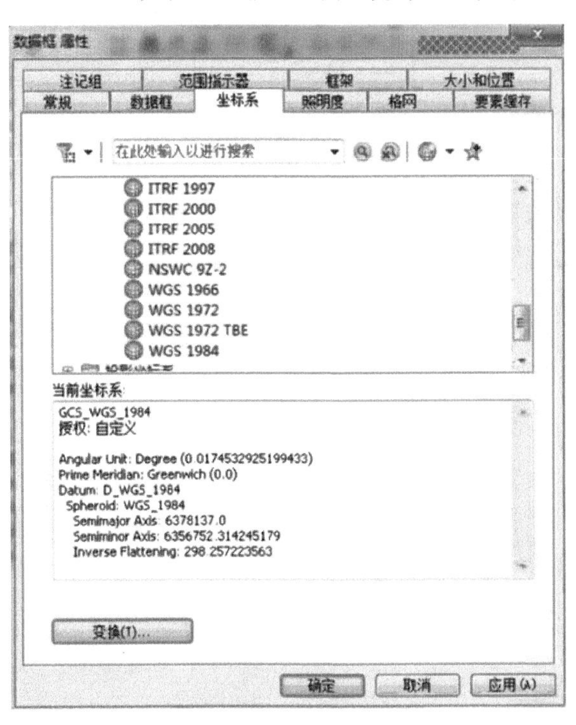

图 8.1　设置坐标系

(3) 单击查看连接表按钮，选中所有点，单击删除连接，即可将已经配准的四个点全部删除，如图 8.2 所示。

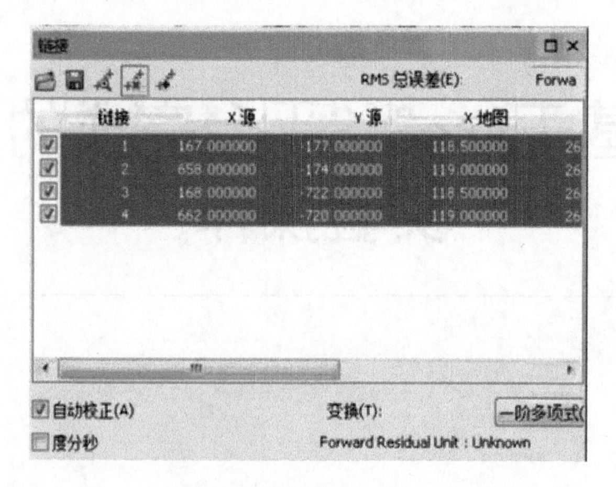

图 8.2　删除已配准的点

(4) 右键单击“福州”图层，选择“缩放至图层”，单击“添加控制点”按钮，单击地图上经纬线相交处，并右键单击选择“输入经纬度的 DMS”，输入该点的经纬度坐标，如图 8.3 所示，完成该点的配准后，单击“确定”按钮。按同样的方法完成其他点的配准。打开“查看连接表”，若误差在允许的范围内即可关闭该表，若不在范围内即重新配准。

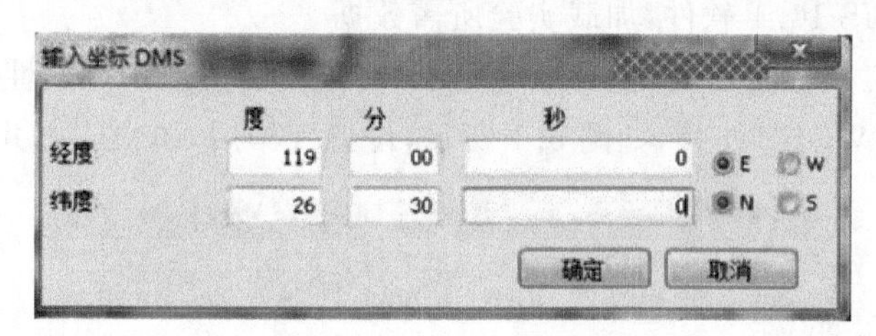

图 8.3　输入点坐标

(5) 单击地理配准的下拉菜单，选择校正，更改地理配准文件的保存路径和文件名，如图 8.4 所示，单击“保存”按钮完成设置。移除原文件，重新加载配准好的文件。

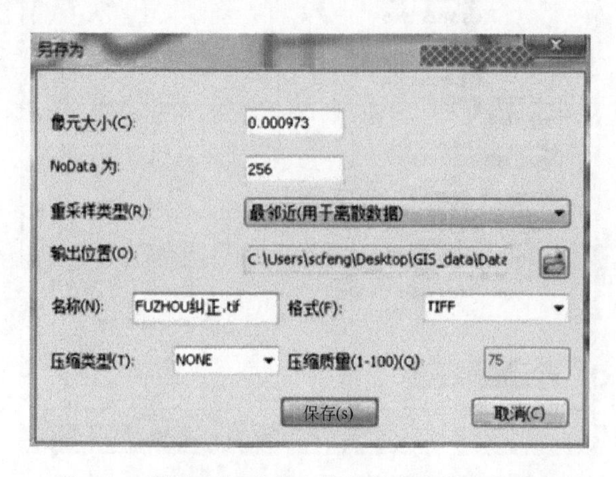

图 8.4　设置地理配准文件的保存路径和文件名

(6) 单击工具栏中的目录按钮,单击"data2",选择新建"shapefile"文件,将名称改为"fz_Shapefile",要素类型选择"面",单击"编辑"按钮将地理坐标选择为"WGS 1984",如图 8.5 所示,完成设置后单击"确定"按钮。

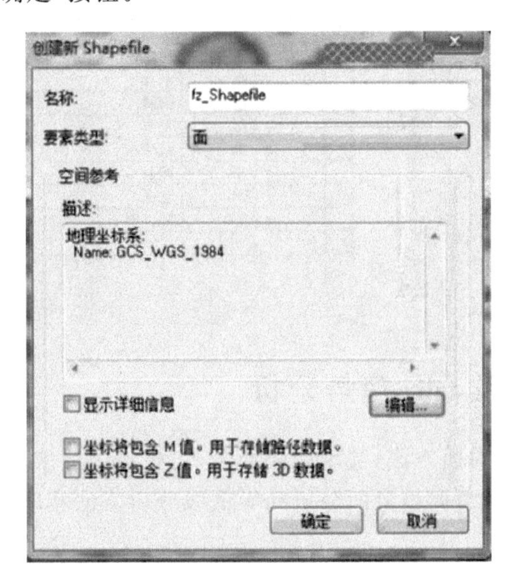

图 8.5 选择新建"shapefile"文件

(7) 单击编辑器下拉列表,选择开始编辑,创建要素窗口中的图层选择"fz_Shapefile",沿着地图中的某一边界进行矢量化,完成一个要素,单击结束即可。以同样的方法绘制其他面。完成后单击编辑器中的保存编辑并结束编辑即可,编辑过程如图 8.6 所示。

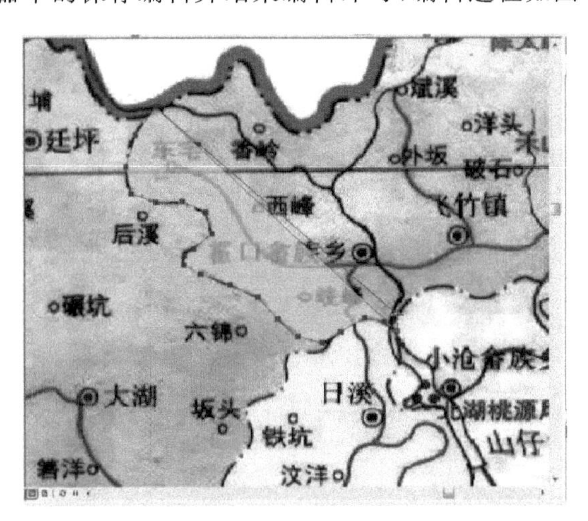

图 8.6 边界矢量化

(8) 打开编辑图层的属性表,并打开添加字段命令,添加字段的名称为"县名",类型选择为"文本型",长度为"三十",如图 8.7 所示,单击确定按钮完成设置。单击编辑器选择"开始编辑",打开编辑图层为属性表,单击其中一条记录,查看该记录的县名,并将县名输入属性表中,以同样的方法输入所有县名后保存编辑,编辑结果如图 8.8 所示,即可完成县名的添加。

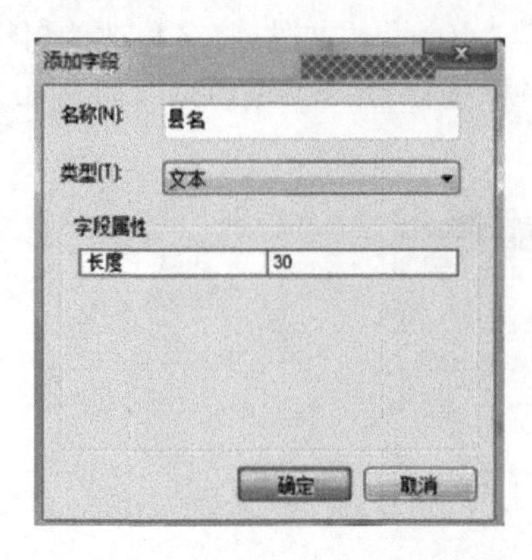

图 8.7 添加字段

FID	Shape	县名
0	面	罗源
1	面	长乐市
2	面	永泰
3	面	闽清
4	面	平潭
5	面	福清市
6	面	闽侯
7	面	连江
8	面	福州市

图 8.8 添加县名

（二）数据内插及 GIS 趋势分析

实验目的：利用数据内插方法，实现趋势面分析，生成等值线。

实验内容：通过实验，掌握趋势面分析和等值线分析方法和应用，加深理解课堂上所学到的基础理论。

实验主要步骤：

(1) 打开 ArcGIS 10.1 软件，加载实验所需数据。

(2) 右键单击图层，选择属性，把地图和显示单位修改为米，单击确定按钮完成修改，如图 8.9 所示。

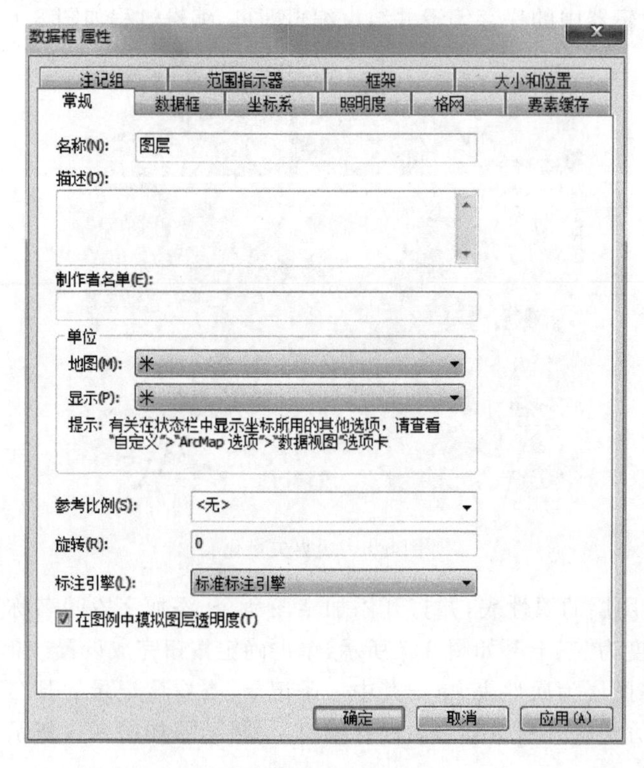

图 8.9 修改地图和显示单位

(3) 打开空间分析工具，打开插值分析中的趋势面法，设置参数：输出像元大小为"2000"、多项式的阶设置为"3"，如图 8.10 所示。单击环境设置按钮，重新设置处理范围，如图 8.11 所示，单击"确定"按钮，即可生成趋势面处理图层，如图 8.12 所示。

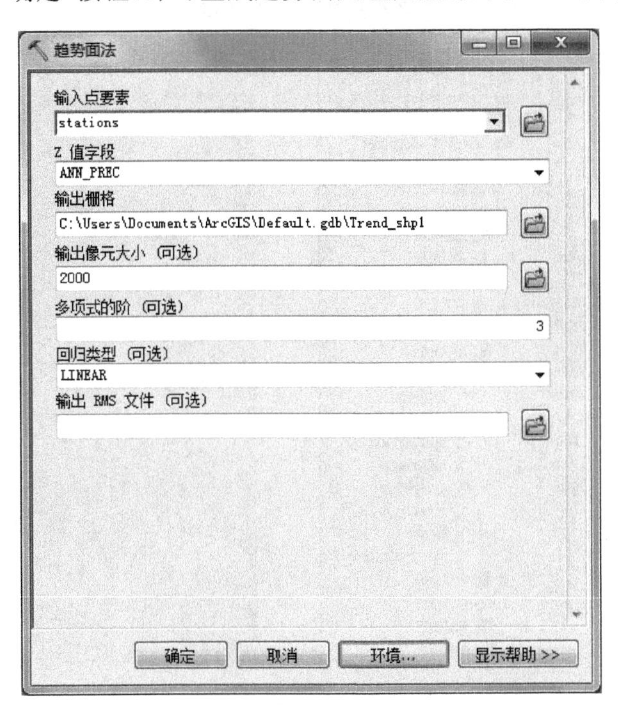

图 8.10　趋势面法

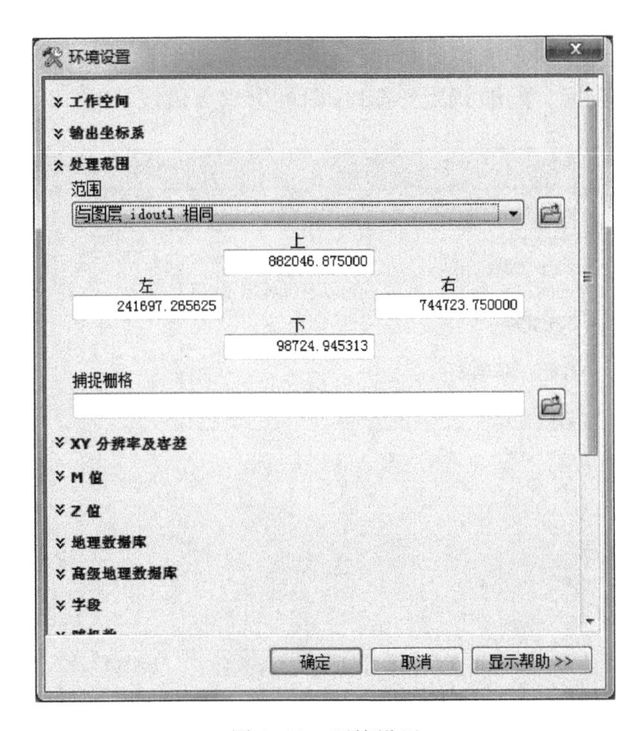

图 8.11　环境设置

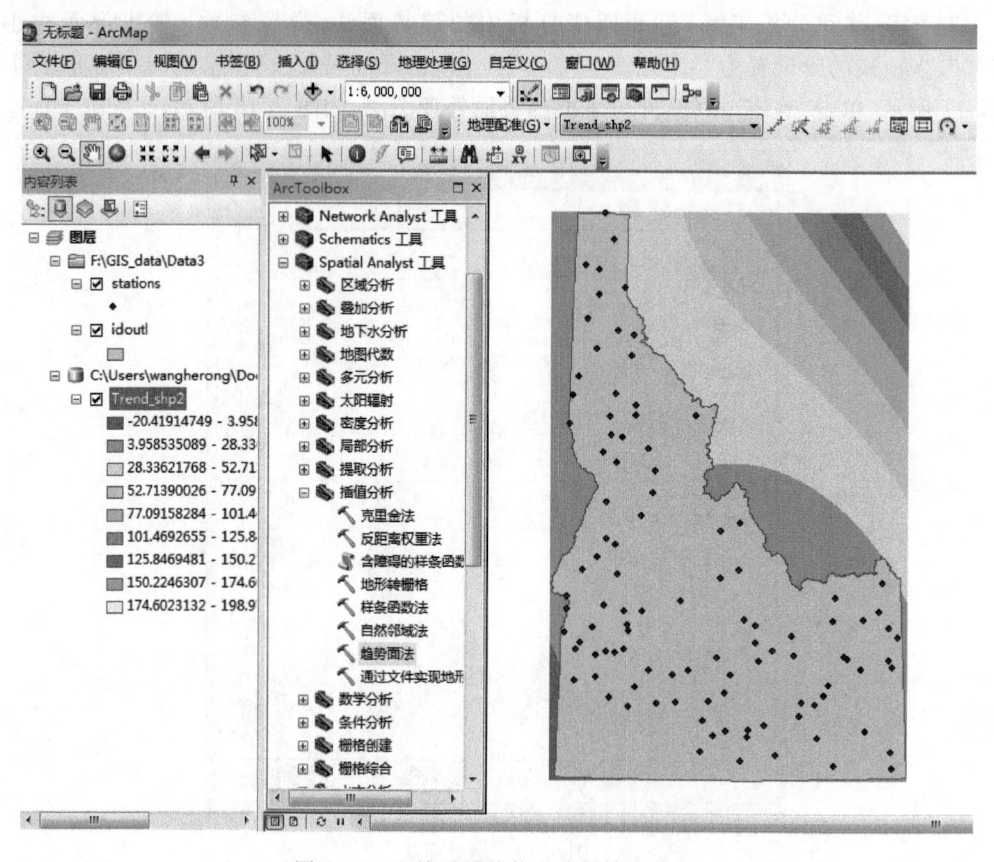

图 8.12 环境设置趋势面分析输出格网

(4) 选择表面分析中的等值线分析,设置参数:等值线间距设置为“5”、起始等值线设置为“10”,如图 8.13 所示,单击“确定” 按钮,即可生成等值线,如图 8.14 所示。

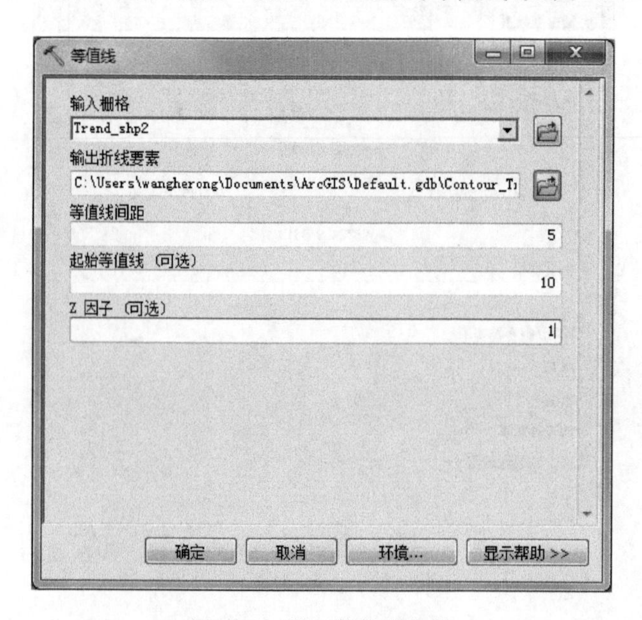

图 8.13 设置等值线参数

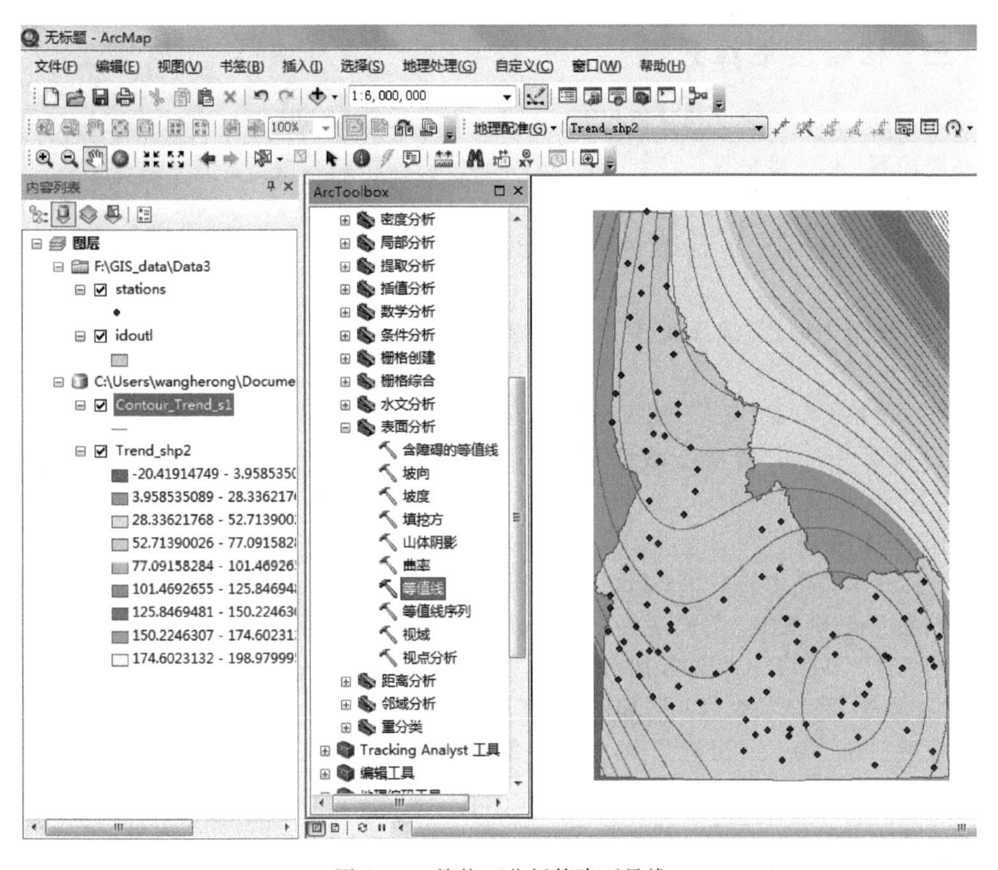

图 8.14　趋势面分析等降雨量线

(5) 右键单击等值线图层，选中属性，选中标注标签，在标注字段中选中“Contour”字段，并选中“标注此图层中的要素”复选框，单击“应用”按钮，如图 8.15 所示，即可完成标注等值线，如图 8.16 所示。

图 8.15　设置等降雨量标注

(三)核密度估算分析

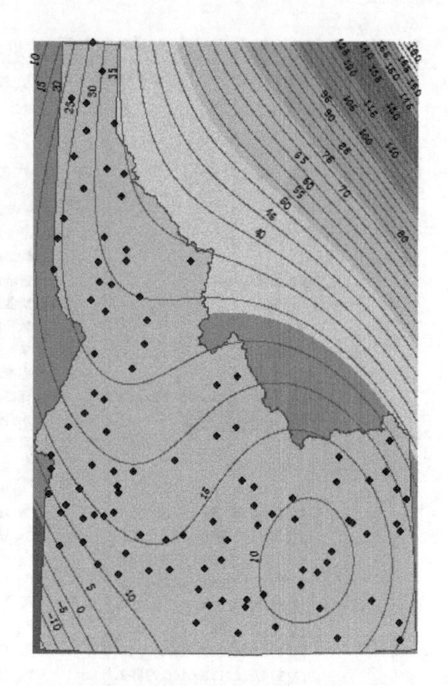

图 8.16　标注后等降雨量图

实验目的:掌握核密度估算操作方法。

实验内容:核密度估算。

实验主要步骤:

(1) 打开 ArcGIS 10.1 软件,加载实验所需数据。

(2) 右键单击图层,选择属性,把地图和显示单位修改为“米”。

(3) 右键单击“deer”图层,选择属性,选中符号系统标签,在显示中选择“数量-分级符号”,字段值选中为“COUNT”,如图 8.17 所示,单击应用按钮,可视化效果如图 8.18 所示。

(4) 打开工具箱中的空间分析工具,打开密度分析中的核密度分析工具,设置参数:“Population 字段”设置为“COUNT”、“输出像元大小”设置为“100”、“搜索半径”设置为“100”,如图 8.19 所示,单击环境设置按钮重新设置处理范围,如图 8.20 所示,单击“确定”按钮,即可生成核密度分析结果,如图 8.21 所示。

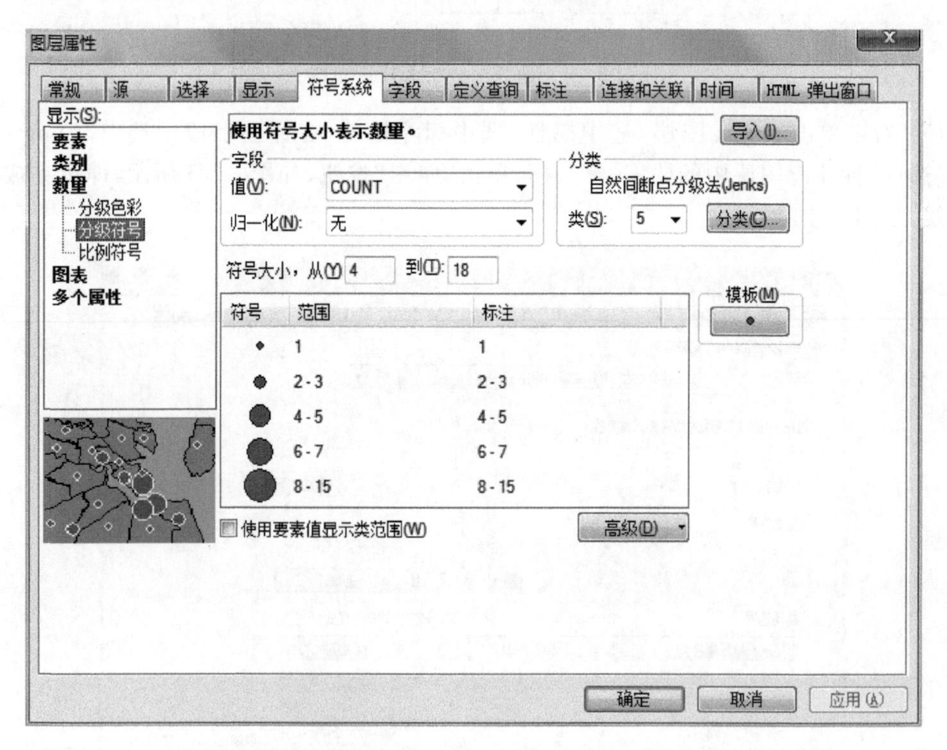

图 8.17　设置图例

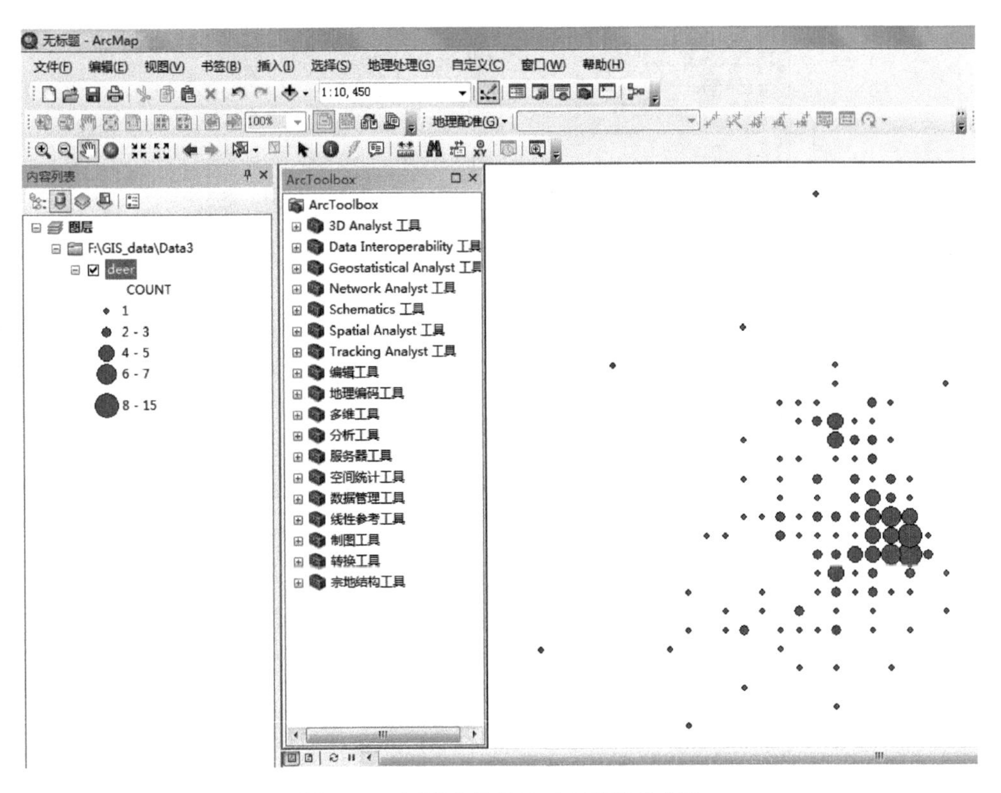

图 8.18　用渐变符号显示看到鹿的次数

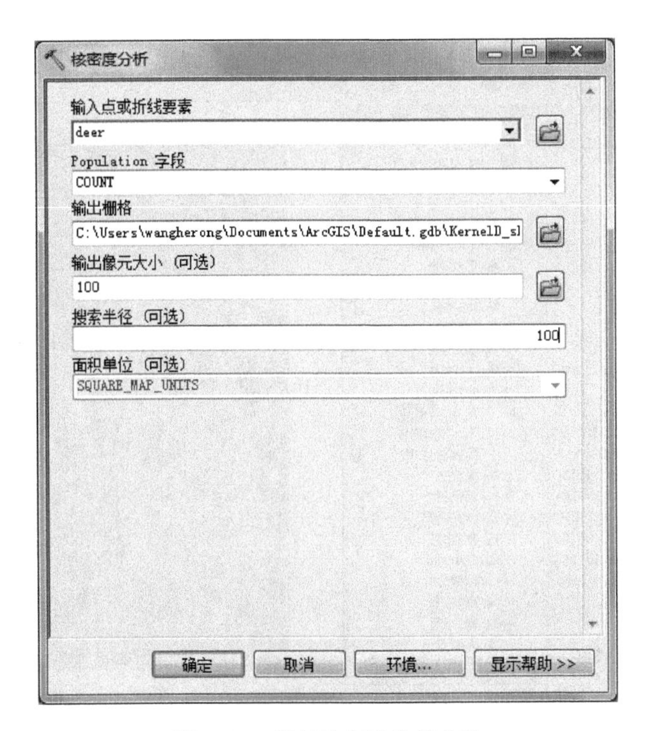

图 8.19　设置核密度分析参数

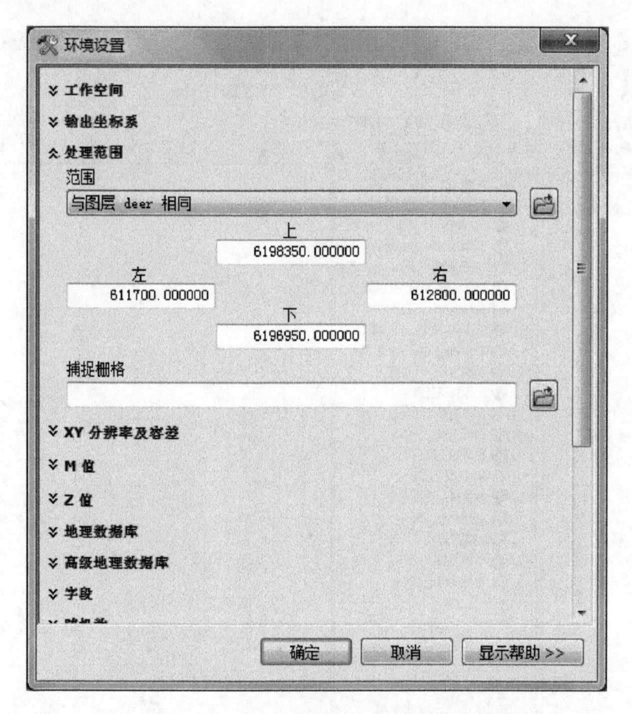

图 8.20 环境设置参数

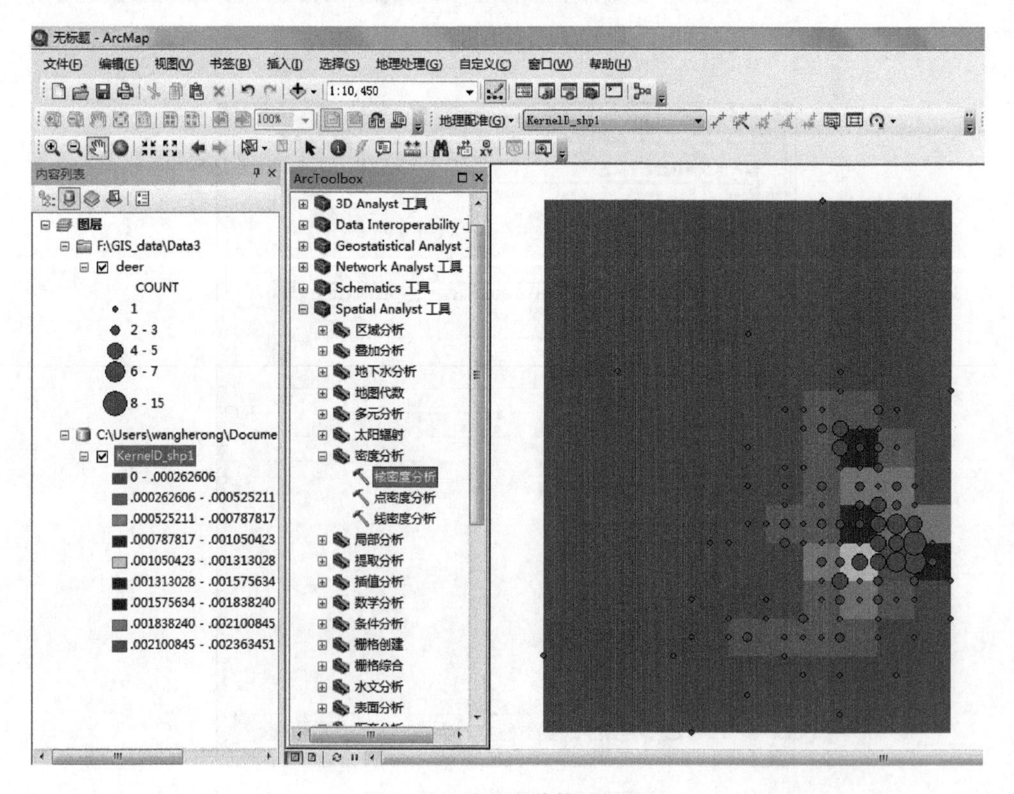

图 8.21 核密度估算结果图

(5) 右键单击核密度分析结果图层，选择属性，在符号系统中选中“已分类”，类别设置为“4”，如图 8.22 所示，单击“确定”按钮，即可完成核密度分析结果的重分类，如图 8.23 所示。

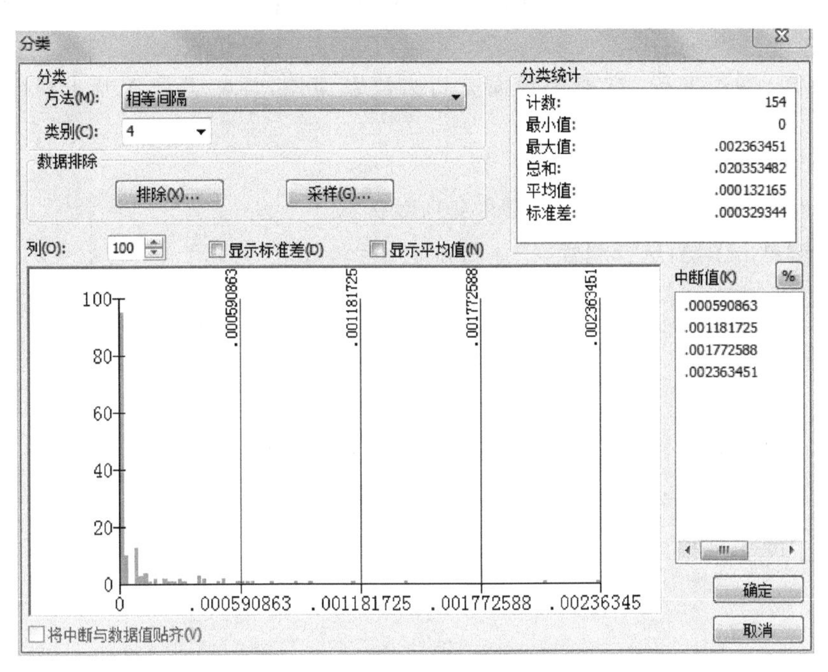

图 8.22　修改分类数

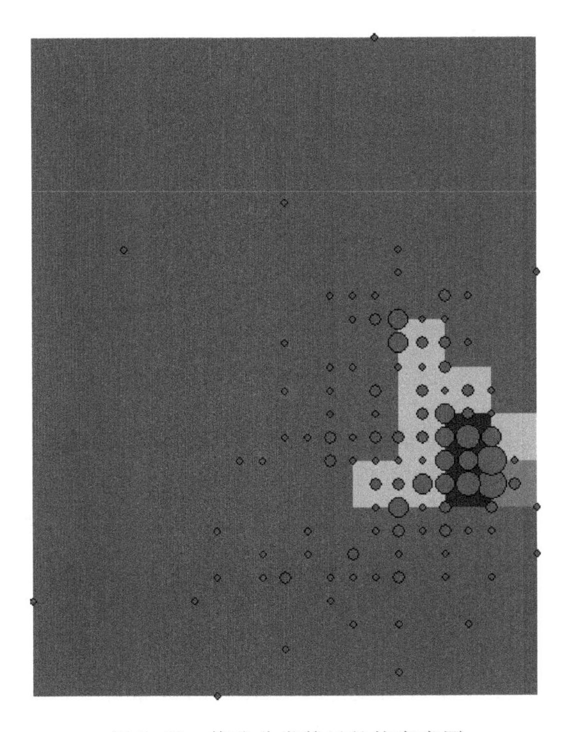

图 8.23　修改分类数后的核密度图

（四）两种样条法空间分析

实验目的：利用数据内插的方法，实现趋势面分析、规则样条法和薄板张力样条法空间插值分析。

实验内容：通过实验，掌握趋势面分析方法及应用，加深理解课堂上所学到的基础理论。

实验主要步骤：

(1) 打开 ArcGIS 10.1 软件，加载实验所需数据。

(2) 右键单击图层，选择属性，把地图和显示单位修改为“米”。

(3) 在菜单栏中选择地理处理中的环境命令，重新设置处理范围、栅格分析中的像元大小和选择掩膜文件，如图 8.24 所示，完成环境设置，如图 8.25 所示。

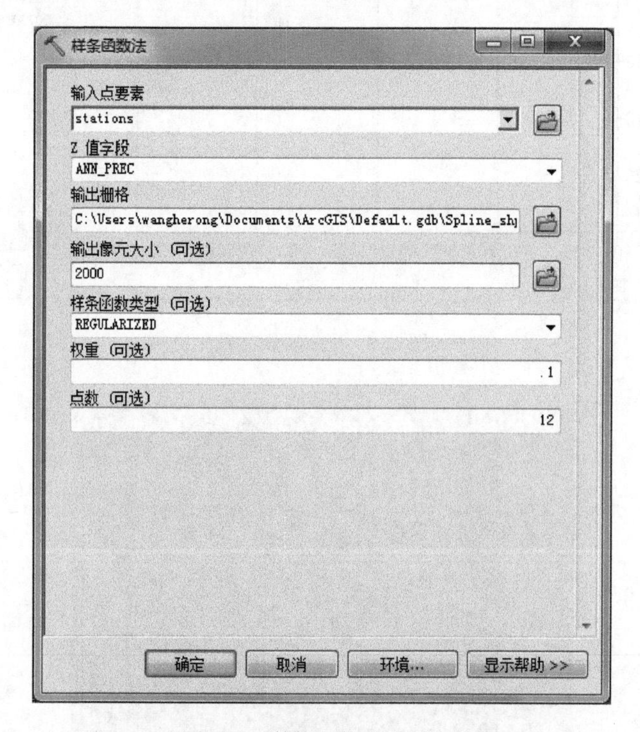

图 8.24 样条函数法设置参数

(4) 展开空间分析工具，打开插值分析中的样条函数法，设置参数：像元大小设置为“2000”、样条函数类型设置为“REGULAREZED”，如图 8.26 所示，单击“确定”按钮，可生成规则样条函数后修改图层名称为“regularied”，如图 8.27 所示。用同样的方法，打开插值分析中的样条函数法，重新设置参数：像元大小设置为“2000”、样条函数类型设置为“TENSION”，将结果图层名变更为“Tension”，单击“确定”按钮，即可完成插值分析，如图 8.28 所示。

(5) 展开空间分析工具，打开地图代数中的栅格计算器工具，输入表达式为“Regularezed”－“Tension”，单击“确定”按钮，如图 8.29 所示，即可生成两种样条函数法的差值，如图 8.30 所示。

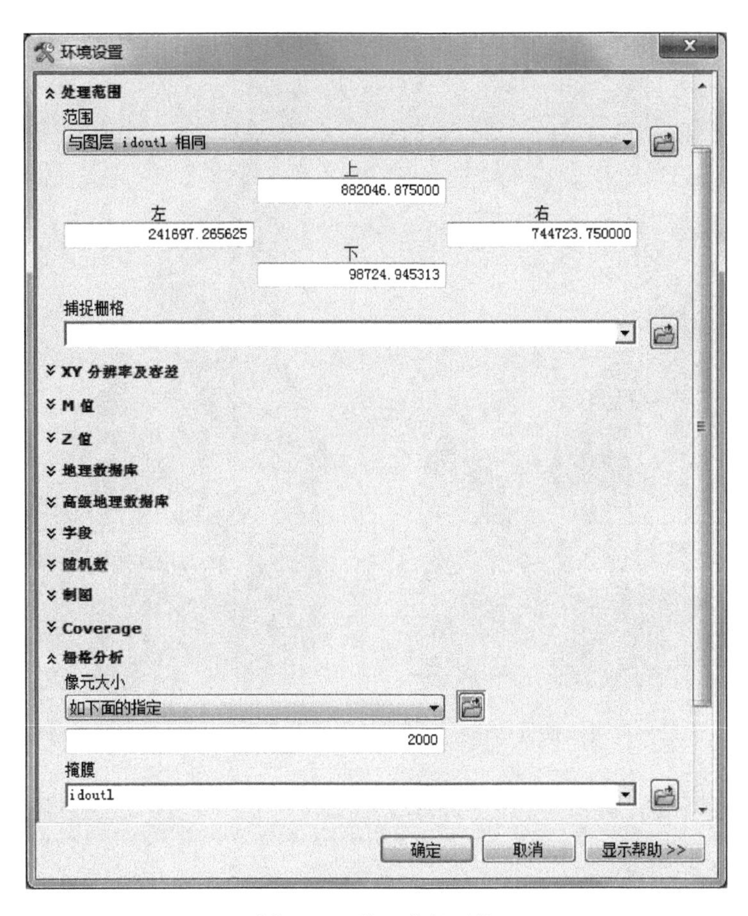

图 8.25 设置分析环境

图 8.26 设置插值方法为规则样条法

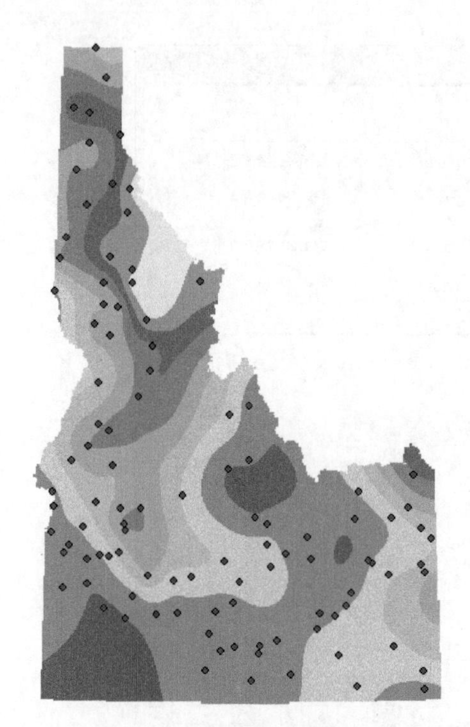

图 8.27 规则样条法插值结果

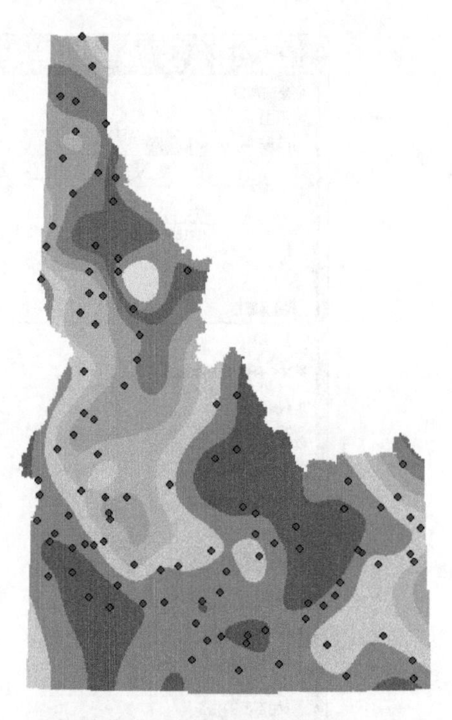

图 8.28 薄板张力样条法插值结果

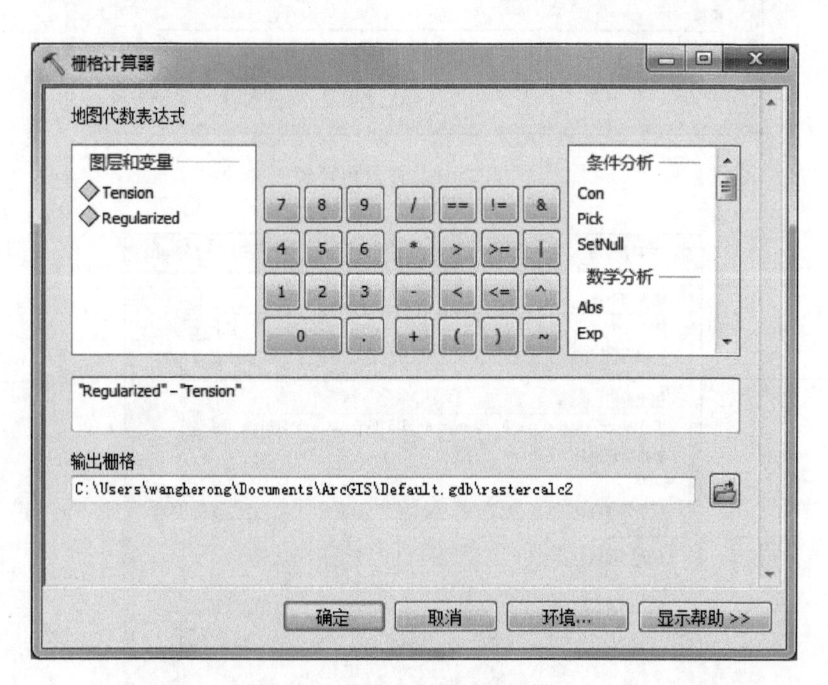

图 8.29 地图计算器窗口

(6) 右键单击两种样条函数法的差值结果图层，选择属性，选择符号系统，在显示栏中选择“已分类”，在“类别”中选择“4”，单击分类按钮，更改中断值、标注值和色带，单击“确定”按钮，如图 8.31 所示，即可完成重分类显示，如图 8.32 所示。

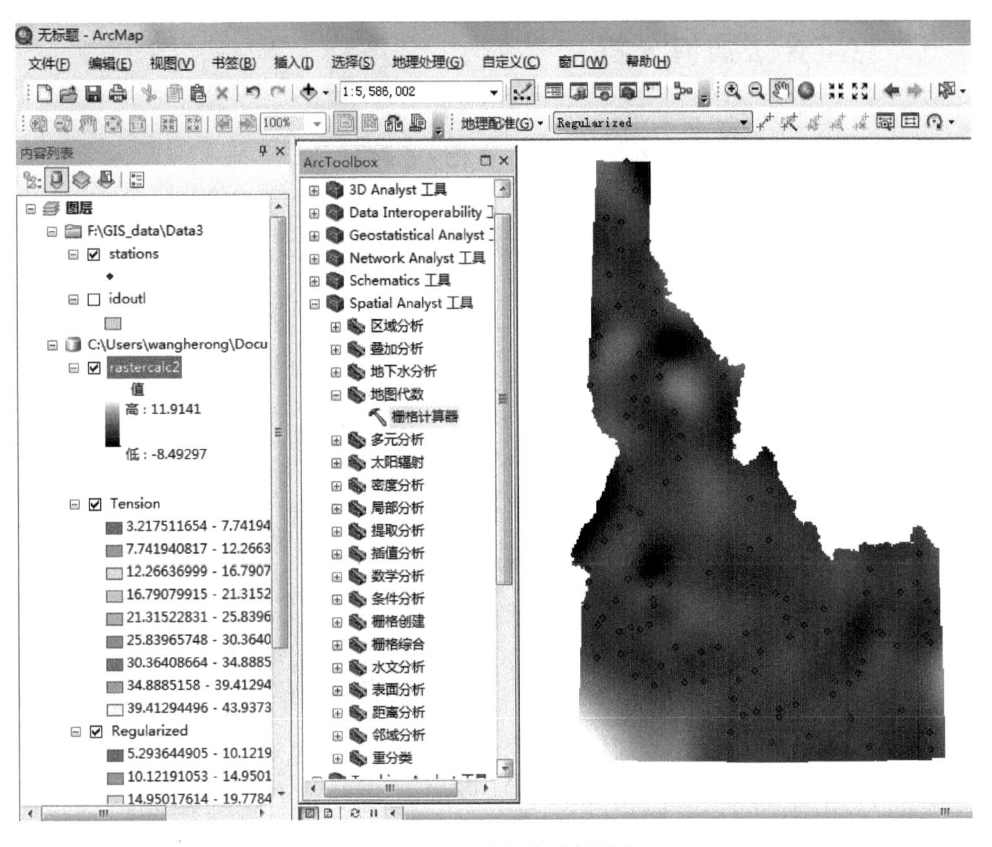

图 8.30　两种插值法的插值

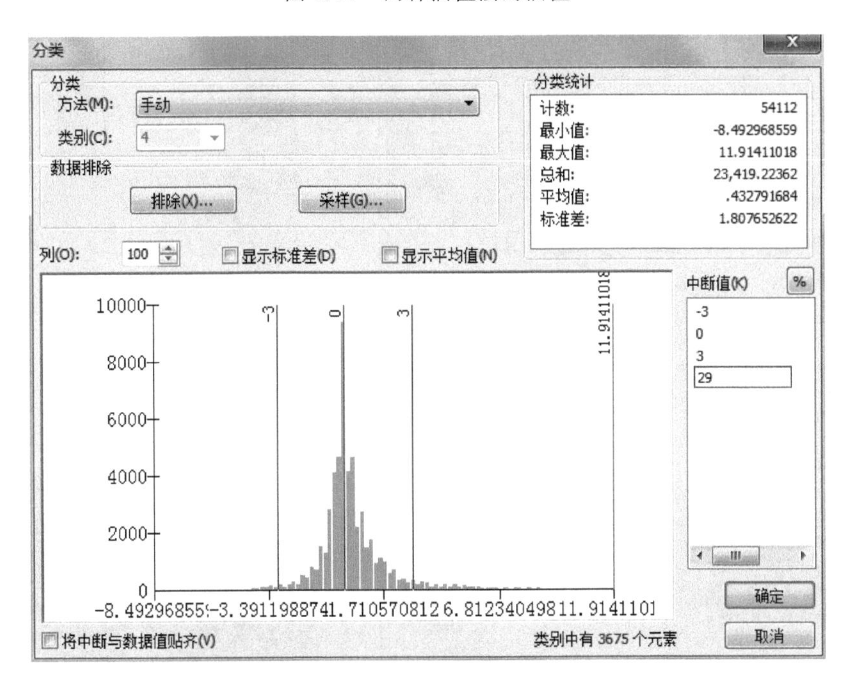

图 8.31　分类数设置

(五)克里金法插值分析

实验目的:普通克里金法插值。

实验内容:掌握普通克里金法插值的操作方法。

实验主要步骤:

(1) 打开 ArcGIS 10.1 软件,加载实验所需数据。

(2) 在菜单栏中选择地理处理中的环境命令,重新设置处理范围和像元大小,完成环境设置。

(3) 右键单击图层,选择属性,把地图和显示单位修改为米。

(4) 打开空间分析工具中的插值分析,双击克里金法工具,并设置参数,选择保存路径并设置名称,单击"确定"按钮,如图 8.33 所示,完成克里金法插值,如图 8.34 所示。

(5) 打开空间分析工具中的地图代数,双击栅格计算器,输入表达式为"SquareRoot(Vargrid)",单击"确定"按钮,如图 8.35 所示。

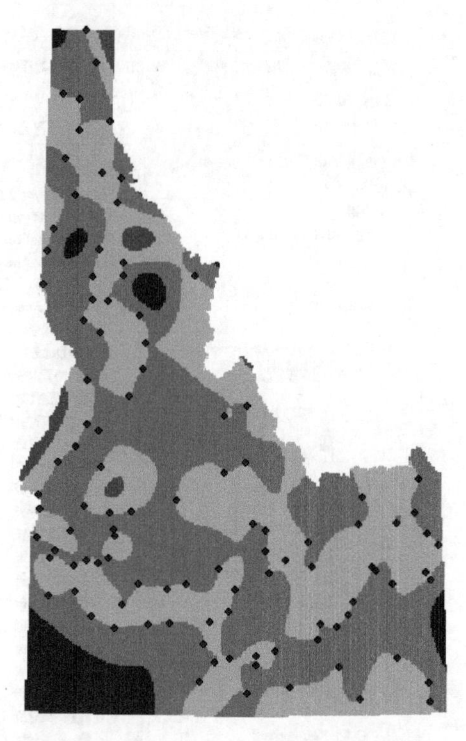

图 8.32 重分类后的两种插值法的插值

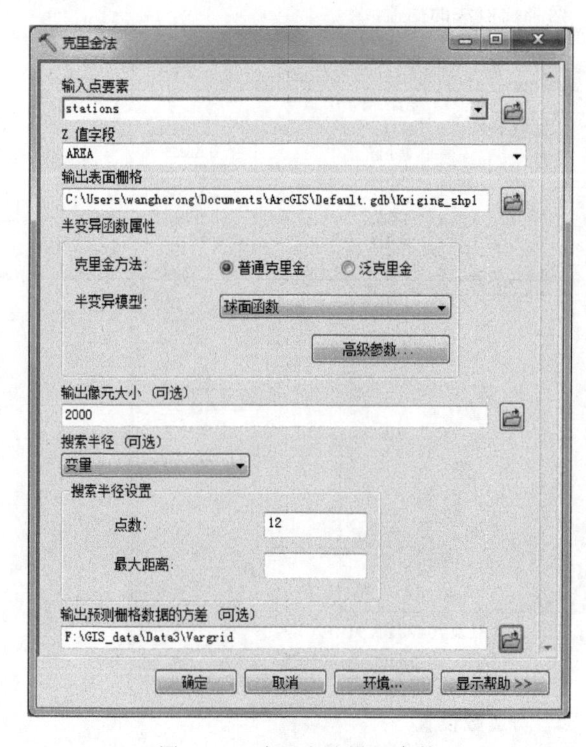

图 8.33 克里金法设置参数

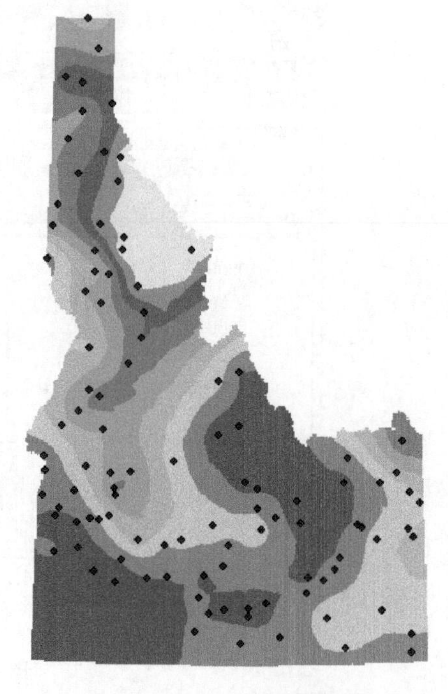

图 8.34 克里金法插值结果

图 8.35 地图计算器

(6) 打开空间分析工具中的表面分析,双击等值线工具,设置参数:设置等值线间距为"5"、起始等值线为"10",如图 8.36 所示,单击"确定"按钮,设定后即可生成等值线。

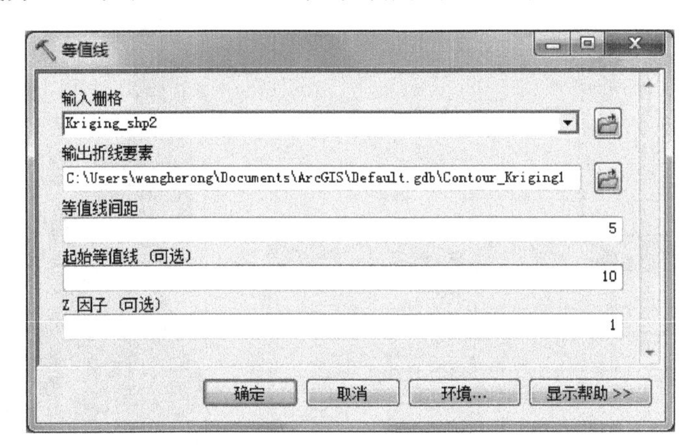

图 8.36 等值线设置

(7) 右键单击等值线图层,选择属性,打开标注标签,标注字段选择"Contour",同时选中"标注此图层中的要素"复选框,如图 8.37 所示,单击确定按钮。

(8) 再次打开等值线工具,设置参数:等值线间距为"2"、起始等值线为"0",单击确定按钮。按同样的方法标注该等值线,如图 8.38 所示,即可生成等值线,如图 8.39 所示。

(六) DEM 构建

实验目的: 通过该实验了解典型的高程数据插入实验,为进一步进行地形分析做准备。

实验内容: 基于点状专题"高程点"生成栅格数字高程模型。

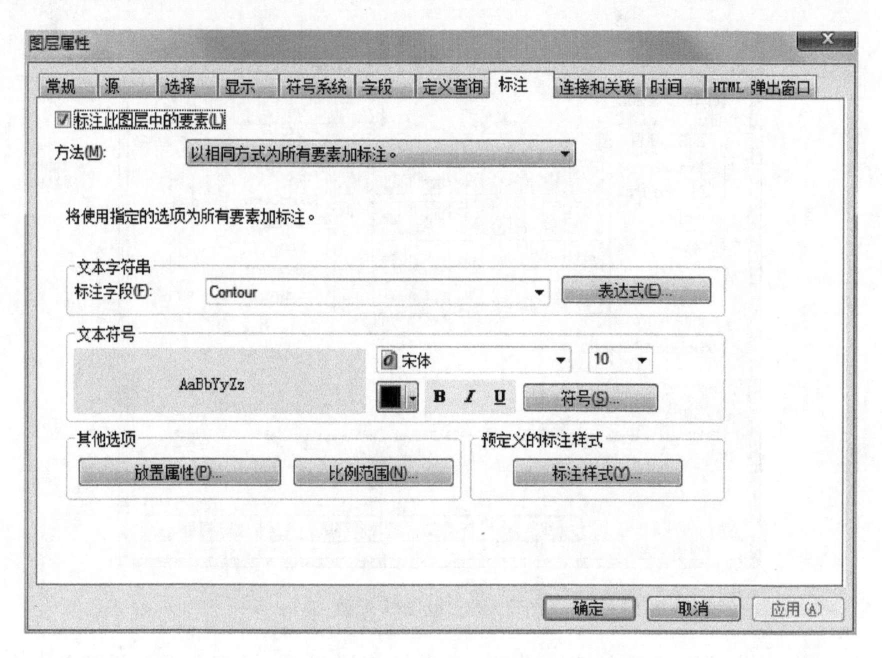

图 8.37 标注设置

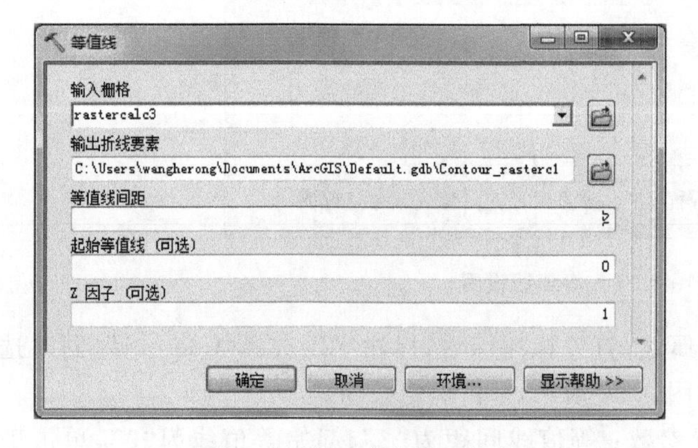

图 8.38 设置等值线参数

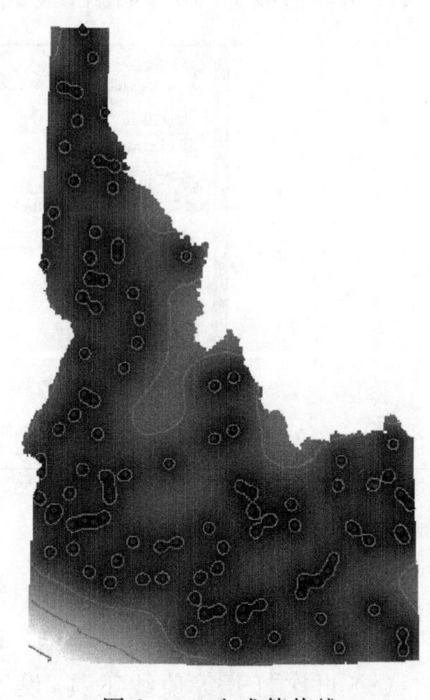

图 8.39 生成等值线

实验主要步骤：

(1) 打开 ArcGIS 10.1 软件，加载实验所需数据。

(2) 在菜单栏中选择地理处理中的环境命令，重新设置“处理范围”和“像元大小”，完成环境设置，单击“确定”按钮，如图 8.40 所示。

(3) 打开空间分析工具中的插值分析，选择反距离权重法，设置参数，如图 8.41 所示，单击确定按钮，完成插值，如图 8.42 所示。

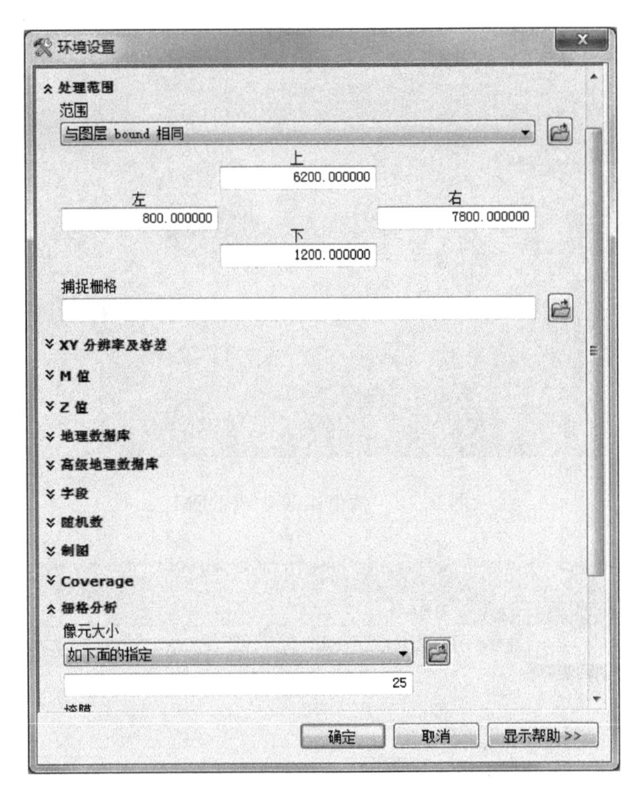

图 8.40　环境设置

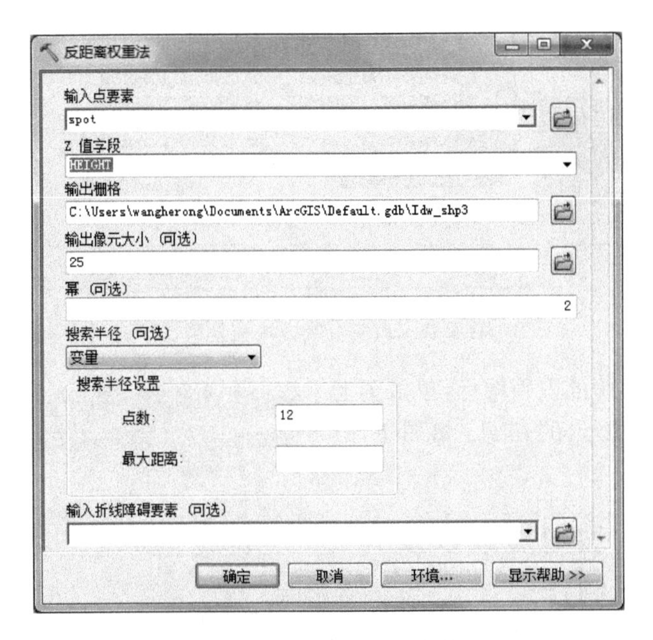

图 8.41　插值方法和参数

(4) 右键单击插值结果图层，选择属性，选中“符号系统”标签，单击“分类”按钮，并把类别设置为“7”，如图 8.43 所示，单击“确定”按钮。

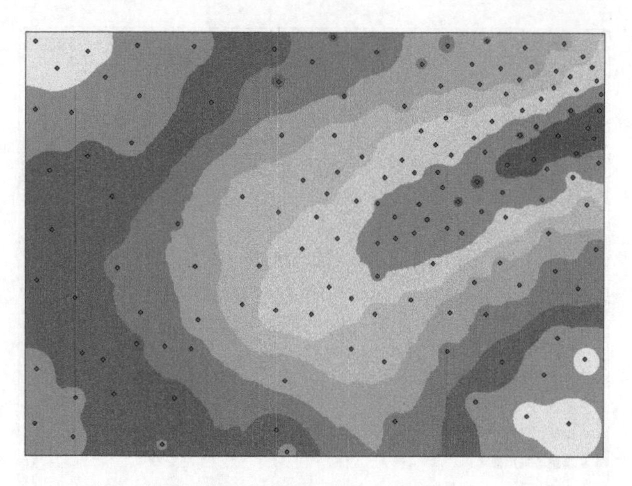

图 8.42　插值结果生成 DEM

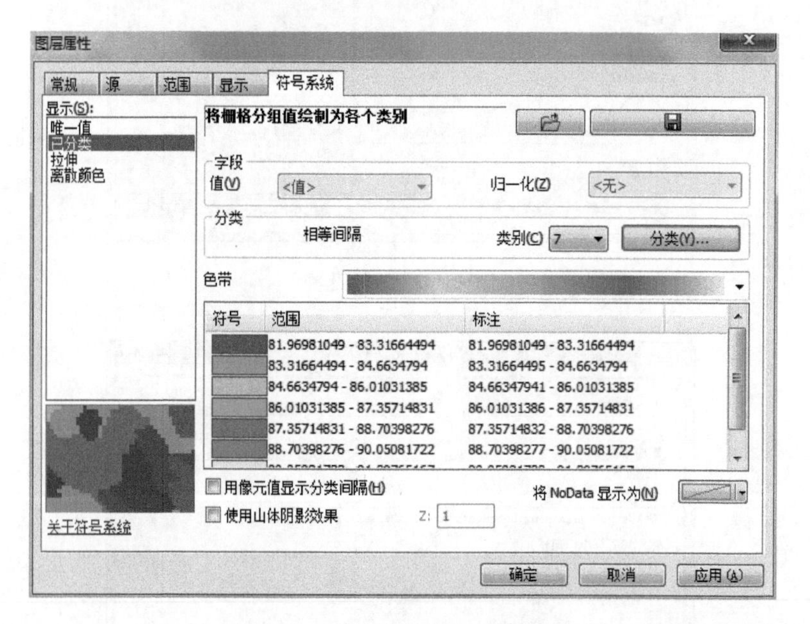

图 8.43　改变分类方法和分类数

(5) 单击工具栏中的识别图标，单击图上任意一点即可获得该点的信息，如图 8.44 所示。

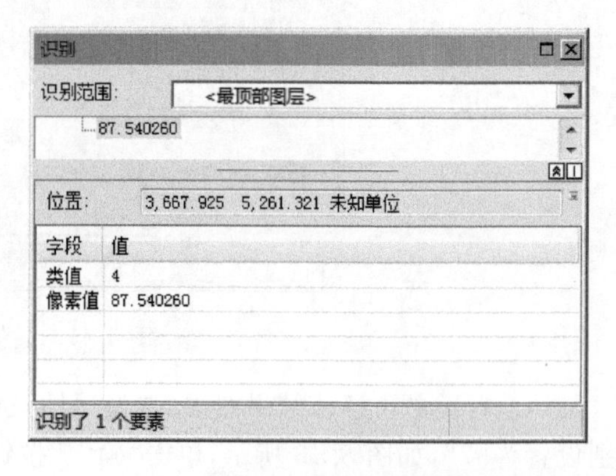

图 8.44　用属性查询工具查询 DEM

（七）坡度和坡向提取以及剖面图制作

实验目的：通过本实验的练习，掌握由高程格网创建坡度和坡向专题图，并了解重新分类的意义、面积量算的概念及制作剖面图。

实验内容：用 ArcGIS 的空间分析模块进行地形制图和分析，并完成面积量算、坡度和坡向提取及剖面线图的制作。

实验主要步骤：

(1) 打开 ArcGIS 10.1 软件，加载实验所需数据。

(2) 右键单击图层，选择属性，把地图和显示单位修改为“米”。

(3) 打开分析工具中的表面分析，打开坡度工具，设置参数，如图 8.45 所示，单击确定按钮，即可生成坡度，如图 8.46 所示，打开重分类工具箱，打开重分类工具，设置参数：将类别分为 5 类，如图 8.47 和图 8.48 所示，单击确定按钮。

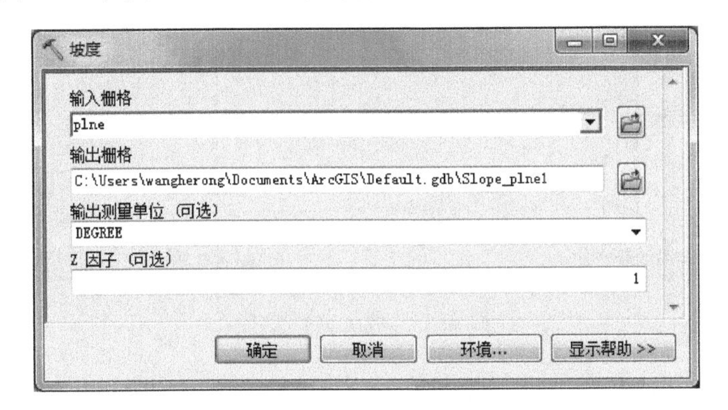

图 8.45　坡度参数设置

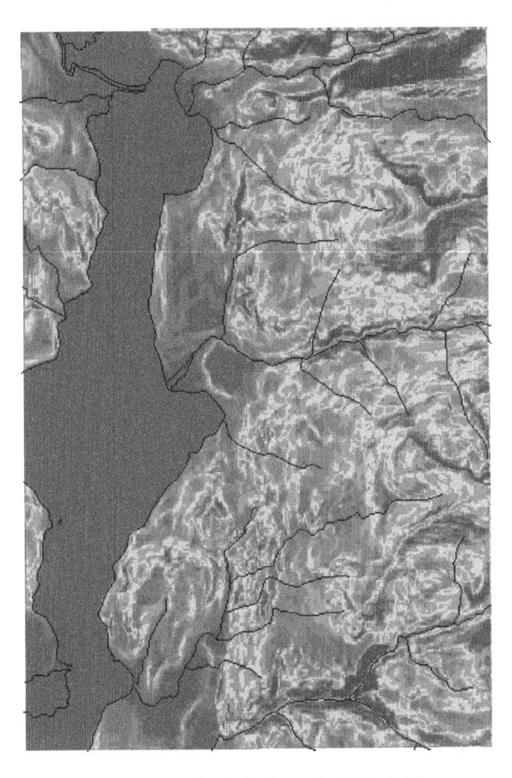

图 8.46　自动分类生成的坡度图

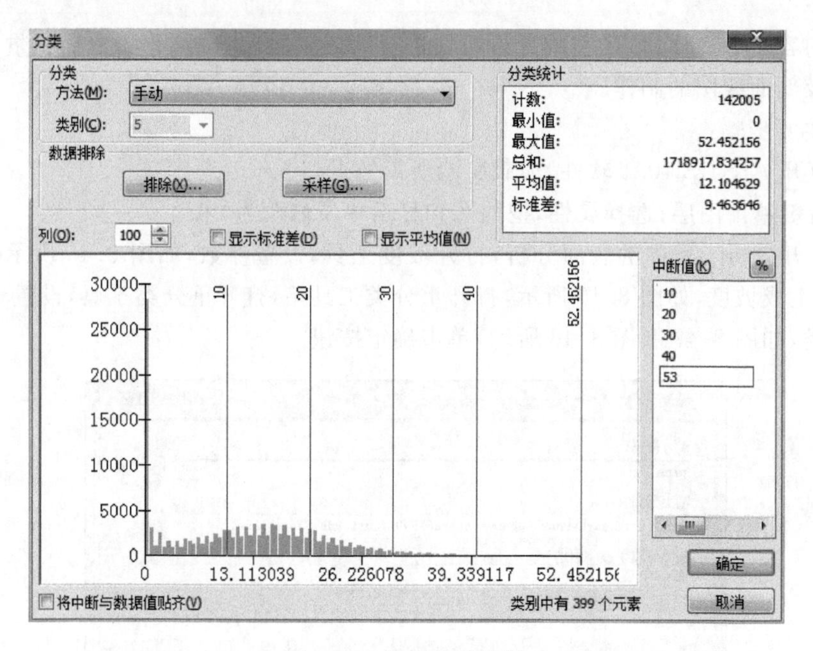

图 8.47 坡度重新分类

图 8.48 坡度重新分类的新、旧对比

(4) 打开“重分类结果图层属性表”,单击表选项图标,选择添加字段,输入字段名称为“area”、“类型”为“浮点型”,如图 8.49 所示,单击“确定”按钮。左键单击“Count”字段,选择统计,并记录总和结果,如图 8.50 所示,单击选择“Area”,选择“字段计算器”,输入公式为“[count] * 900”,如图 8.51 所示,单击“确定”按钮,即可得到该字段的计算结果。以同样的方法添加“persent”字段,在“字段计算器”中输入公式“[count]/142005”,单击“确定”按钮,即可计算出该字段的结果,如图 8.52 所示。

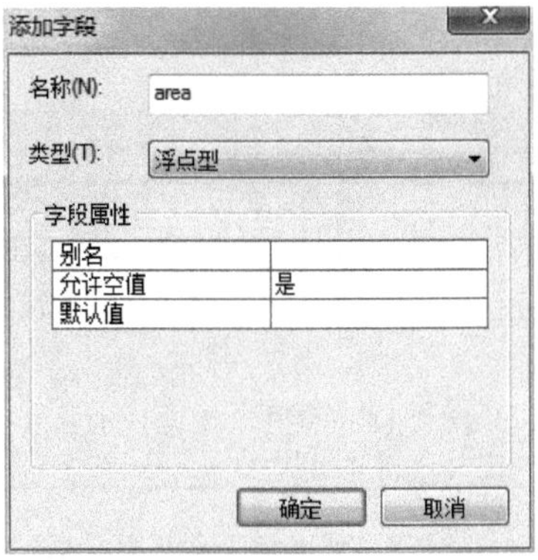

图 8.49　添加“area”字段

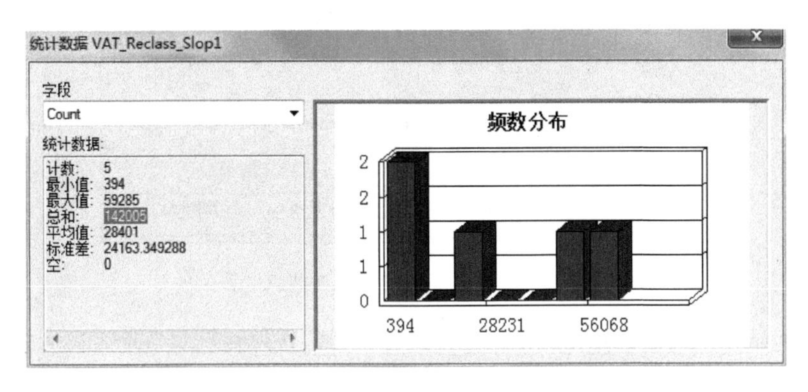

图 8.50　统计“Count”字段

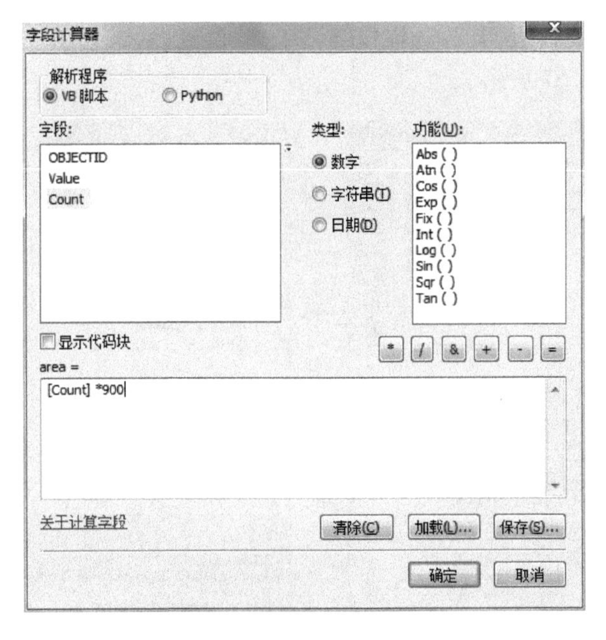

图 8.51　计算面积属性框

(5) 选择表面分析中的坡向工具，设置参数，即可得到坡向结果，选择重分类工具，设置分类类别为“5”，如图 8.53 所示，单击“确定”按钮。

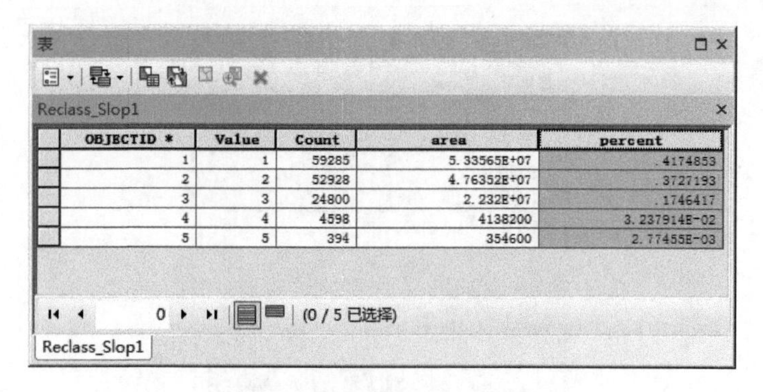

OBJECTID *	Value	Count	area	percent
1	1	59285	5.33565E+07	.4174853
2	2	52928	4.76352E+07	.3727193
3	3	24800	2.232E+07	.1746417
4	4	4598	4138200	3.237914E-02
5	5	394	354600	2.77455E-03

图 8.52　坡度类型面积百分数

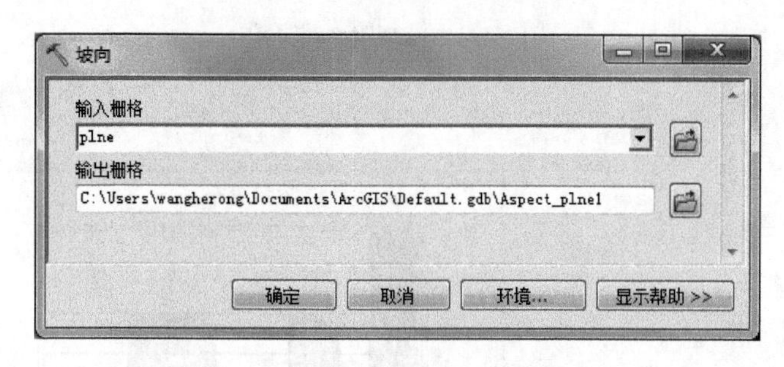

图 8.53　设置坡向参数

(6) 选中"streams"图层,单击菜单栏中的选择,选择"按属性选择",输入表达式为"USGH_ID=167",如图 8.54 所示,单击"确定"按钮,即可筛选出符合条件的支流,如图 8.55 所示。

(7) 单击菜单栏中的自定义,选择扩展模块"3D Analyst",如图 8.55 所示,然后展开"3D Analyst"中的功能性表面,打开堆栈剖面工具,设置参数,如图 8.56 所示,即可生成该支流的剖面图,如图 8.57 所示。

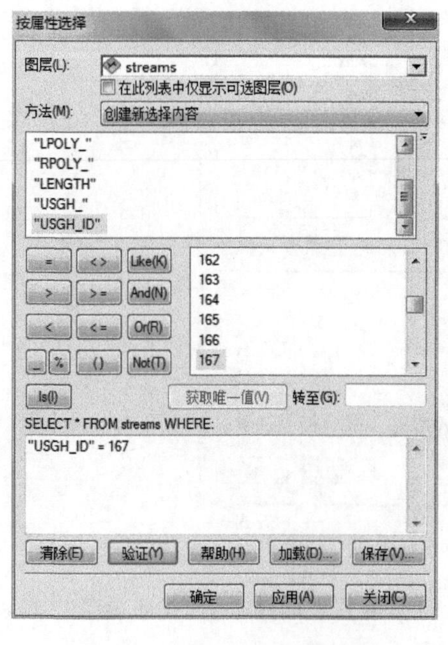

图 8.54　按属性选择河流支流

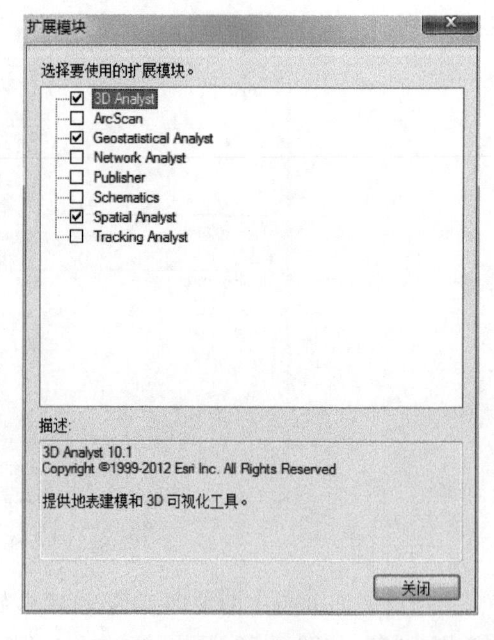

图 8.55　选择扩展模块"3D Analyst"

图 8.56 设置剖面属性

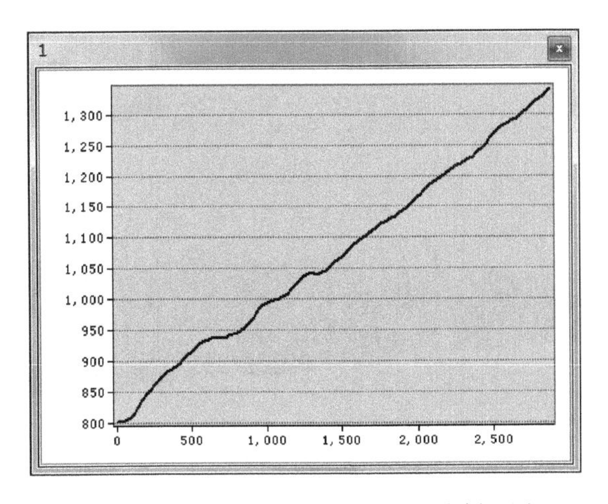

图 8.57 垂直夸大因子 10 倍的河流剖面图

（八）GIS 三维实现

实验目的：通过本实验了解在 ArcGIS 中如何进行地图的三维显示操作，从而更好地分析 GIS 数据。

实验内容：在 ArcGIS 中进行地图的三维显示。

实验主要步骤：

(1) 打开 ArcGIS 10.1 软件，加载实验所需数据。

(2) 右键单击栅格图层，选择属性，选择“基本高度”标签，选中“在自定义表面上浮动”，单击“确定”按钮，即可生成三维立体图像，如图 8.58 所示。

(3) 右击“streams”图层，选择属性，选择基本高度标签，选中“在自定义表面上浮动”，单击“确定”按钮，即可三维显示河流图层，如图 8.59 所示。

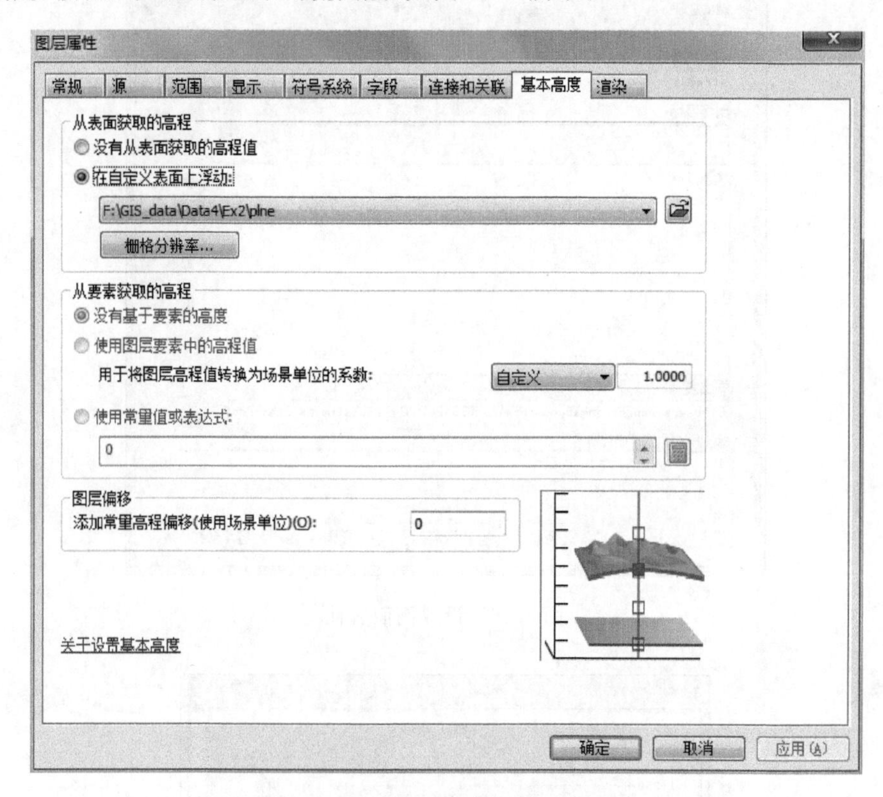

图 8.58 设置三维属性

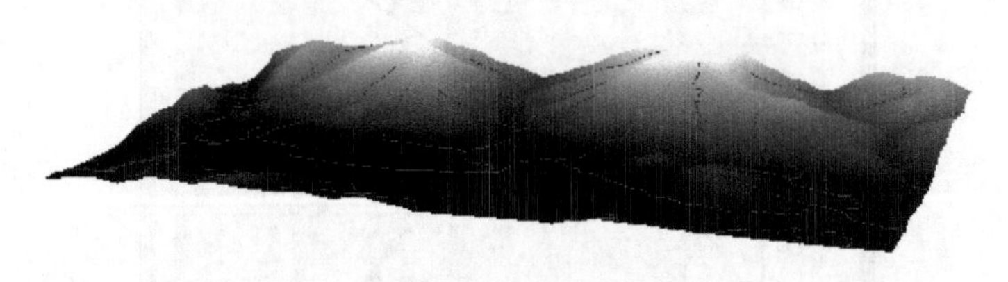

图 8.59 高程格网三维图

（九）GIS 缓冲分析

实验目的：要求把课堂上学习的缓冲区概念用 GIS 软件进行实现，通过生成缓冲区的操作，产生数据的缓冲区专题地图，为实际应用如环境的整治和规划等提供决策的支持。

实验内容：根据当地情况，沿着铁路的两侧 20 米、40 米范围内，进行环境整治、植树，并提供专题地图。

实验主要步骤：

(1) 打开 ArcGIS 10.1 软件，加载实验所需数据。

(2) 右击图层，选择属性，把地图和显示单位修改为米。

(3) 打开分析工具中的领域分析，单击多环缓冲区，并设置参数：距离设置为 20 和 40，单位设置为米，如图 8.60 所示，单击“确定”按钮，生成缓冲区图层，如图 8.61 所示。

图 8.60 创建缓冲区对话框

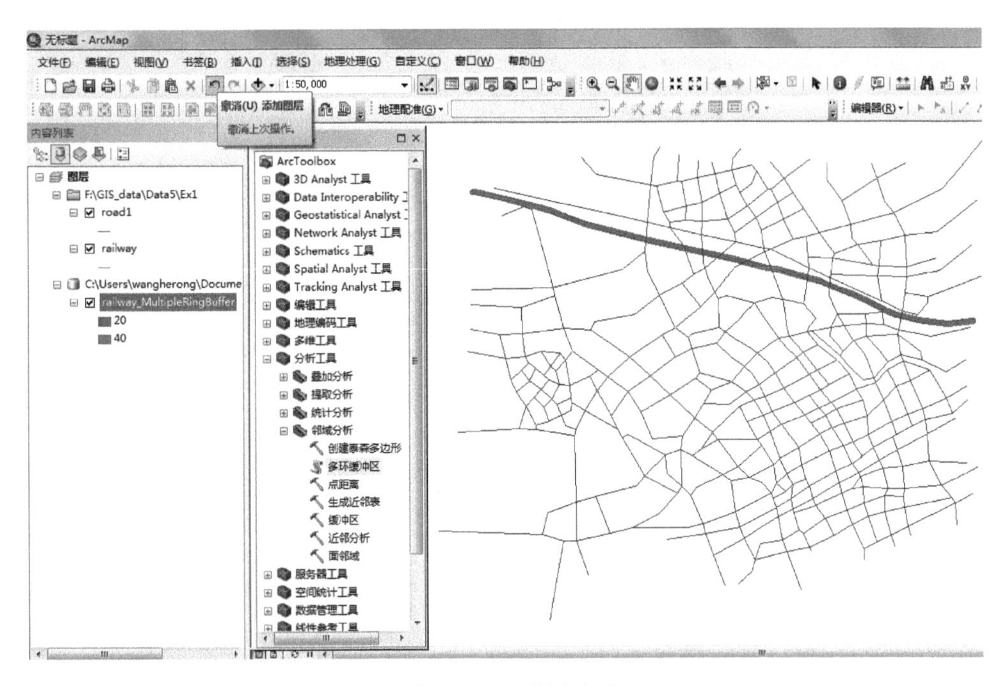

图 8.61 生成缓冲区

(4) 右击缓冲区图层,选择打开属性表,把字段降序排列,如图 8.62 所示,单击“确定”按钮。

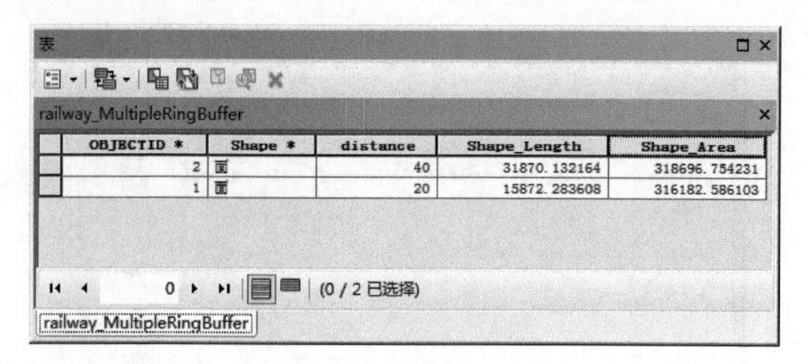

OBJECTID *	Shape *	distance	Shape_Length	Shape_Area
2	面	40	31870.132164	318696.754231
1	面	20	15872.283608	316182.586103

图 8.62 字段降序排列

(十) GIS 空间查询和缓冲分析应用

实验目的：掌握空间查询和缓冲区分析操作及实际应用。

实验内容：基于 ArcGIS 软件环境实现空间查询和缓冲区分析。

实验主要步骤：

(1) 打开 ArcGIS 10.1 软件，加载实验所需数据。

(2) 选中“PROVINCE_region”图层，单击菜单栏中的“选择”按钮，选择“按属性选择”，输入表达式为“POP_1990”>=50000000，如图 8.63 所示，单击“确定”按钮。打开该图层属性表，单击显示所选记录，即可查看符合条件的记录，如图 8.64 所示。

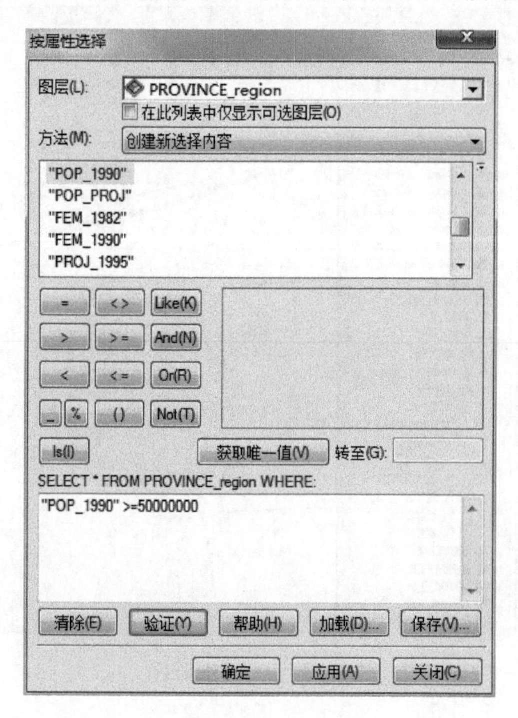

图 8.63 选择对话框

(3) 选中“CHINCAPS_font_point”图层，右击标注要素，即可显示出每个省会的名称，单击选择要素图标，在图上依次选择出“beijing”、“shanghai”、“wuhan”、“guangzhou”，打开分析工具中的邻域分析，选择缓冲区分析，并设置参数，如图 8.65 所示，单击“确定”按钮，即可生成四个城市的缓冲区，将缓冲区图层更名为“buffer1”，单击“确定”按钮，如图 8.66 所示。

图 8.64　1990 年总人口数在 50 000 000 以上的省区

图 8.65　“缓冲区”对话框

(4) 选中显示“CHINA_region”图层，打开工具箱的数据管理工具，打开图层和表图—创建要素图层，输入要素为“CHINA_region”，并选中“年底总人口”复选框，如图 8.67 所示，单击“确定”按钮。

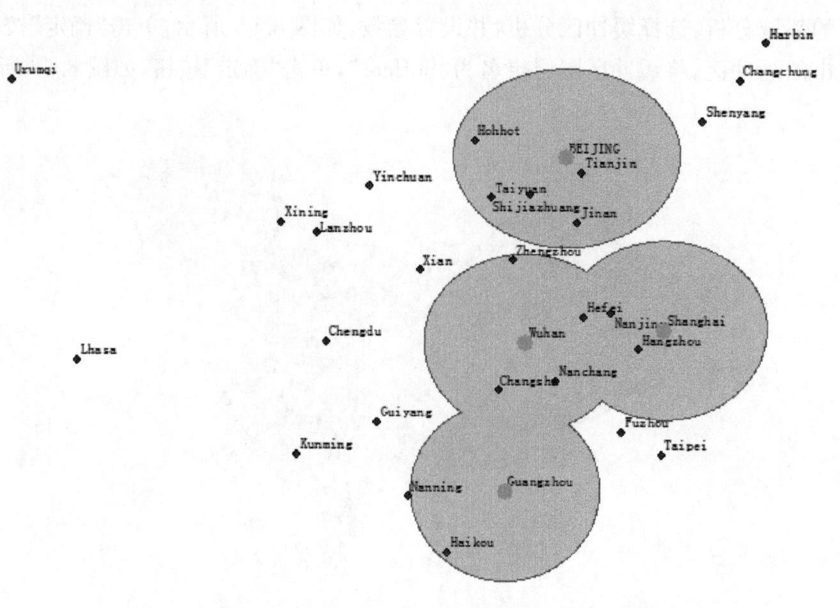

图 8.66 以四个城市为中心创建半径为 500 公里的缓冲区

图 8.67 创建要素图层

(5) 打开分析工具中的标识工具,输入要素为“CHINA_region_Layer0”,识别要素为“buffer1”,如图 8.68 所示,单击“确定”按钮。

(6) 单击选中“CHINA_region_Identity1”图层,选中菜单栏中的“选择”栏,单击“关于按位置选择”,目标图层选择为“CHINA_region_Identity3”,源图层选择为“buffer1”,如图 8.69 所示,单击“确定”按钮。再打开该图层属性表,即可查看所选要素信息,如图 8.70 所示。

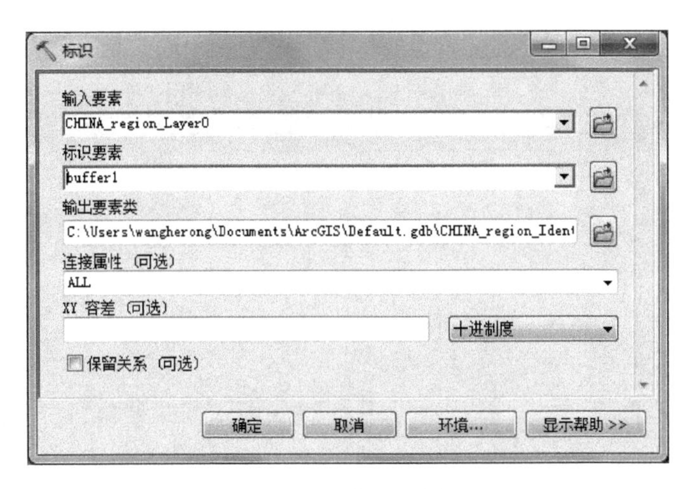

图 8.68　标识图层

图 8.69　按位置选择图层

（十一）GIS 网络分析应用

实验目的：通过该实验，掌握网络分析模块的应用，并为现实生活提供决策。

实验内容：查找最佳的消防站和从莫斯科市任何地点到消防站的最短路径。旅行时间的估算考虑链路阻抗、转弯阻抗和单行道。

实验主要步骤：

(1) 打开 ArcGIS 10.1 软件，加载实验所需数据。

表

CHINA_region_Identity1

FID_CHINA_	POP_PROJ	NAME	ADMIN_CODE	CHAR_NAME	年底总人口	出生率	自然增长	合计小计	合计男	合计女	人
1	22820480	Neimenggu	150000	内蒙古自治区	457.916071	13.32	7.24	23052	11859	11193	
5	11812368	Beijing	110000	北京市	1257	6.5	.900000	12245	6147	6099	
6	30926007	Shanxi	140000	山西省	1916.796787	15.93	9.86	31185	15988	15197	
7	9423731	Tianjin	120000	天津市	959	9.68	2.95	9405	4670	4735	
8	35368450	Shaanxi	610000	陕西省	177.565354	12.51	6.13	35348	18221	17128	
10	90625260	Shandong	370000	山东省	6066.637353	11.08	4.81	86893	43610	43283	
12	92478863	Henan	410000	河南省	7993.637268	14.07	7.72	91582	46865	44717	
13	60253056	Anhui	340000	安徽省	6237	15.1	8.6	60795	31279	29516	
14	57824470	Hubei	420000	湖北省	5688.160691	11.57	5.2	58073	29653	28419	
15	64813705	Hunan	430000	湖南省	5717.706734	11.72	4.6	63920	32849	31071	
16	40536521	Jiangxi	360000	江西省	4230.089852	16.51	9.49	41200	21237	19962	
18	34789835	Guizhou	520000	贵州省	.100906	21.92	14.24	35959	18828	17130	
19	0	Macao	730000	澳门	0	0	0	0	0	0	
20	32657660	Fujian	350000	福建省	1498.832757	11.06	5.21	32431	16429	16002	
21	65036317	Guangdong	440000	广东省	7270	15.32	9.92	70224	35565	34659	
22	45885005	Guangxi Zhuang	450000	广西壮族自治区	2621.125163	14.96	8.03	45959	23714	22245	
23	7114580	Hainan	460000	海南省	105.975032	17.26	12.03	7401	3893	3508	
24	66130805	Hebei	130000	河北省	6614	12.99	6.73	64580	32774	31806	
25	0	Hong Kong	720000	香港	0	0	0	0	0	0	
26	71141623	Jiangsu	320000	江苏省	6943.610885	10.5	3.56	70612	35270	35342	
27	41795945	Liaoning	210000	辽宁省	1400.043236	10.38	3.33	40868	20752	20116	
28	14268167	Shanghai	310000	上海市	1474	5.4	-1.1	14394	7111	7282	
29	43047044	Zhejiang	330000	浙江省	4475	10.64	4.29	43804	22211	21592	

0 (28 / 75 已选择)

CHINA_region_Identity1

图 8.70 查看所选要素图层信息

(2) 单击菜单栏中的自定义栏,选择扩展模块中的“Network Analyst(网络分析)”,右键单击菜单栏勾选打开网络分析工具条,如图 8.71 所示,并打开下拉列表下的新建最新设置点。

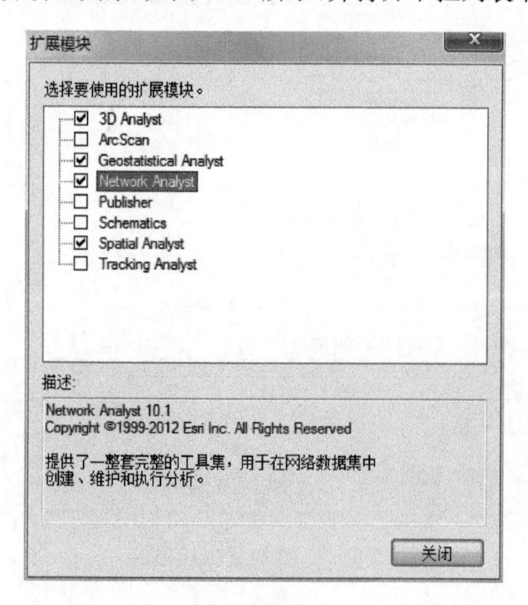

图 8.71 选择扩展模块网络分析图层

(3) 右击设置点,选择加载位置,如图 8.72 所示。

(4) 单击选择事件点,同时单击网络分析工具条上的创建网络位置工具,并在图上任意选中一个位置,单击工具条中的求解图标,即可得到该点到最近消防站的位置,如图 8.73 所示。

(5) 单击选中路径文件,再单击网络分析工具条中的方向图标,即可得到该路线的详细信息,如图 8.74 所示。

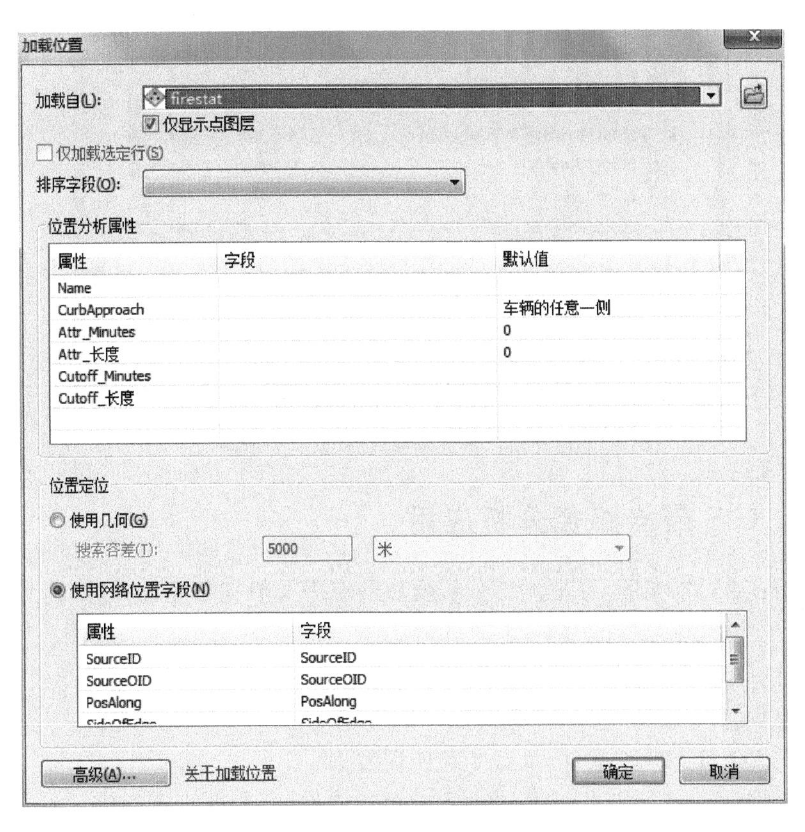

图 8.72 加载位置图层

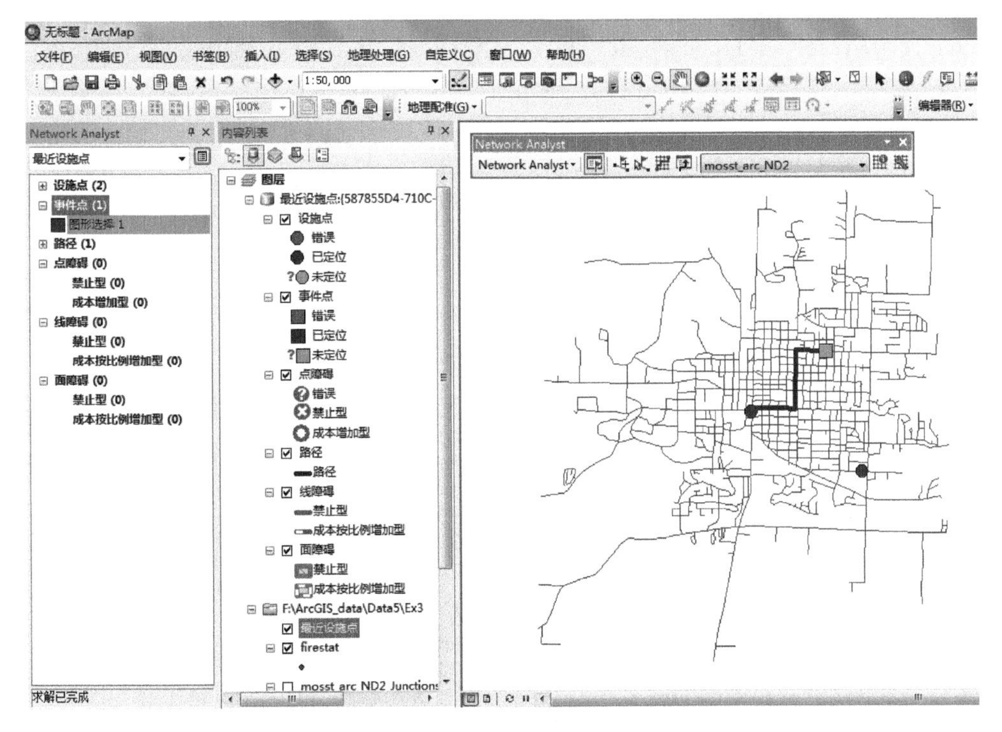

图 8.73 最近设施和最短路径图

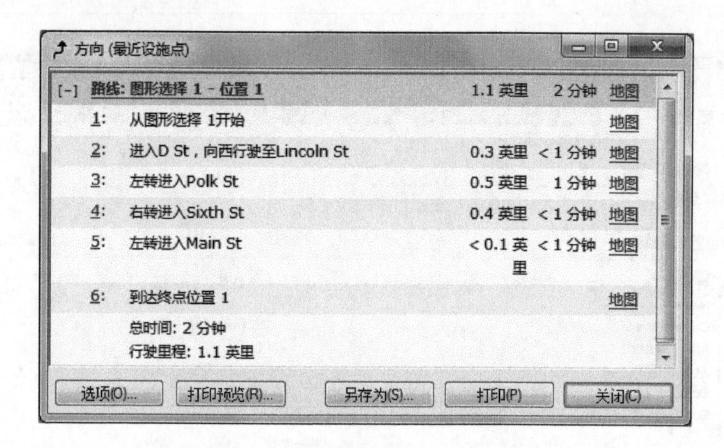

图 8.74 最近设施点详细信息图层

（十二）GIS 最佳路径分析应用

实验目的：通过本实验，掌握网络分析模块的应用及最佳路径的计算，为具体应用提供决策的支持。

实验内容：查找两城市之间的最佳路径。

实验主要步骤：

(1) 打开 ArcGIS 10.1 软件，加载实验所需数据。

(2) 左键选中“uscities”图层，右键单击菜单栏空白处，勾选打开网络分析工具条。

(3) 打开网络分析下的“新建路径”，单击网络分析窗口图标，选中“uscities”图层，并单击工具栏中的“选择”，在下拉列表中单击“按属性选择”，在图层栏选择“uscities”，输入表达式为"CITY_NAME"＝"Helena"OR"CITY_NAME"＝"Raleigh"，如图 8.75 所示，单击“确定”按钮。

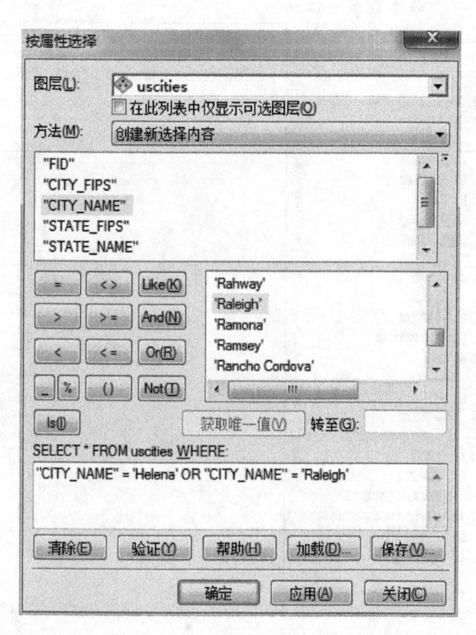

图 8.75 选择两个城市图示

(4) 右键单击路径栏中的停靠点，选择加载位置，如图 8.76 所示，完成加载位置后，单击网络分析工具条中的求解图表，单击“确定”按钮，即可显示两个城市之间的路线，如图 8.77 所示。

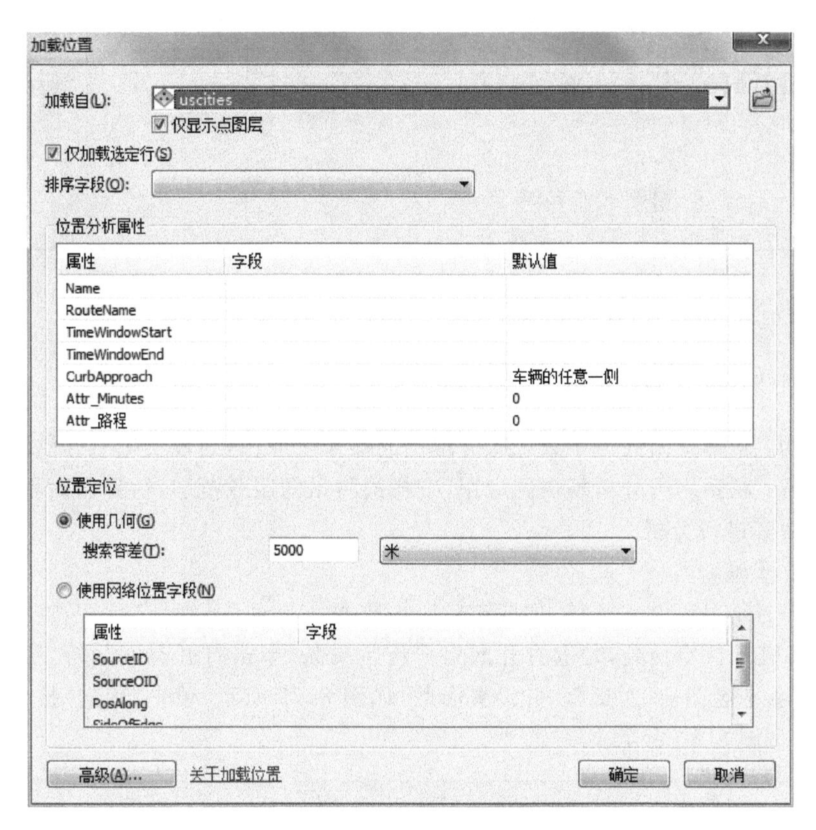

图 8.76 加载位置图层

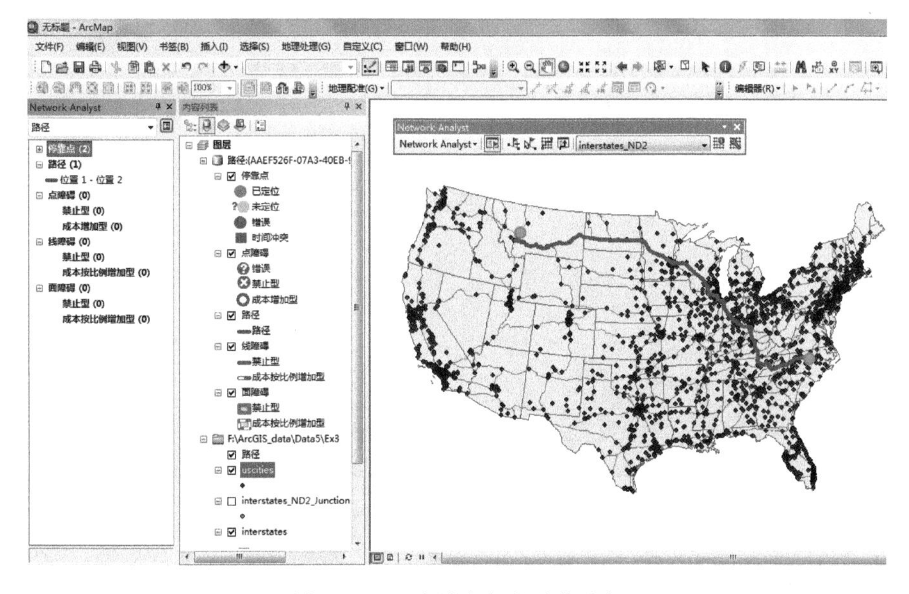

图 8.77 两个城市间的最佳路径

(5) 打开路径属性表,可查看路径信息,如图 8.78 所示。

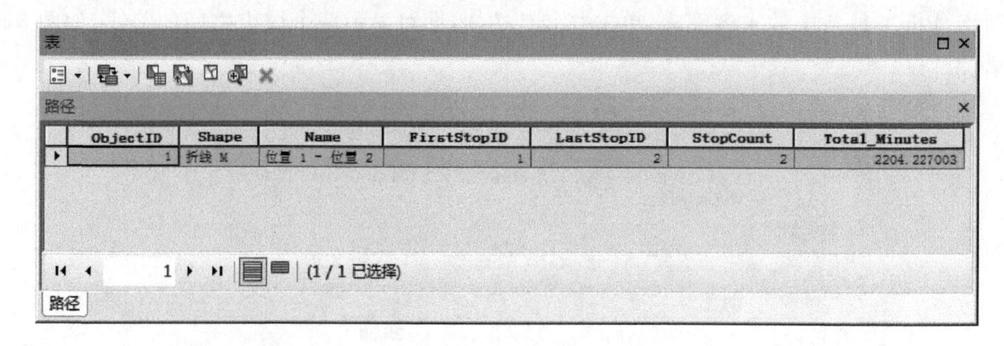

图 8.78 路径属性表

(十三) GIS 网络查找范围应用

实验目的:掌握网络分析中查找服务范围的操作及应用,为现实生活提供决策支持。

实验内容:联系网络分析模块的应用,查找消防站的服务范围,估算莫斯科市两个消防站的效率并对其进行分析。

实验主要步骤:

(1) 打开 ArcGIS 10.1 软件,加载实验所需数据。

(2) 右击菜单栏空白处,勾选打开网络分析工具条,单击打开空间分析工具条,打开分析中的"创建服务区图层"对话框,并设置参数,如图 8.79 所示,单击"确定"按钮,完成创建服务区图层,如图 8.80 所示。

图 8.79 创建服务区图层

(3) 右键单击"设置点",选择加载位置,设置参数。再单击网络分析工具条中的求解图标,可分别得到两个服务区点的范围,如图 8.81 所示,打开该图层属性表,可查看服务区信息。

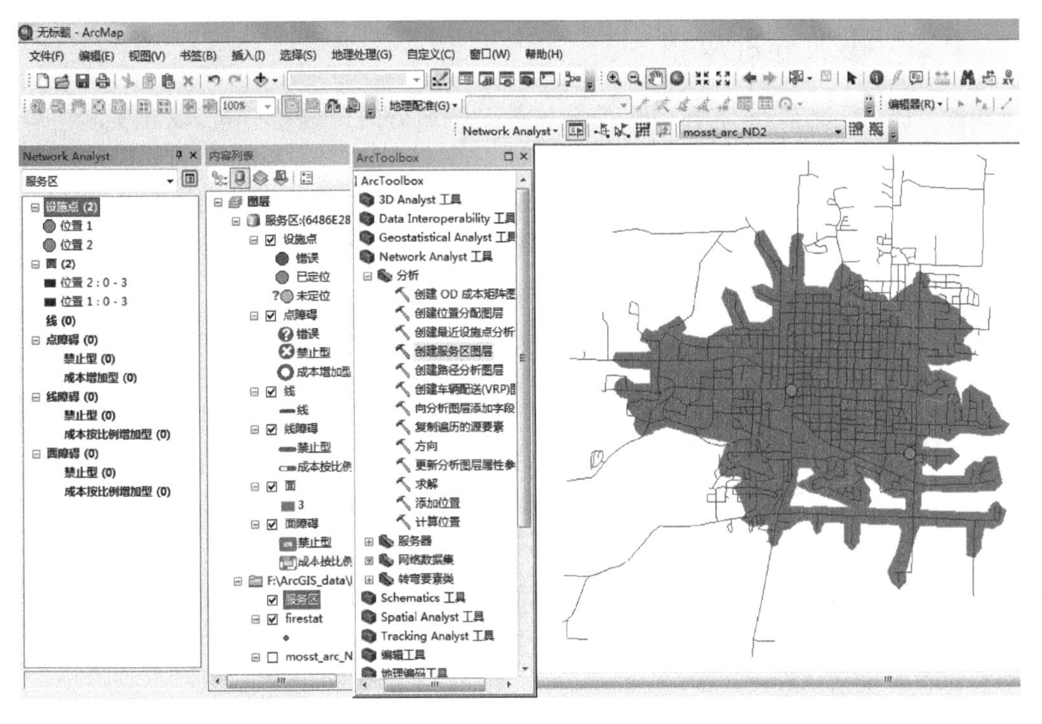

图 8.80　服务区图

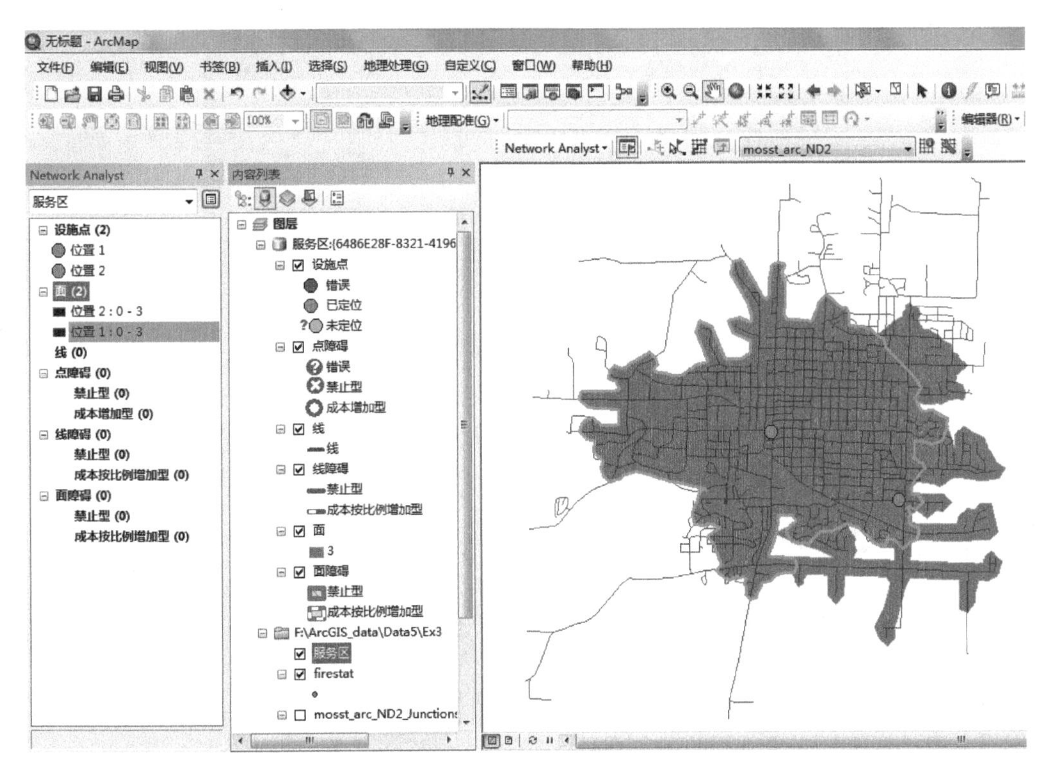

图 8.81　两个服务区点的服务范围图

(十四) 叠加分析应用

实验目的：通过实验，掌握图层的叠加并对叠加后的图进行分析，能在实际中解决问题。

实验内容：为计算洪水淹没区域，假设该问题只与地形高程和土地利用有关，再假设地形高程值大于500米范围不受洪水的淹没，并由高程多边形的最大高程属性决定；土地利用为住宅地的考虑对象，由地块多边形的土地利用属性决定。

实验主要步骤：

(1) 打开 ArcGIS 10.1 软件，加载实验所需数据。

(2) 打开分析工具中的叠加分析，双击打开联合，在联合对话框中，输入要素为"contour"和"parcel"，如图 8.82 所示，单击"确定"按钮，即可完成两个图层的合并。

图 8.82 联合图层

(3) 选中"contour-Untion"图层，并单击工具栏中的选择按钮，打开"按属性选择"对话框，输入表达式为("LANDUSE"="R1"OR"LANDUSE"="R2")AND"HIGHT"<=500，如图 8.83 所示，单击"确定"按钮，即可得到符合条件的区域，如图 8.84 所示。

(十五) 属性数据表关联和链接操作

实验目的：掌握属性数据的操作，学会简单的数据处理方法以便解决实际问题。

实验内容：利用现有的属性数据建立和计算新字段的内容。Wp.shop 属性表中字段 Area(面积)是用平方米度量的，实验者要把面积度量单位转化成英亩；只要是属性的计算和分析及属性表格的关联和链接等内容。

实验主要步骤：

(1) 打开 ArcGIS 10.1 软件，加载实验所需数据。

图 8.83　计算符合条件的区域

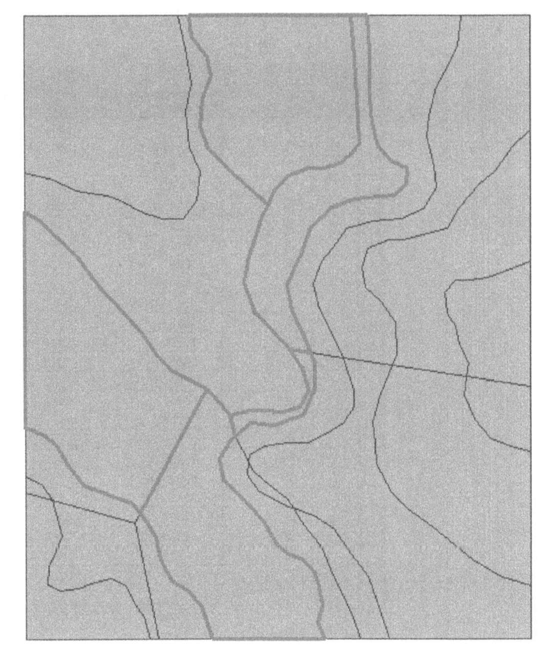

图 8.84　查询结果

（2）右键单击该图层，打开该图层属性表对话框，添加字段，字段名称为“acres1”类型为“浮点型”，精度为“8”，小数点位数为“4”，如图 8.85 所示，单击“确定”按钮。选中该字段，打开字段计算器，输入公式为“[AREA]/1000000 * 247.1”，如图 8.86 和图 8.87 所示，单击“确定”按钮。

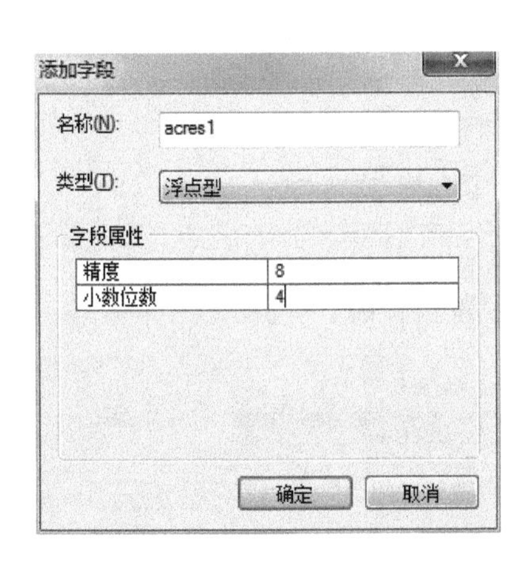

图 8.85　添加字段

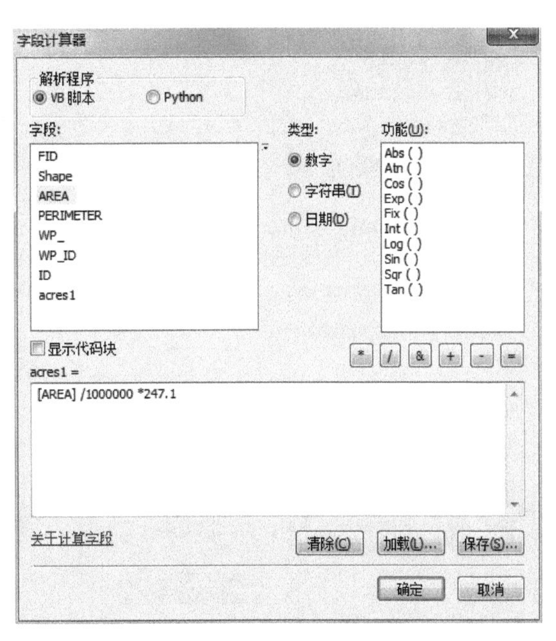

图 8.86　字段计算界面图示

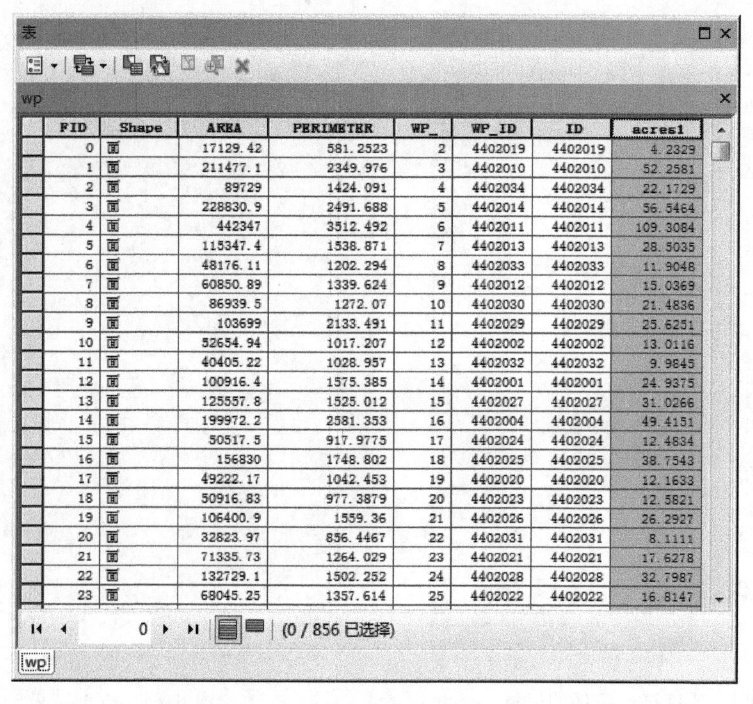

FID	Shape	AREA	PERIMETER	WP_	WP_ID	ID	acres1
0	面	17129.42	581.2523	2	4402019	4402019	4.2329
1	面	211477.1	2349.976	3	4402010	4402010	52.2581
2	面	89729	1424.091	4	4402034	4402034	22.1729
3	面	228830.9	2491.688	5	4402014	4402014	56.5464
4	面	442347	3512.492	6	4402011	4402011	109.3084
5	面	115347.4	1538.871	7	4402013	4402013	28.5035
6	面	48176.11	1202.294	8	4402033	4402033	11.9048
7	面	60850.89	1339.624	9	4402012	4402012	15.0369
8	面	86939.5	1272.07	10	4402030	4402030	21.4836
9	面	103699	2133.491	11	4402029	4402029	25.6251
10	面	52654.94	1017.207	12	4402002	4402002	13.0116
11	面	40405.22	1028.957	13	4402032	4402032	9.9845
12	面	100916.4	1575.385	14	4402001	4402001	24.9375
13	面	125557.8	1525.012	15	4402027	4402027	31.0266
14	面	199972.2	2581.353	16	4402004	4402004	49.4151
15	面	50517.5	917.9775	17	4402024	4402024	12.4834
16	面	156830	1748.802	18	4402025	4402025	38.7543
17	面	49222.17	1042.453	19	4402020	4402020	12.1633
18	面	50916.83	977.3879	20	4402023	4402023	12.5821
19	面	106400.9	1559.36	21	4402026	4402026	26.2927
20	面	32823.97	856.4467	22	4402031	4402031	8.1111
21	面	71335.73	1264.029	23	4402021	4402021	17.6278
22	面	132729.1	1502.252	24	4402028	4402028	32.7987
23	面	68045.25	1357.614	25	4402022	4402022	16.8147

图 8.87　保存表格结果显示

(3) 单击“wp”图层，选择连接中的关联选项，打开连接数据图层，并设置参数，选择 ID 字段为图层和表的连接字段，如图 8.88 所示，单击“确定”按钮。用同样的方法连接第二张表，如图 8.89 所示。

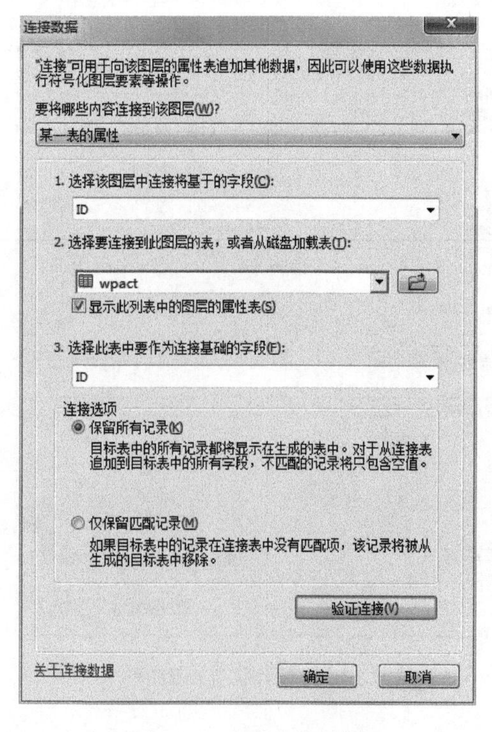

图 8.88　加载表格数据

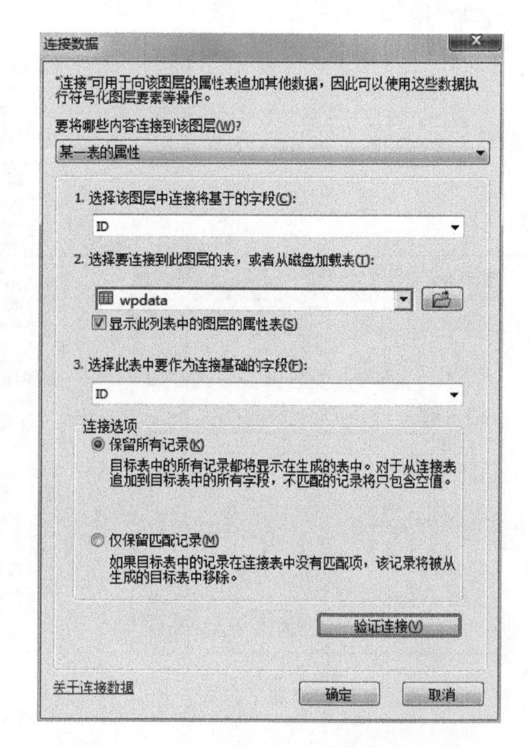

图 8.89　加载第二张表格数据

(4) 打开“wp”属性表查看是否连接成功,如图 8.90 所示。

表

wp

WP_	WP_ID	ID	acres1	OID	ID *	ACT1	ACT1YR	ACT2	ACT2YR	ACT3	ACT3YR	ACT4	ACT4YR	ACT5	ACT5YR	OID	ID *	COMP
2	4402019	4402019	4.2329	1	4402019	0	0	0	0	0	0	0	0	0	0	1	4402019	
3	4402010	4402010	52.2581	2	4402010	4131	1979	4146	1984	0	0	0	0	0	0	2	4402010	
4	4402034	4402034	22.1729	3	4402034	0	0	0	0	0	0	0	0	0	0	3	4402034	
5	4402014	4402014	56.5464	4	4402014	0	0	0	0	0	0	0	0	0	0	4	4402014	
6	4402011	4402011	109.3084	5	4402011	0	0	0	0	0	0	0	0	0	0	5	4402011	
7	4402013	4402013	28.5035	6	4402013	0	0	0	0	0	0	0	0	0	0	6	4402013	
8	4402033	4402033	11.9048	7	4402033	0	0	0	0	0	0	0	0	0	0	7	4402033	
9	4402012	4402012	15.0369	8	4402012	0	0	0	0	0	0	0	0	0	0	8	4402012	
10	4402030	4402030	21.4836	9	4402030	0	0	0	0	0	0	0	0	0	0	9	4402030	
11	4402029	4402029	25.6251	10	4402029	0	0	0	0	0	0	0	0	0	0	10	4402029	
12	4402002	4402002	13.0116	11	4402002	0	0	0	0	0	0	0	0	0	0	11	4402002	
13	4402032	4402032	9.9845	12	4402032	0	0	0	0	0	0	0	0	0	0	12	4402032	
14	4402001	4402001	24.9375	13	4402001	4260	1944	4431	1961	0	0	0	0	0	0	13	4402001	
15	4402027	4402027	31.0266	14	4402027	0	0	0	0	0	0	0	0	0	0	14	4402027	
16	4402004	4402004	49.4151	15	4402004	0	0	0	0	0	0	0	0	0	0	15	4402004	
17	4402024	4402024	12.4834	16	4402024	0	0	0	0	0	0	0	0	0	0	16	4402024	
18	4402025	4402025	38.7543	17	4402025	0	0	0	0	0	0	0	0	0	0	17	4402025	
19	4402020	4402020	12.1633	18	4402020	0	0	0	0	0	0	0	0	0	0	18	4402020	
20	4402023	4402023	12.5821	19	4402023	0	0	0	0	0	0	0	0	0	0	19	4402023	
21	4402026	4402026	26.2927	20	4402026	0	0	0	0	0	0	0	0	0	0	20	4402026	
22	4402031	4402031	8.1111	21	4402031	0	0	0	0	0	0	0	0	0	0	21	4402031	
23	4402021	4402021	17.6278	22	4402021	0	0	0	0	0	0	0	0	0	0	22	4402021	
24	4402028	4402028	32.7987	23	4402028	0	0	0	0	0	0	0	0	0	0	23	4402028	

(0 / 856 已选择)

wp

图 8.90　表格关联结果显示

(十六) GIS 适宜性分析应用

实验目的:用指定指标选择寻找一个新的实验宜居点,限制条件为:首先,土地利用为灌溉林地;其次,选择适宜开发的土壤类型;最后,地点必须在离下水道管线 300 米范围之内。

实验内容:根据所给数据完成基础地图的编制及设计,为地图的输出做准备。

实验主要步骤:

(1) 打开 ArcGIS 10.1 软件,加载实验所需数据。

(2) 右键单击图层选择属性,在数据框属性对话框中设置地图和显示,单位为米。

(3) 打开分析工具中的领域分析,打开缓冲区分析,输入要素选择为“sewers”,线性单位设置为“300 米”,融合类型设置为“ALL”,如图 8.91 所示,单击“确定”按钮,即可生成缓冲区,如图 8.92 所示。

图 8.91　缓冲区分析

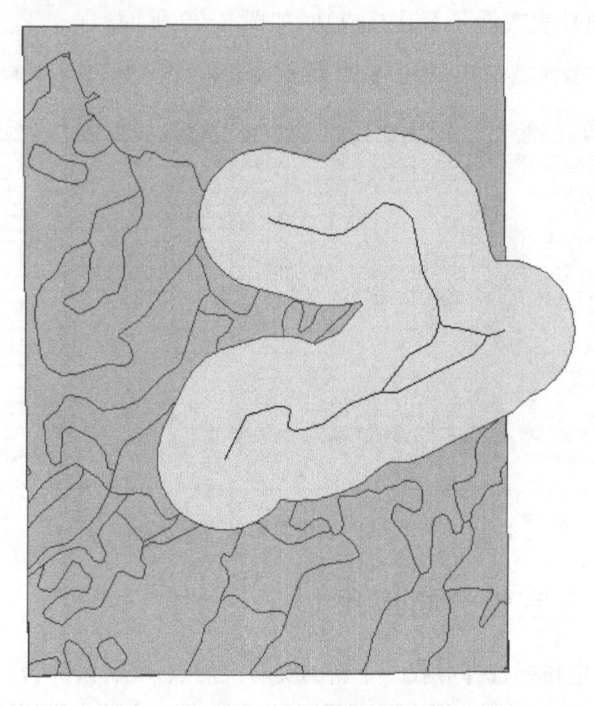

图 8.92 地下水管线缓冲区生成图

(4) 打开分析工具中的叠加分析,并打开联合,选择输入要素为"soils""landuse",选择输出路径更名为"landsoil",如图 8.93 所示,单击"确定"按钮,即可完成两个图层的联合。

图 8.93 联合图层

(5) 更改显示次序,双击打开"landsoil"图层符号显示器,将填充颜色更改为无颜色,打开叠加分析中的相交工具,输入要素选择为"landsoil"和"sewers-Buffer",如图 8.94 所示,单击“确定”按钮，即可完成两个图层的相交，并将相交结果图层进行更名为“finalcov”，且只显示该图层，如图 8.95 所示。

图 8.94　相交图层

(6) 打开“finalcov”图层属性表，添加“suitable”字段，如图 8.96 所示，选中该字段，打开表选项，选择“按属性选择”，输入表达式为"LUCODE"＝300 AND "SUIT"＞＝2，并应用。单击属性表中所选记录按钮，再单击选中“suitable”字段，打开字段计算器，输入表达式为“1”，单击“确定”按钮完成计算。选中“AREA”字段，右键单击删除该字段，并用同样的方法删除“PERIMETEA”字段。选择“AREA”字段计算几何面积，选择“PERIMETEA”字段计算几何周长，如图 8.97 所示，单击“确定”按钮，再选择“Shape-Area”字段选择统计，可看到最大值、最小值，如图 8.98 所示。

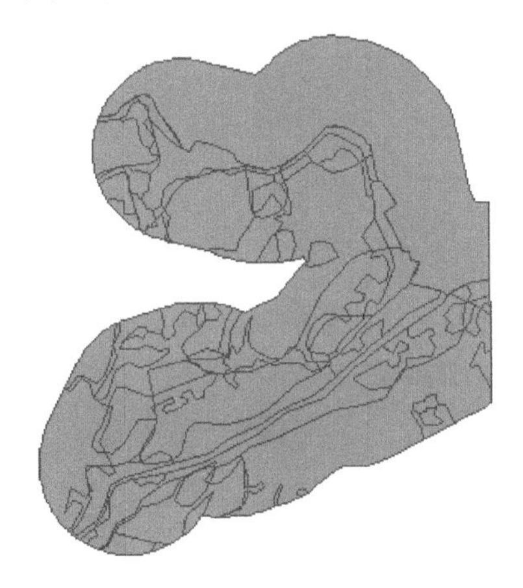

图 8.95　土壤和土地利用专题叠加可视化效果图

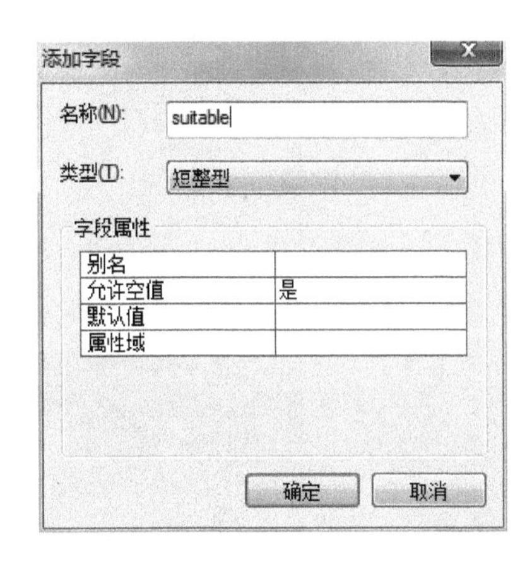

图 8.96　添加字段

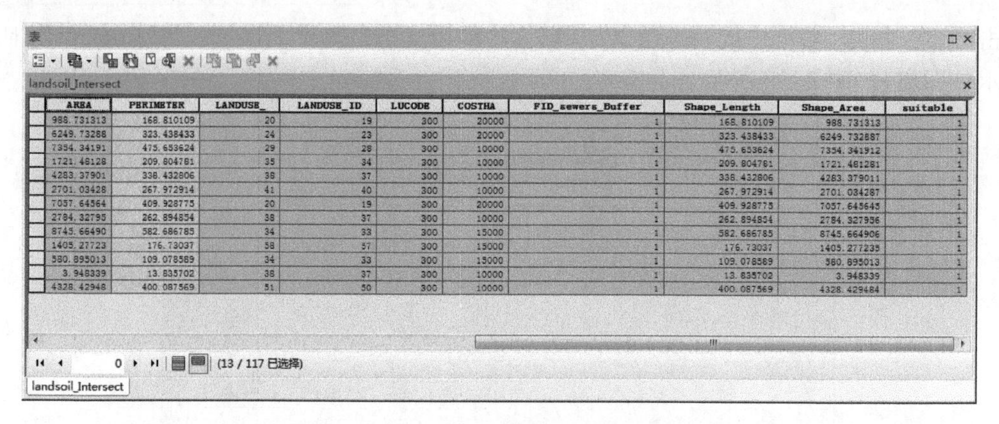

AREA	PERIMETER	LANDUSE_	LANDUSE_ID	LUCODE	COSTHA	FID_sewers_Buffer	Shape_Length	Shape_Area	suitable
988.731313	168.810109	20	19	300	20000	1	168.810109	988.731313	1
6249.73288	323.438433	24	23	300	20000	1	323.438433	6249.732887	1
7354.34191	475.653624	29	28	300	10000	1	475.653624	7354.341912	1
1721.48128	209.804781	35	34	300	10000	1	209.804781	1721.481281	1
4283.37901	338.432806	38	37	300	10000	1	338.432806	4283.379011	1
2701.03428	267.972914	41	40	300	10000	1	267.972914	2701.034287	1
7057.64564	409.928775	20	19	300	20000	1	409.928775	7057.645645	1
2784.32795	262.894854	38	37	300	10000	1	262.894854	2784.327956	1
8745.66490	582.686785	34	33	300	15000	1	582.686785	8745.664906	1
1405.27723	176.73037	58	57	300	15000	1	176.73037	1405.277235	1
580.895013	109.078589	34	33	300	15000	1	109.078589	580.895013	1
3.948339	13.835702	38	37	300	10000	1	13.835702	3.948339	1
4328.42948	400.087569	51	50	300	10000	1	400.087569	4328.429484	1

图 8.97　赋值结果显示

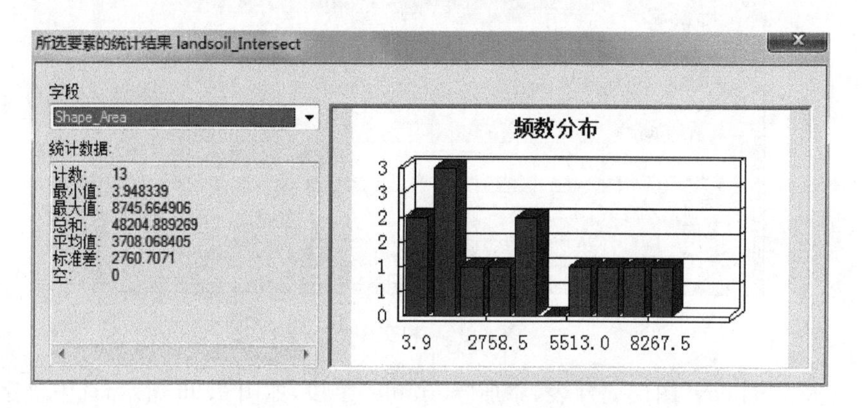

图 8.98　所选要素统计结果图层

(7) 打开数据管理工具中的制图综合,打开融合工具,输入要素为“finalcov”,融合字段为“suitable”,如图 8.99 所示,单击“确定”按钮,即可完成融合。

图 8.99　融合图层

(8) 打开融合结果属性表即可看到融合结果信息，如图 8.100 所示。

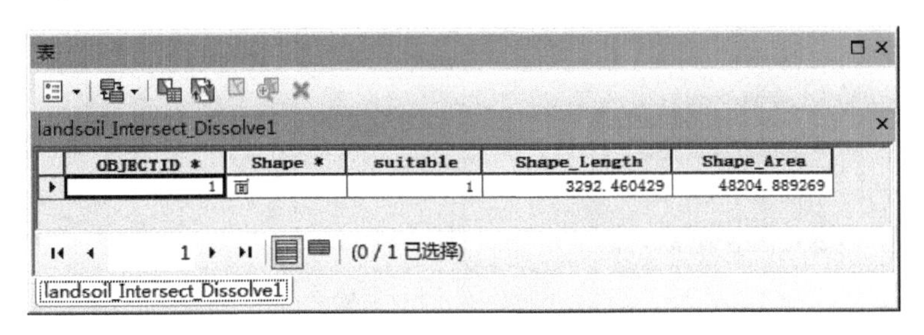

图 8.100　查看融合信息

(十七) GIS 输出设计

实验目的：初步了解基础地图的编制及设计，为地图的输出做准备。

实验内容：根据所给数据完成基础地图的编制及设计，为地图的输出做准备。

实验主要步骤：

(1) 打开 ArcGIS 10.1 软件，加载实验所需数据。

(2) 右键单击该图层，打开该图层属性对话框，选择符号系统标签，在类别中选择唯一值，在值字段选择 NAME 并添加所有值(图 8.101)，单击“确定”按钮，即可完成分级色彩表示各乡村的专题图。

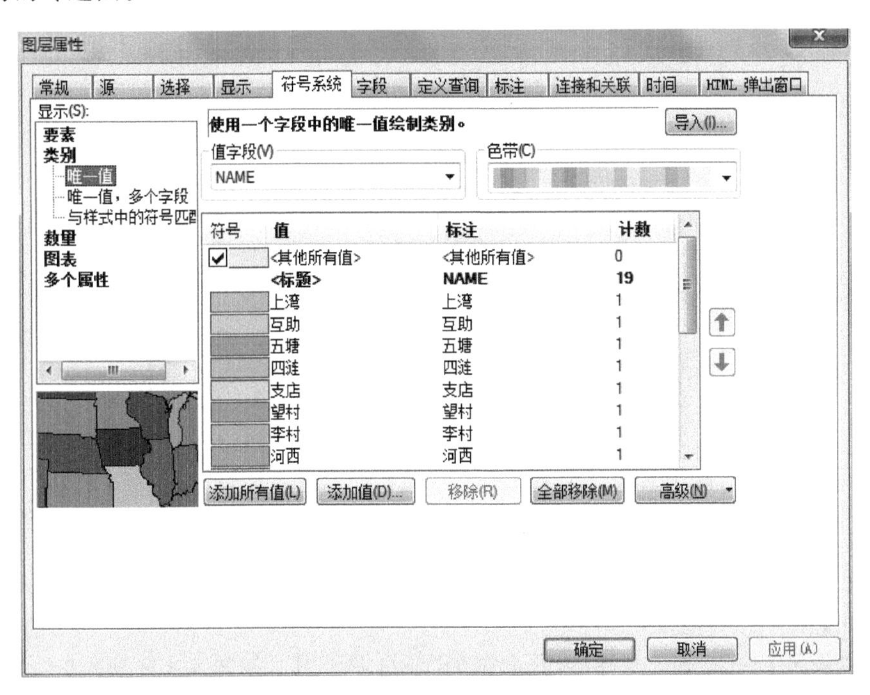

图 8.101　分级色彩表示各乡村的专题图

(3) 单击工具栏中的更改布局按钮，在传统布局标签中任意选择模板，如图 8.102 所示，并对模板中的各要素进行调整，更改专题图中的标题为“乡村专题图”。

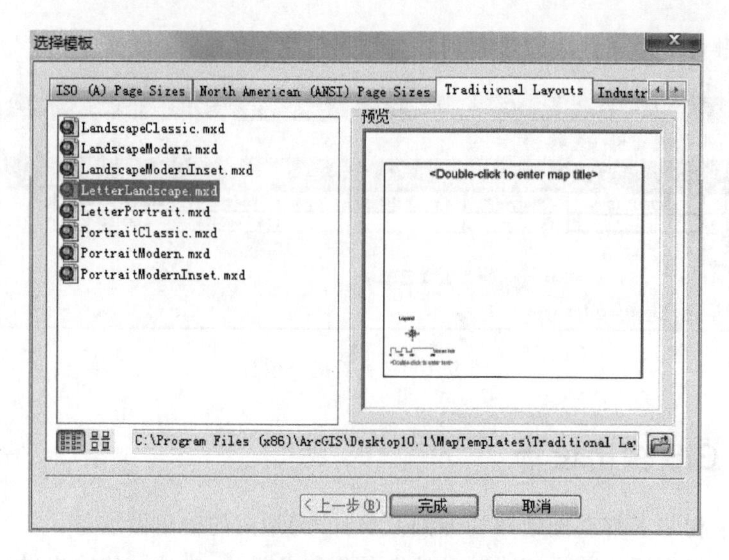

图 8.102　模板管理器和选择地图布局板式

(4) 右键单击图层选择属性,在数据框属性对话框中设置地图和显示,单位为米,右键单击比例尺选择属性,将主刻度数改为“1”,单位改为“千米”。调整比例尺、指北针、图例的大小及其位置。双击或者右键单击添加文本框属性,并输入制作者信息文本,可单击更改符号按钮修改字体大小,如图 8.103 所示。

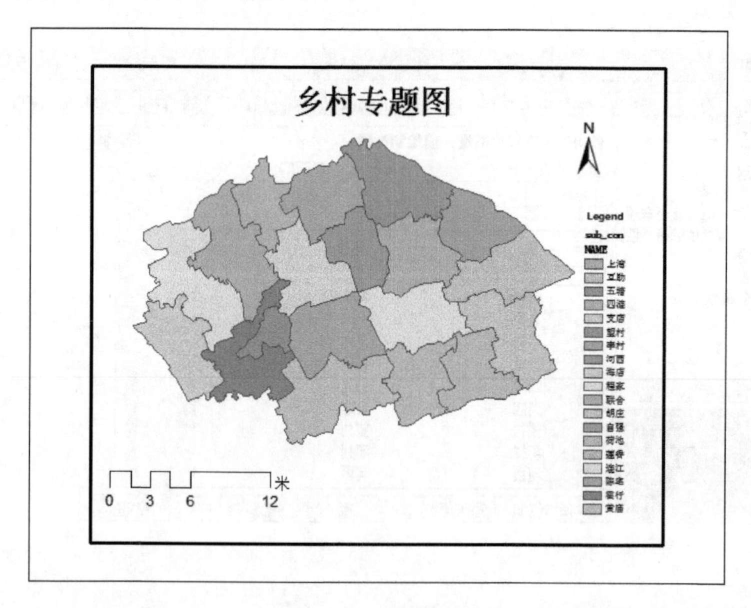

图 8.103　地图整饰

(5) 将设置好的地图文档导出,并命名为“乡村专题图”,如图 8.104 所示。

(十八) GIS 统计图设计

实验目的:通过本实验统计图的制作过程,并生成满足条件的统计图,为制图输出做准备。

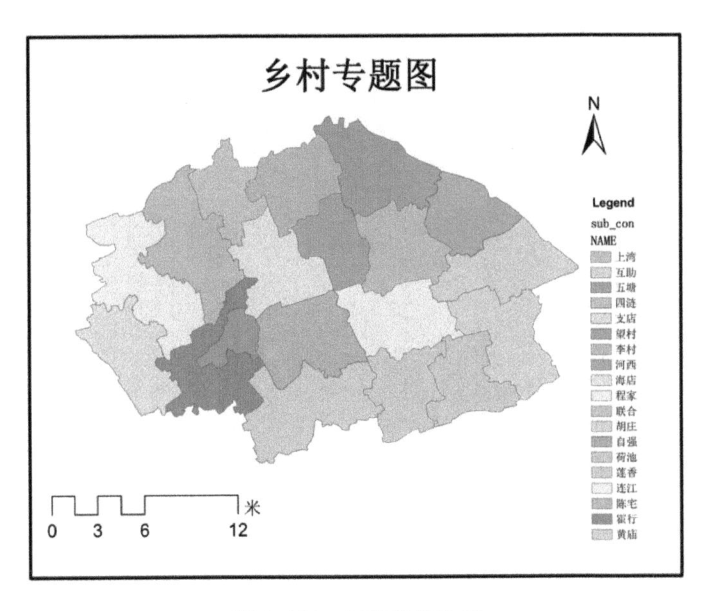

图 8.104　打印输出地图

实验内容：本实验要求产生所选择乡镇的面积统计图。

实验主要步骤：

(1) 打开 ArcGIS 10.1 软件，加载实验所需数据。

(2) 打开该图层属性表，任意选择若干条记录，单击表选项选择创建图表，在值字段选择“AREA”，如图 8.105 所示，单击“完成”按钮，即可完成创建图表，如图 8.106 所示。

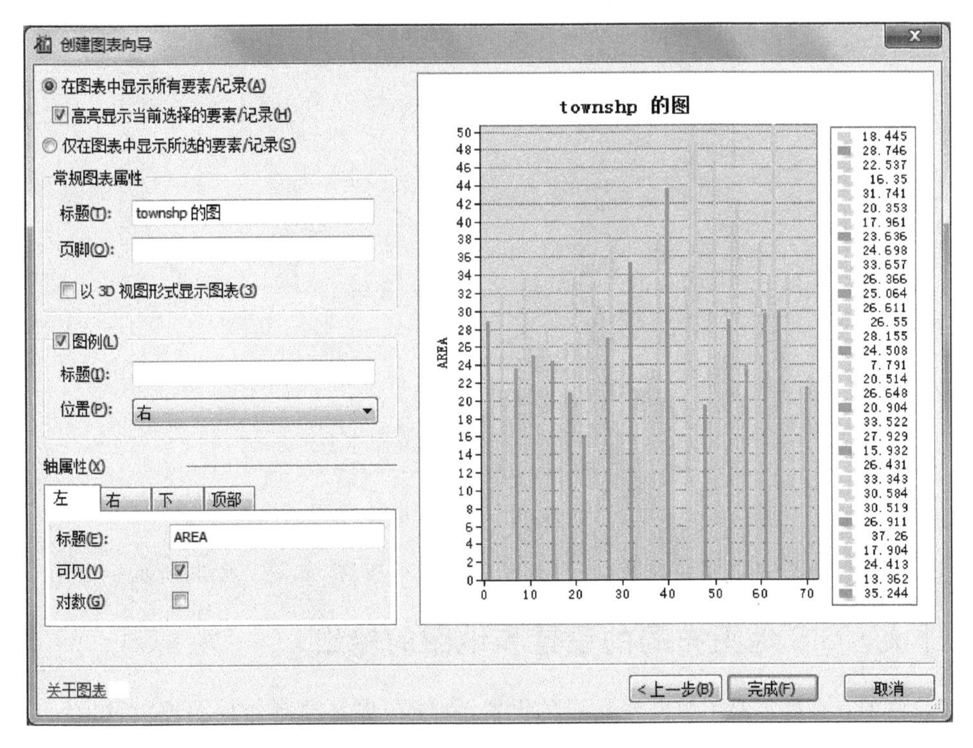

图 8.105　创建图表图层

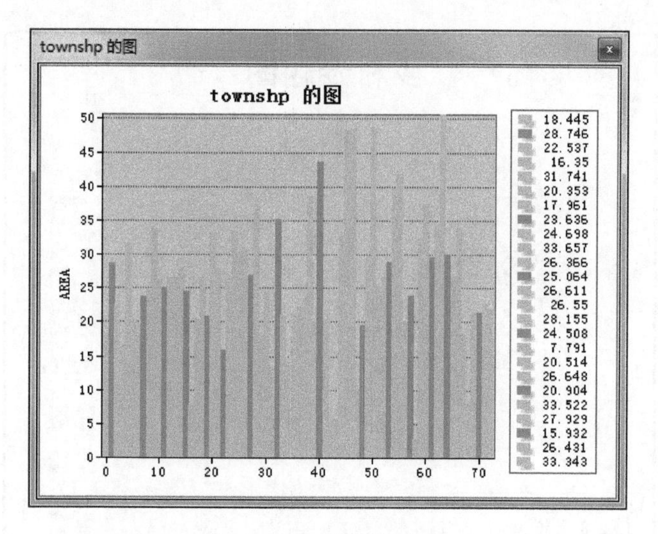

图 8.106 生成统计图

(3) 选中属性表中所选记录按钮,选中并右键单击“AREA”按钮,选择汇总命令,在汇总对话框中,选择汇总字段为“CON-NAME”,汇总统计信息勾选 AREA 中的总和,如图 8.107 所示,单击“确定”按钮。

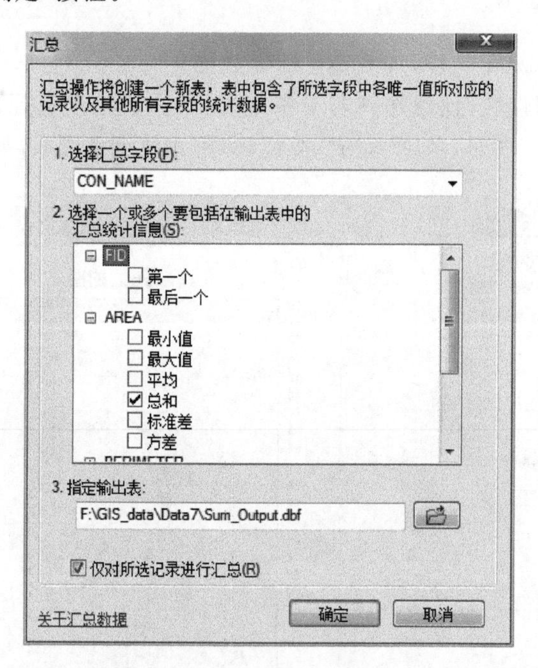

图 8.107 汇总图层

(4) 选择在地图中添加结果表,并打开结果表进行查看,如图 8.108 所示。

(十九) GIS 地图布局的设置和地图的输出

实验目的:通过实验了解新建布局的设置,并能初步掌握制作地图模板及地图输出的设计。

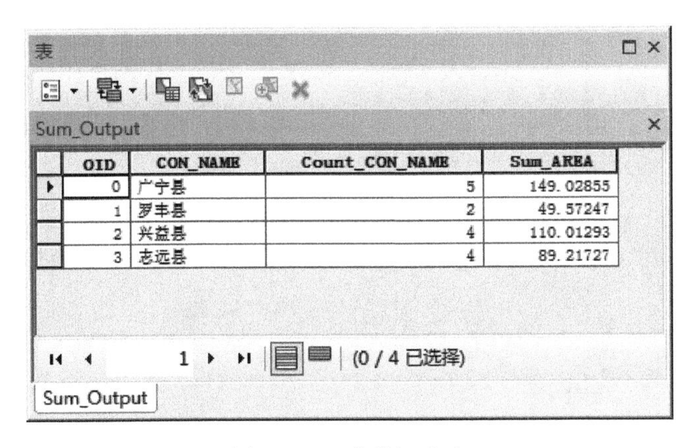

OID	CON_NAME	Count_CON_NAME	Sum_AREA
0	广宁县	5	149.02855
1	罗丰县	2	49.57247
2	兴益县	4	110.01293
3	志远县	4	89.21727

图 8.108　分类汇总表

实验内容：练习地图布局的设置和地图的输出。

实验主要步骤：

(1) 打开 ArcGIS 10.1 软件，加载实验所需数据。

(2) 右键单击图层选择属性，在数据框属性对话框中设置地图和显示，单位为千米，如图 8.109 所示。右键单击视图框选择属性，在数据框属性对话框中选择框架标签，设置边框大小及背景颜色，如图 8.110 所示，单击确定按钮。

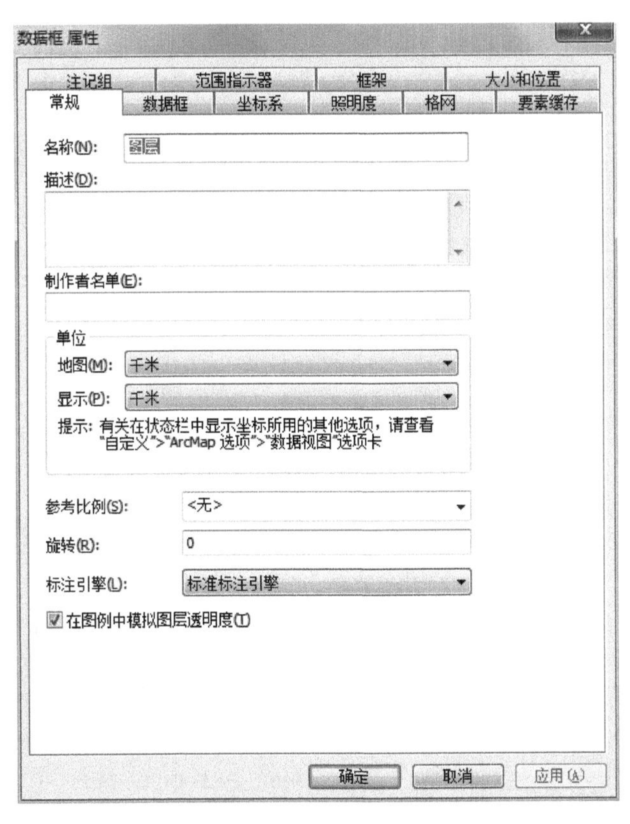

图 8.109　修改地图和显示单位

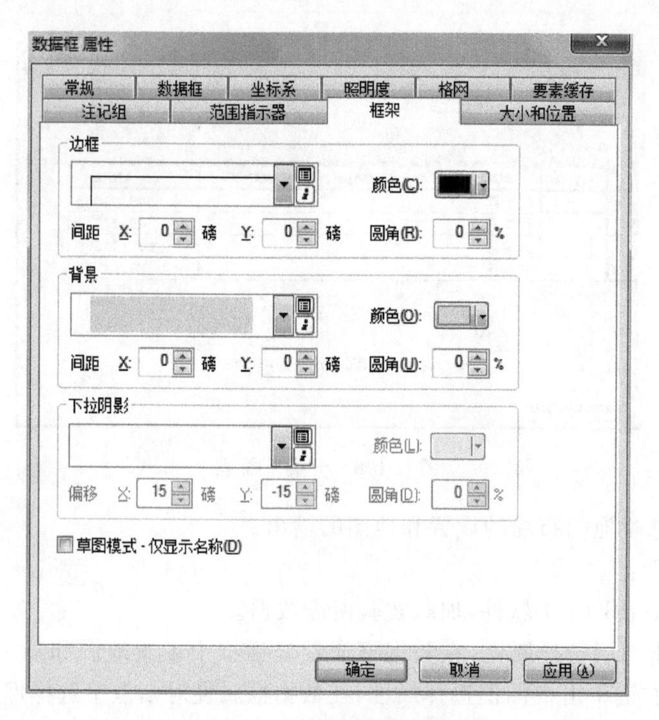

图 8.110　设置视图数据属性

(3) 单击菜单栏中的文件选择页面和打印设置,将方向设置为纵向,如图 8.111 所示,单击"确定"按钮。

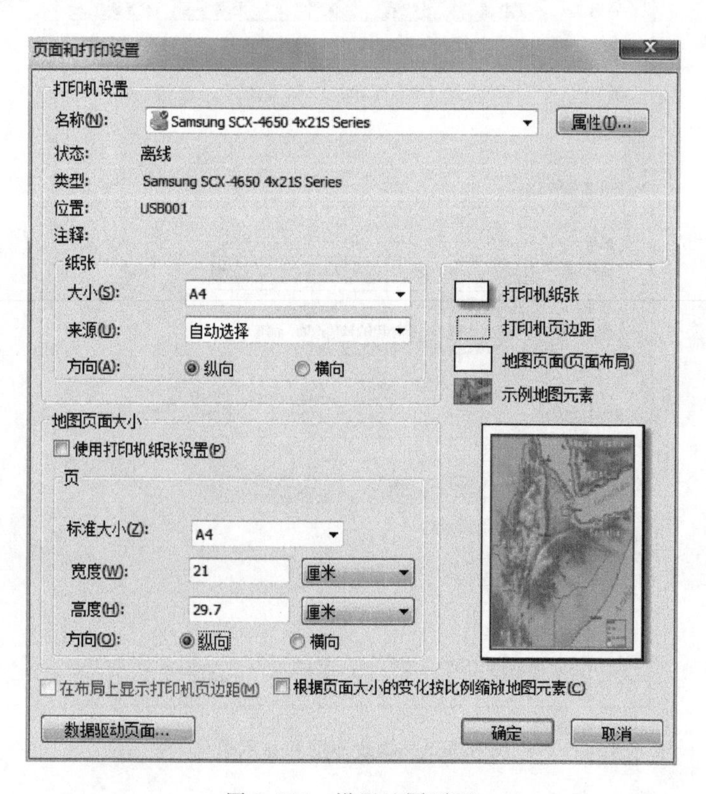

图 8.111　设置地图页面

(4) 单击工具栏中的插入标签，选择标题，输入标题为“村庄学生图”，并右击标题选择属性，单击更改符号按钮可更改字体大小，如图 8.112 所示。

图 8.112　插入地图标题

(5) 单击工具栏中的插入标签，依次添加图幅整饰要素：图例、指北针、比例尺。完成整饰要素添加后，分别对其位置和大小进行整体调整，以便图面美观简洁。

(6) 单击工具栏中的插入标签，选择文本框，将文本框拖到合适位置，并右击文本框选择属性，输入文本为“2014 年 10 月 24 日”，再单击更改符号按钮，更改文本大小，如图 8.113 所示。

(7) 将设置好的地图文档导出，并命名为“村庄学生图”，如图 8.114。

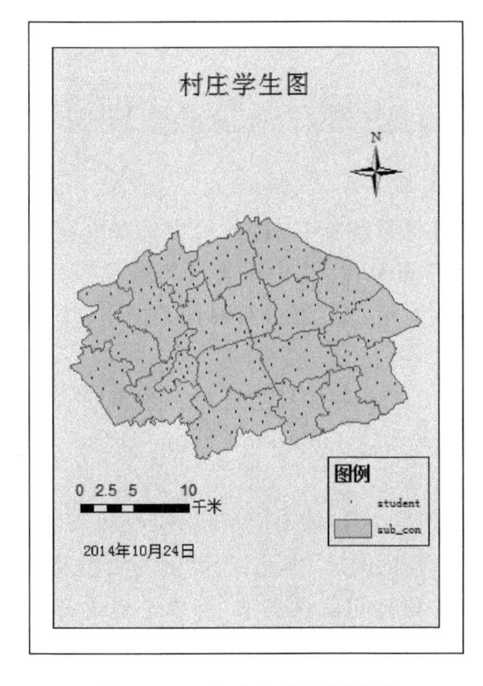

图 8.113　加入各种地图要素

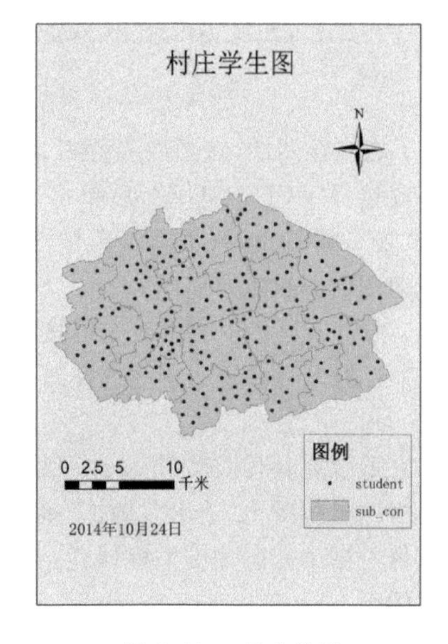

图 8.114　导出地图

(二十) GIS 专题图输出

实验目的：掌握专题图的制作和输出，熟悉地图设计中的各种操作，最终完成专题图的输出。

实验内容：实现等值区域按行政单元显示统计图。

实验主要步骤：

(1) 打开 ArcGIS 10.1 软件，加载实验所需数据。

(2) 右击图层选择属性，在图层属性对话框中选择常规标签，修改图层名称为“Percentage Change”，单击“确定”按钮，如图 8.115 所示。

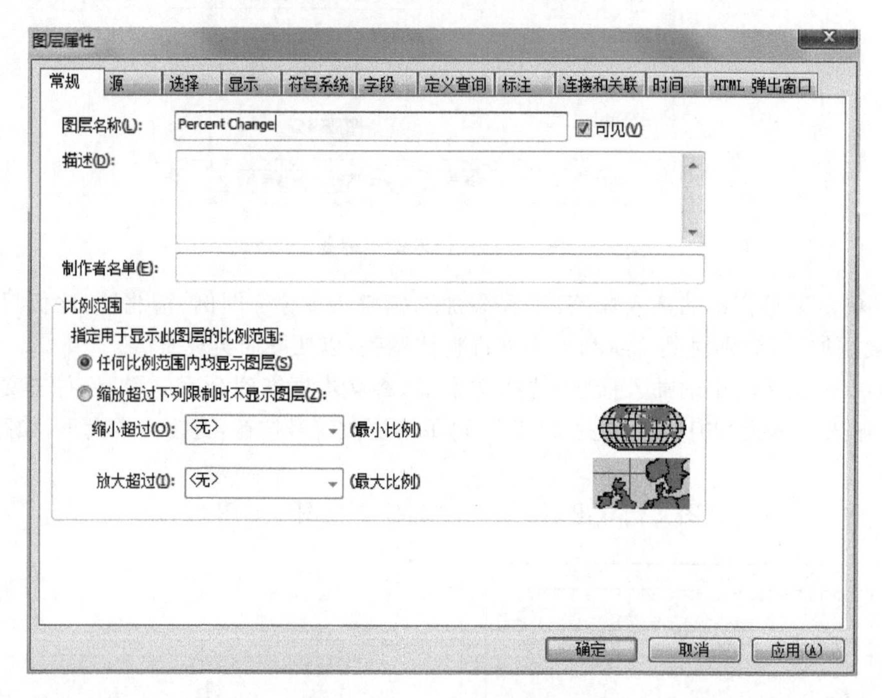

图 8.115　改变视图名称

(3) 右击该图层，在图层属性对话框中选择符号系统标签，在数量中选择“分级色彩”，在值字段选择“ZCHANGE”，后单击分类按钮进行重分类，其中设置分类数为“5”，中断值间隔为“10”，如图 8.116 所示，单击“确定”按钮，并对标注范围进行修改，如图 8.117 所示，完成该地图的分级色彩表示。

(4) 单击工具栏中的更改布局按钮，在传统的布局标签中任意选择一个布局模板。

(5) 右击地图标题文本框选择属性，将文本栏改为“Population Change By state 1990—1998”。

(6) 调整文本框位置，并将地图缩放至适当大小。右键单击比例尺选择属性，将主刻度数改为“1”，单位改为“千米”，单击“确定”按钮。调整比例尺、指北针、图例的大小及其位置。双击或者右键单击添加文本框属性，并输入制作者和时间信息文本，可单击更改符号按钮，修改字体大小，如图 8.118 所示。

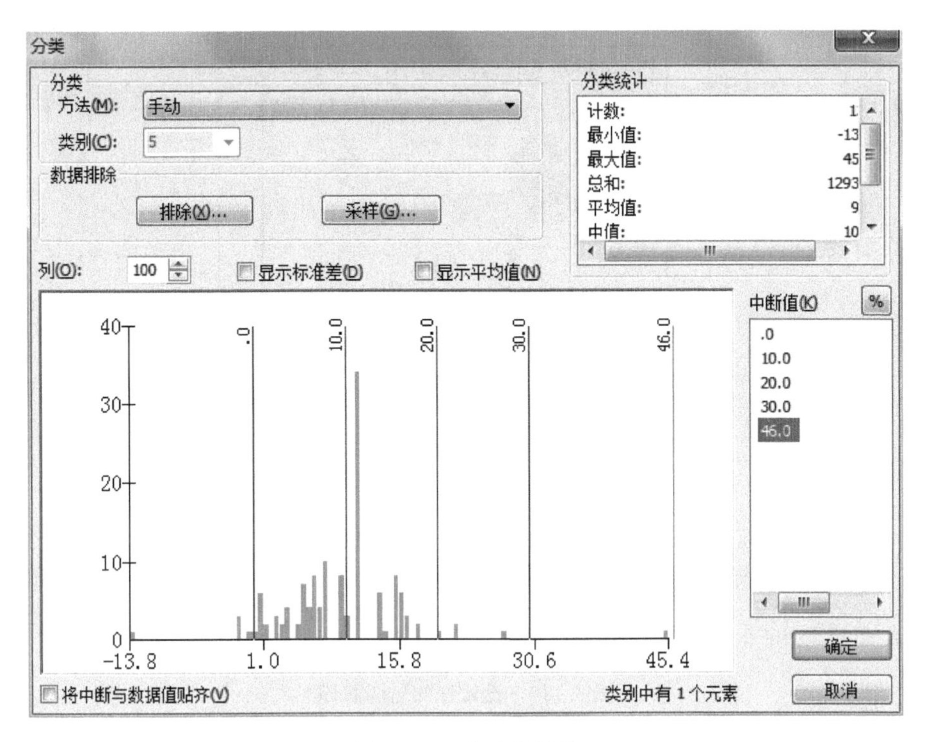

图 8.116　修改分类数

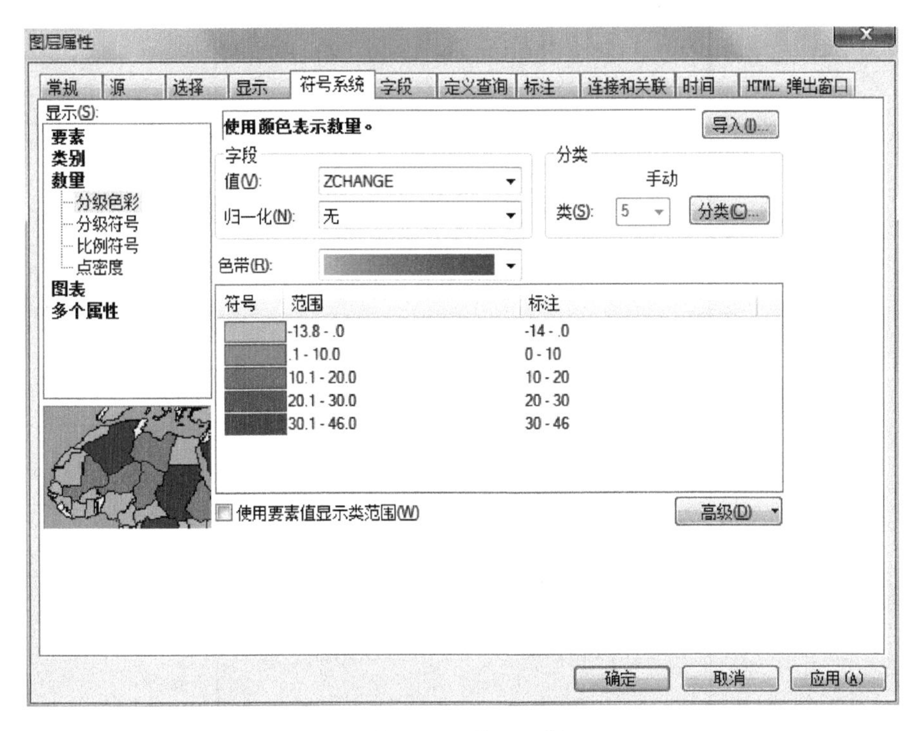

图 8.117　修改图例

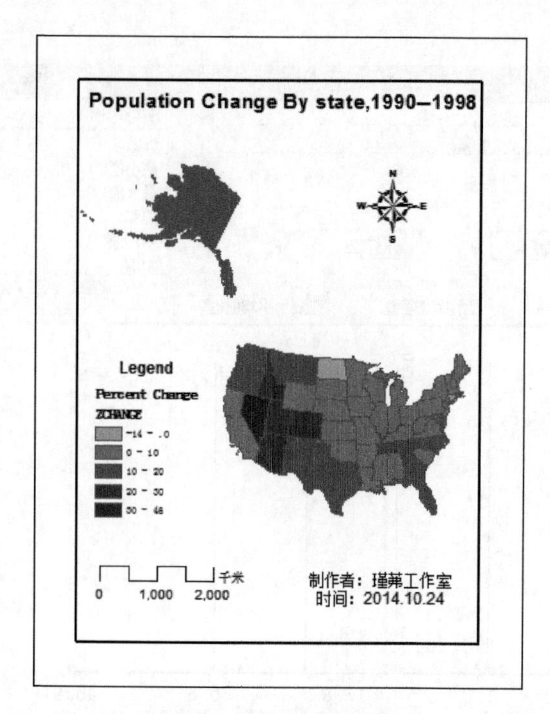

图 8.118 设置好的地图版面

(7) 将设置好的地图文档导出，并命名为“Population Change By state，1990—1998”，如图 8.119 所示。

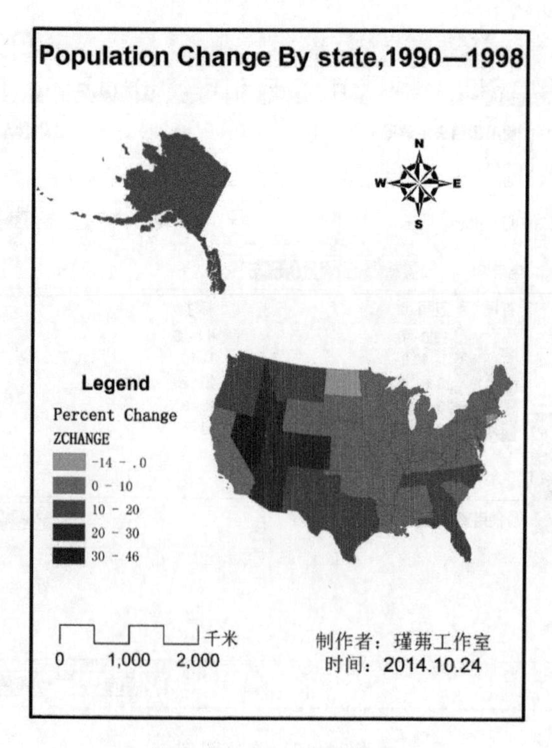

图 8.119 地图打印输出

实验九

GIS综合应用实验

一、实验内容

（1）结合你的专业领域（水土流失、洪水灾害、土地利用、环境资源、人口预测等），完成基于GIS地学的应用模型的建模步骤和方法。

（2）在GIS支持下的建设项目环境管理与分析实验（要求：提供背景条件、需求条件以及进行GIS可行性分析）。

（3）基于“3S”技术的城市热岛效应的分析和建模实验。

（4）基于GIS的生物多样性综合分析实验。

（5）基于GIS的LUCC分析与建模实验。

（6）基于GIS的城市交通规划建模实验。

（7）基于GIS的区域生态环境评价实验方案。

（8）基于GIS的灾害系统构建和评估方案实验。

二、实验目的

通过综合实验，使学生能够综合掌握GIS基本的分析方法及在实际中的应用。

三、实验指导

（1）数据采集（参看配套教材《地理信息系统导论》和第4章）。

（2）GIS空间分析方法和应用（参看配套教材《地理信息系统导论》第5章和第6章）。

（3）系统设计及实现（参看配套教材《地理信息系统导论》第8章）。

（4）成果的可视化表达（参看配套教材《地理信息系统导论》第7章）。

（5）应用系统案例（用实例说明）。

① 数据处理。

② 研究方法。

③ 实验过程。

④ 结果讨论。

⑤ 结论（建议、措施、方案）。

附　录

附录 A　GIS 导论实验项目

本书要求完成的 8 个实验项目如下。有关实验项目指导参见本书配套教材《GIS 导论实验指导》。

实验一——桌面 GIS 的功能与菜单操作

（1）实验内容：了解 ArcView、ArcGIS、MapInfo 等 GIS 软件界面、功能与菜单操作等。

（2）实验目的：通过 GIS 软件（如 MapInfo、ArcView、ArcGIS 等）的实例演示与操作，初步掌握主要菜单、工具栏、按钮等的使用；加深对课堂学习的 GIS 基本概念和基本功能的理解。

（3）实验数据：GIS_data/ Data1。

实验二——数据采集

（1）实验内容

① 数字化操作；②投影与坐标系设置。

（2）实验目的

① 通过实践，掌握采集数据的主要过程。

② 通过操作，掌握如何通过其自身的实用工具创建 ArcView 的 Shape 文件格式，以及投影、坐标等设置。

（3）实验数据：GIS_data/ Data2。

实验三——数据处理

（1）实验内容

① 错误查找与改正；②属性数据核对；③投影坐标转换；④数据格式转换；⑤数据内插和外延。

（2）实验目的

① 通过 GIS 软件，了解 GIS 数据处理的主要方法，掌握数据格式转换、投影变换和空间数据插值；

② 通过实验，了解地图投影和坐标系的转换，尤其要熟悉在 ArcView 中进行地图投影和坐标系的转换。

③ 掌握常见的空间数据内插方法，实现 GIS 空间趋势面分析。

（3）实验数据：GIS_data/ Data3。

实验四——地形分析

(1) 实验内容

① DEM 的建立；②面积量算、坡度、坡向、剖面线；③挖方与填方；④三维显示。

(2) 实验目的

了解和掌握数字高程模型的建立及常用地形分析的基本方法。

(3) 实验数据：GIS_data/ Data4。

实验五——缓冲分析和网络分析

(1) 实验内容

① 缓冲区分析：根据地理对象点、线、面的空间特性，自动建立对象周围一定距离的区域范围(缓冲区域)，综合分析某地理要素(主体)对邻近对象的影响程度、影响范围。

② 网络分析：了解网络的概念，选择最优路径、资源调配以及地址匹配等。

(2) 实验目的

① 了解点、线和面缓冲的生成及掌握 GIS 缓冲区应用。

② 了解线对象的网络分析。

(3) 实验数据：GIS_data/ Data5。

实验六——叠加分析

(1) 实验内容

图层叠加操作和典型应用。要求在统一的坐标系下将同一区域的两个图层进行叠合，产生新的空间图形和属性。以提取具有多重指定属性特征的区域，或者根据区域的多重属性进行分级、分类。典型 GIS 叠加分析应用——土地适宜性分析。

(2) 实验目的

通过实验，掌握 GIS 图层及图层叠加产生的意义及应用。

(3) 实验数据：GIS_data/ Data6。

实验七——地图设计与输出

(1) 实验内容

① 基础地图的编制；②专题地图的编制；③系列图的生成；④数字地图输出。

(2) 实验目的

① 巩固地图学基础知识。

② 掌握用 GIS 工具实现数字地图布局设计和输出。

(3) 实验数据：GIS_data/ Data7。

实验八——基于 ArcGIS 平台完成的实验操作

(1) 实验内容：利用 ArcGIS 软件平台实现 GIS 的基本功能和核心功能。

(2) 实验目的：在掌握ArcView、MapInfo GIS软件基础上，拓展利用GIS软件的能力。

实验九——GIS综合应用实验

(1) 实验内容

① 结合你的专业领域(水土流失、洪水灾害、土地利用、环境资源、人口预测等)，完成基于GIS地学的应用模型的建模步骤和方法。

② 在GIS支持下的建设项目环境管理与分析实验(要求：提供背景条件、数据需求条件以及进行GIS可行性分析)。

③ 基于“3S”技术的城市热岛效应的分析和建模实验。

④ 基于GIS的生物多样性综合分析实验。

⑤ 基于GIS的LUCC分析与建模实验。

⑥ 基于GIS的城市交通规划建模实验。

⑦ 基于GIS的区域生态环境评价实验方案。

⑧ 基于GIS的灾害系统构建和评估方案实验。

……

(2) 实验目的

通过综合实验，掌握GIS的综合分析方法及实际应用。

(3) 实验数据：自备

附录B　本书双语关键术语

Accuracy 精确性

Attribute data 属性数据

Affine coordinate transformation 放射变换

Azimuthal projection 方位投影

Adjacency 邻接

Aggregation 聚合

Association 关联了

Address geocoding 地址地理编码

Automatic digitizing 自动数字化

Anisotropy 各向异性

Arc 弧

Area feature 区域特征

Bearing 方向

Boolean operation/connector/ expression 布尔操作/连接/表达

Buffer 缓冲带

Base contour 基础等高线

Benchmark 基准

Cartography 地图制图学
Cartesian coordinate system 笛卡儿坐标系
Chart map 图表地图
Cartographic modeling 地图模型
Cell size 网格大小
Cell value 网格值
Clip 裁剪
Class 分类
Continuous features (指空间)连续性
Coverage 图层(ESRI 数据)
Containment 包含
Connectivity 连接
Conformal projection 正轴测投影
Conic projection 圆锥投影
Choropleth map 地区分布图
Continuous surface 连续面(如等高面和等温面)
Chroma(色彩的)浓度
Control points 扩展点
Cluster 聚集
Color Orthophoto 全色摄影
Compression tolerance 容错量
Computer aided design and drafting 计算机辅助设计制图
Conic projection 圆锥投影
Contour interval 等高距
Contour lines 等高线
Control point 控制点
Coordinate system 坐标系统
Chain coding 链编码
Coverages ESRI 的数据文件结构的、可拓扑编辑的图层
Conceptual model 概念模型
Dasymetric map 分区密度地图
Data display 数据显示
Data exploration 数据探查
Data input 数据输入
Discrete features (指空间)离散性
Delaunay triangulation 狄罗尼三角形
Database management system/tools 数据库管理系统(DBMS)/工具
Digital earth 数字地球
Digital elevation model 数字高程模型

Digital terrain model 数字地形模型
Dynamic segmentation model 动态分割模型
Digital Orthophoto Quad (DOQ) 数字正射图
Digital line graph (DLG) 数字线划图
Electromagnetic radiation 电磁波辐射
Ellipsoid 椭球体
Field 字段
FTP 文件转换协议
Feature 特征
Geographic information system (GIS) 地理信息系统
Geographic visualization 地理可视化
Geoscience 地学
Global Positioning System (GPS) 全球定位系统
Georeferencing 地表坐标参考系统定位
Gaussi Kruger 高斯-克吕格投影
Grid 格网
Hardcopy map 纸质(硬拷贝)地图
Inheritance 继承性
Intervisility 通视情况
Interface 界面
Intersect 相交(指空间数据的一种关系)
IDW 按距离加权法(内插法之一)
JPEG 一种图像表达方式
Kriging 克里金法
Layout (地图上)布局
Line graph 线划图
Landsat 陆地卫星
Macro language 宏语言
Mercator projection 墨卡托投影
Manual digitizing 手工数字化
Moving window 运动窗口
Map algebra 地图代数
Normal form 范式
Metadata 元数据
Map algebra 地图代数
Mean 平均值
Median 中值
National Height Satum 国家高程基准
Node 结点

Neighborhood statistics analysis 邻域统计分析
Neighborhood operation 邻近操作
Orthophoto map 影像地图
Object-oriented data model 面向对象
On-screen digitizing 屏幕数字化
Overlay 叠加(GIS 数据的一种操作)
Open GIS 开放式 GIS
Ordinal scale 顺序量表、分类量表
Polymorphism 多态性
Proximity 接近度
Projection 投影
Quadtree 四叉树
Perspective view 视角
Raster 栅格
Range 极值
Run-length encoding 游程编码
Resampling 重采用
Satellite remote sensing 卫星遥感
Structured query language (SQL) 结构化查询语言
Scanning 扫描
Static model 静态模型
Split 分离(GIS 数据的一种操作)
Spatial data transfer standard 空间数据转换标准
Spaghetti data model 面条数据模型
Standard deviation 标准差
SQL 结构化查询语言
Topological property 拓扑特性
Triangulated irregular network (TIN) 不规则三角网
Thematic map 专题地图
Union 联合(多边形的叠加方法之一)
UTM 墨卡特投影
Vector 矢量
Vactorization 矢量化
Visualization 可视化
Variance 方差
Watershed 分水岭
WGS84 世界大地坐标椭球体

附录C 本书每章内容英语摘要及教学大纲

Chapter 1 Introduction

This chapter introduces some basic concepts and descriptions of GIS including GIS components, function, types, stages, providing some motivation and a background for GIS.

1.1 GIS Concepts

1.2 GIS Components

1.3 GIS Function

1.4 GIS Types

1.5 GIS stages

Chapter 2 Geographic Foundation on GIS

Chapter 2 describes basic data representations. It treats the main ways we use computers to represent perceptions of geography, common data structures, and how these structures are organized.

2.1 Spatial Cognizing and Expression

2.2 The physical world and its model

2.3 Map projection and coordinate system

2.4 Time system

Chapter 3 Data Structure and Database

Chapter 3 Focuses on attribute data, spatial data and database

3.1 Data Structures

3.2 Spatial Database

3.3 Data Query and Exploration

Chapter 4 Data Collection and Processing on GIS

Data collection is often a substantial task and comprises one of the main activities of most GIS organizations. Spatial data collection methods and equipment are described in Chapter 4. While Chapter 4 describes how we assess and document spatial data quality.

4.1 Data sources

4.2 Data classification

4.3 Data capture and input

4.4 Data collected and used to create spatial data

4.5 Data Standards and Quality Control

Chapter 5 GIS Spatial analysis Methods

Chapter 5 explores the basic concepts and methods of spatial analysis, including buffering, adjacency, inclusion, overlay, network, terrain, spatial estimation and data combination for the vector and raster data models used in GIS.

5.1 Data models analysis on vector structure

5.2 Data models analysis on raster estimation structure

Chapter 6 GIS application models

A model is the description of spatial distribution and geo-processing of spatial reality. Chapter 6 describes various methods for geographic phenomena mapping and geo-processing modelling.

6.1 Brief Introduction

6.2 Modeling and decision-making

Chapter 7 Map Visualization and GIS production Output

Chapter 7 discusses the spatial visualization aiming at different data by different methods. The development trend has been examined from two-dimensional mapping to three-dimensional visualization, Differential shading, shadows, and perspective distortion are all used to give the impression of depth.

7.1 Theory of geographic information visualization

7.2 Methods of geographic information visualization

7.3 Dynamic visualization

7.4 Report results and output

Chapter 8 GIS Engineering Projects and Application Cases

Chapter 8 describes briefly GIS engineering projects and applications with some cases.

8.1 Design of GIS Project

8.2 Method of GIS development

8.3 Case studies

参 考 文 献

[1] Kang-Tsung Chang. 地理信息系统导论[M/CD]. 陈健飞，等，译. 北京：科学出版社，2004.

[2] 宋小冬，等. 地理信息系统实习教程(ArcView 3.3)[M/CD]. 北京：科学出版社，2004.

[3] 张超. 地理信息系统实习教程[M/CD]. 北京：高等教育出版社，2000.

[4] 刘光，等. 地理信息系统实习教程[M]. 北京：清华大学出版社，2003.

[5] 三味工作室. MapInfo 6.0 应用开发指南[M]. 北京：人民邮电出版社，2001.

[6] 网络资源：

http://www.esrichina-bj.cn/

http://www.mapinfo.com.cn/location/integration

http://esri.com/software/arcview/

http://nfgis.nsdi.gov.cn/